第四次全国中药资源普查丛书

中药材栽培
实用技术500问

主编 谢晓亮 杨太新

U0285672

中国医药科技出版社

内 容 提 要

本书是第四次全国中药资源普查（河北省）系列丛书之一，选择华北区大宗、道地药材品种，针对生产上存在的各种问题，给予详实的解答。

本书分为上、下两篇，上篇针对药材种植中的各环节进行了概括论述，下篇则从不同药材的功效作用、品种、选地整地、种子处理、种苗繁育、栽培技术、病虫害防治、采收加工等方面进行具体解答。还附有100余幅中药材彩色插图供读者参考使用。

本书可供药材生产从业人员、药材销售人员、中药学教学人员等参考使用。

图书在版编目（CIP）数据

中药材栽培实用技术500问/谢晓亮，杨太新主编.

—北京：中国医药科技出版社，2015.7

第四次全国中药资源普查（河北省）丛书

ISBN 978-7-5067-7567-0

Ⅰ.①中… Ⅱ.①谢…②杨… Ⅲ.①药用植物—栽培技术—问题解答 Ⅳ.①S567-44

中国版本图书馆CIP数据核字(2015)第109151号

美术编辑　陈君杞
版式设计　郭小平

出版　**中国医药科技出版社**
地址　北京市海淀区文慧园北路甲22号
邮编　100082
电话　发行：010-62227427　邮购：010-62236938
网址　www.cmstp.com
规格　889×1194mm $^1/_{32}$
印张　15 $^7/_8$
字数　307千字
版次　2015年7月第1版
印次　2019年4月第4次印刷
印刷　三河市国英印务有限公司
经销　全国各地新华书店
书号　ISBN 978-7-5067-7567-0
定价　**58.00元**

本社图书如存在印装质量问题请与本社联系调换

第四次全国中药资源普查(河北省)丛书

编委会

总　编	段云波	裴　林	郑玉光
副总编	谢晓亮	杨太新	韩同彪
	田艳勋	赵建成	孔增科
	孙宝惠	曹东义	

编　委　（按姓氏笔画排序）

马淑兰	王　旗	王志文	孔增科
田　伟	田艳勋	付正良	孙国强
孙宝惠	严玉平	李　世	李　琳
李永民	杨太新	杨福林	何　培
张建涛	张晓峰	郑玉光	房慧勇
赵建成	赵春颖	段云波	段吉平
段绪红	曹东义	寇根来	韩同彪
温春秀	谢晓亮	裴　林	

中药材栽培实用技术500问

编委会

主　编	谢晓亮	杨太新		
副主编	杨彦杰	温春秀	何运转	郑玉光
	田　伟	王　旗	刘晓清	李　世
编　委	（按姓氏笔画排序）			
	马立刚	马宝玲	马春英	王　乾
	王　旗	王玉芹	王有军	王志伟
	王泽永	王舜彩	牛　杰	田　伟
	刘　建	刘　铭	刘廷辉	刘灵娣
	刘晓清	刘敏彦	孙国强	孙艳春
	杜丽君	李　世	杨太新	杨贵鹏
	杨彦杰	何　培	何运转	张广明
	张建涛	陈玉明	郑玉光	段绪红
	信兆爽	贺献林	袁　园	贾东升
	贾海民	高　彻	高　钦	寇根来
	葛淑俊	温春秀	谢晓亮	甄　云
	蔡景竹	裴　林		

前言

　　随着我国中药现代化发展，中药农业应运而生，中药材生产作为一种特色产业受到各产区政府的大力支持，成为农业结构调整、农业增效、农民增收的重要内容和途径。中药材人工栽培基地建设发展迅速，出现不少中药材规模种植区和中药材产业乡、产业县等，中药材基地化、规模化生产成为药材生产的主要形式，专业合作社、新型药农、基地公司、药企等成为中药材生产的主体。药材生产从业人员迅速增加，这些从业人员大多缺乏经验、缺乏技术，加之中药材科研基础薄弱，市场出现了对中药材生产技术的强烈需求。为此，河北省中药材产业技术体系创新团队组织岗位专家及团队成员、试验站和生产一线人员组成本书编写团队，选择华北区大宗、道地药材品种，针对生产上存在的各种问题，以问答的形式，编写此书，每种药材从功效作用、品种、选地整地、种子处理、种苗繁育、栽培技术、病虫害防治、采收加工等环节提出问题，逐一解答，问答涵盖了整个生产过程的关键技术。

　　本书编写在参考最新科研成果的基础上，为更好地体现生产实际，编写专家深入药材基地进行实际操作和调研，熟悉每种药材的生产过程，掌握关键技术，编写问答；形成初稿后，又邀请药农和一线生产人员进行了多轮研讨和修改，力求让药农更容易理解和掌握，贴近生产实际。本书的出版，对药农进行技术培训，指导药农提高中药材生产技术水平，从生产环节实施中药材质量控制具有重要指导意义。

编　者

2014年12月15日

目录
CONTENTS

上篇 总论

第一章　产地生态环境…………………………… 002

第二章　种质与繁殖材料………………………… 008

第三章　选地、整地与播种……………………… 013

第四章　田间管理………………………………… 020

第五章　病虫害防治……………………………… 036

第六章　采收与初加工…………………………… 047

第七章　包装、运输和贮藏……………………… 058

第八章　质量管理………………………………… 063

参考文献…………………………………………… 069

目录
CONTENTS

下篇 各论

第九章　根和根茎类…………………………… 074

芍药 …………………………………… 074

紫菀 …………………………………… 084

天南星 ………………………………… 089

柴胡 …………………………………… 094

知母 …………………………………… 103

射干 …………………………………… 107

党参 …………………………………… 115

牛膝 …………………………………… 123

地黄 …………………………………… 129

北豆根 ………………………………… 138

黄精 …………………………………… 142

天麻 …………………………………… 147

防风 …………………………………… 158

穿山龙 ………………………………… 163

甘草 …………………………………… 169

CONTENTS 目录

黄芪 ………………………………………… 177

苦参 ………………………………………… 182

板蓝根 ……………………………………… 186

远志 ………………………………………… 192

丹参 ………………………………………… 197

山药 ………………………………………… 203

北沙参 ……………………………………… 213

桔梗 ………………………………………… 221

北苍术 ……………………………………… 228

白术 ………………………………………… 234

天花粉 ……………………………………… 242

半夏 ………………………………………… 247

白芷 ………………………………………… 254

黄芩 ………………………………………… 260

第十章　花类………………………………… 270

金莲花 ……………………………………… 270

金银花 ……………………………………… 275

菊花 ………………………………………… 283

款冬花 ……………………………………… 295

红花 ………………………………………… 301

第十一章　果实及种子类…………………… 310

薏苡仁 ……………………………………… 310

王不留行 …………………………………… 316

目录
CONTENTS

山楂 ………………………………………… 322

枸杞子 …………………………………… 329

瓜蒌 ………………………………………… 336

酸枣仁 …………………………………… 343

连翘 ………………………………………… 353

第十二章　皮类 ……………………… 365

牡丹皮 …………………………………… 365

关黄柏 …………………………………… 375

第十三章　全草类 ………………… 385

薄荷 ………………………………………… 385

荆芥 ………………………………………… 391

蒲公英 …………………………………… 396

紫苏 ………………………………………… 402

管花肉苁蓉 …………………………… 407

第十四章　菌类 ……………………… 414

灵芝 ………………………………………… 414

猪苓 ………………………………………… 425

参考文献 ……………………………… 433

附彩图 …………………………………… 445

上篇 总 论

第一章 产地生态环境

1. 中药材产地环境包括哪些生态因子？

中药材生长环境中的各种因子都与其发生直接或间接关系，其作用可能是有利的，也可能是不利的，环境中的各种因子就是中药材的生态因子，影响着中药材的生长发育、产量和质量形成。生态因子可划分为气候因子、土壤因子、地形因子和生物因子。

气候因子包括光照强弱、日照长短、光谱成分、温度高低和变化、水的形态和数量、水分存续时间、蒸发量、空气、风速和雷电等。土壤因子包括土壤结构、有机质、地温、土壤水分、养分、土壤空气和酸碱度等。地形因子包括海拔高度、地形起伏、坡向和坡度等。生物因子通常指动物因子、植物因子和微生物因子，如中药材的间作、套种中搭配的作物，田间杂草，有益或有害的昆虫、哺乳动物、病原菌、土壤微生物及其他生物等。

2. 如何理解生态因子与人为因子对药用植物的共同作用？

药用植物的诸多生态因子是相互联系、相互影响和彼此制约的，一个因子的变化，也会影响其他因子的变化。对药用植物生长发育的影响，往往是综合作用的结果。但是，诸多生态因子对药用植物生长发育的作用程度并不是等同的，其中光照、温度、水分、养分和空气是其生命活动不可缺少的，又称为生活因子或基本因子。生活因子以外的其他因子对药用植物也有一定的影响作用，这些作用有的直接影响药用植物本身(如杂草和病虫害)，有的通过生活因子而影响药用植物的生长发育(如有机质、地形和土壤质地等)。

各种栽培措施和田间管理属于人为因子。人为活动是有目的和有意识的，因此人为因子的影响远远超过其他所有自然因子。如整枝、打杈、摘心和摘蕾等措施直接作用于药用植物，而适时播种、施肥灌水、合理密植、中耕除草和防病等措施，则是改善生活因子或生态因子，促进正常生长发育。栽培药用植物，面对的是各种各样的药用植物种类，具有不同习性的各个品种，遇到的是错综复杂和千变万化的环境条件，只有采取科学的"应变"措施，处理好药用植物与环境的相互关系，既要让药用植物适应当地的环境条件，又要使环境条件满足药用植物的需求，才能取得优质高产。

3. 根据对温度的要求不同，药用植物分为哪4种类型？

温度是药用植物生长发育的重要生活因子，药用植物只能在一定的温度范围内进行正常的生长发育。了解药用植物对温度适应的范围及其与生长发育的关系，是确定种植种类、安排生产季节、夺取优质高产的重要依据。由于药用植物种类繁多，对温度的要求也各不相同，因此根据药用植物对温度的要求不同，将其分为耐寒药用植物、半耐寒药用植物、

喜温药用植物和耐热药用植物4种类型。

耐寒药用植物一般能耐–2~–1℃的低温，短期内可以忍耐–10~–5℃低温，最适同化作用温度为15~20℃。根茎类药用植物冬季地上部分枯死，地下部分越冬能耐0℃以下，甚至–10℃的低温，如人参、细辛、百合、平贝母、大黄、五味子及刺五加等。半耐寒药用植物通常能耐短时间–2~–1℃的低温，最适同化作用温度为17~23℃，如菘蓝、黄连、枸杞及知母等。喜温药用植物的种子萌发、幼苗生长、开花结果都要求较高的温度，最适同化作用温度为20~30℃，花期气温低于10~15℃则不宜授粉或落花落果，如颠茄、枳壳、川芎、金银花等。耐热药用植物的生长发育要求温度较高，最适同化作用温度30℃左右，个别种类可在40℃下正常生长。如槟榔、砂仁、苏木、丝瓜及罗汉果等。

4. 根据对光照强度的要求不同，药用植物分为哪3种类型？

药用植物的生长发育靠光合作用提供所需的有机物质。根据药用植物对光照强度的需求不同，通常分为阳生药用植物、阴生药用植物和中间型药用植物。

阳生药用植物又称喜光或阳地药用植物，要求生长在直射阳光充足的地方。其光饱和点为全光照的100%，光补偿点为全光照的3%~5%，若缺乏阳光时，植株生长不良，产量低，如北沙参、地黄、菊花、红花、芍药、薯蓣、枸杞、薏苡及知母等。阴生药用植物又称喜阴或阴地药用植物，不能忍受强烈的日光照射，喜欢生长在阴湿的环境或树林下。光饱和点为全光照的10%~50%，而光补偿点为全光照的1%以下。如人参、西洋参、三七、石斛、黄连及天南星等。中间型药用植物又称耐阴药用植物，处于阳生和阴生之间，其在全光照或稍荫蔽的环境下均能正常生长发育，一般以阳光充足条件下生长健壮、产量高。如麦冬、豆蔻、款冬、紫花地丁及柴胡等。

5. 根据对光周期的反应不同，药用植物分为哪3种类型？

光周期是指一天中日出至日落的理论日照时数，影响植物的花芽分化、开花、结实、分枝习性以及某些地下器官（块茎、块根、球茎、鳞茎等）的形成。根据药用植物对光周期的反应不同，通常分为长日照药用植物、短日照药用植物和日中性药用植物。

长日照药用植物指日照长度必须大于某一临界日长（一般12~14小时以上）才能形成花芽的药用植物，如红花、当归、牛蒡、紫菀及除虫菊等。短日照药用植物指日照长度只有短于其所要求的临界日长（一般12~14小时以下）才能开花的药用植物，如紫苏、菊花、苍耳、大麻及龙胆等。日中性药用植物的花芽分化受日照长度的影响较小，只要其他条件适宜，一年四季都能开花，如曼陀罗、颠茄、地黄、蒲公英及丝瓜等。

认识和了解药用植物的光周期反应，在药用植物栽培育种中具有重要作用。在引种过程中，必须首先考虑所要引进的药用植物是否在当地的光周期诱导下能够正常地生长发育、开花结实；其次，栽培中应根据药用植物对光周期的反应确

定适宜的播种期；第三，通过人工控制光周期促进或延迟开花，开展药用植物育种工作。

6. 根据对水分的适应性，药用植物分为哪4种类型？

水是药用植物的主要组成成分，也是其生长发育必不可少的生活因子之一。根据药用植物对水分的适应能力和适应方式，可划分为旱生药用植物、湿生药用植物、中生药用植物和水生药用植物4种类型。

旱生药用植物能在干旱的气候和土壤环境中维持正常的生长发育，具有高度的抗旱能力，如芦荟、仙人掌、麻黄、骆驼刺及红花等。湿生药用植物生长在沼泽、河滩等潮湿环境中，蒸腾强度大，抗旱能力差，水分不足就会影响生长发育，以致萎蔫，如水菖蒲、水蜈蚣、毛茛、半边莲、秋海棠及蕨类等。中生药用植物对水的适应性介于旱生药用植物与湿生药用植物之间，绝大多数陆生的药用植物均属此类。水生药用植物生活在水中，根系不发达，根的吸收能力很弱，输导组织简单，但通气组织发达，如泽泻、莲、芡实、浮萍、眼子菜及金鱼藻等。不同的药用植物和同一药用植物的不同生长发育阶段对水分的需求各异，合理灌溉和排水是保证药用植物正常生长发育和提高产量的重要措施。

7. 药用植物生长发育必需的营养元素有哪些？

药用植物生长和产量形成需要有营养保证。药用植物生长发育所需的营养元素有C、H、O、N、P、K、Ca、Mg、S、

Fe、Cl、Mn、Zn、Cu、Mo、B等，通常C、H、O、N、P、K被称为大量营养元素，Ca、Mg、S为中量营养元素，Fe、Cl、Mn、Zn、Cu、Mo、B等为微量元素。这些营养元素除来自空气和水中的C、H、O外，其他元素均需要土壤提供。其中药用植物对N、P、K的需求量大，而土壤中N、P、K的含量不足以满足药用植物生长发育的需要，必须通过施肥补充。对于土壤中某一微量元素缺乏的，施用微肥也具有提高药用植物产量和品质的作用。不同药用植物或其不同的生长发育阶段，对各种必需营养元素的需求量不同，但都遵循着营养元素的同等重要律和不可替代律。任何营养元素的缺乏都会导致植株生长障碍，表现出各种缺素症状，进而影响药用植物的正常生长发育、产量和品质的形成。

8. 中药材GAP对药材生产基地环境有什么要求？

中药材GAP是《中药材生产质量管理规范》的简称，是由原国家食品药品监督管理局组织制定，并于2002年6月1日实施的行业管理法规。中药材GAP从保证中药材品质出发，控制中药材生产和品质的各种影响因子，规范中药材生产全过程，以保证中药材真实、安全、有效及品质稳定可控。

中药材GAP要求药材生产基地应按照适宜性优化原则，因地制宜，合理布局。中药材生产基地的生态环境应符合国家相应标准：空气质量应符合大气环境质量二级标准（GB3095-1996）；土壤应符合土壤环境质量二级标准（GB15618-1995）；灌溉水应符合农田灌溉水质标准（GB5084-2005）；药用动物饮用水应符合生活饮用水质量标准（GB5749-2006）。

第二章 种质与繁殖材料

9. 什么是中药材种质资源？

种质资源是中药材生产的源头，也是进行中药材品种改良、新品种培育及遗传工程的物质基础，种质资源包括栽培品种(类型)、野生种、近缘野生种在内的所有可利用的遗传材料。

10. 药材种质资源在优良品质形成过程中的作用如何？

种质资源在药材优良品质形成过程中起着关键性作用，是培育优良品种的遗传物质基础，尤其是野生亲缘植物和古老的地方种是长期自然选择和人工选择的产物，具有独特的优良性状和抗御自然灾害的特性，是人类的宝贵财富和品种改良的源泉。

11. 药用植物育种的方法及特点是什么？

药用植物的"优良品种"对药材生产存在着巨大的潜力，许多疗效优异的道地药材的形成在某种程度上应归功于"地方品种"的作用。药用植物育种的主要目的和特色在于"高含量育种"，而任何一个新品种的培育都是在原有种质资源的基础上通过选择、杂交、回交、诱变等方法修饰、加工、改良后才能符合育种目标的。

药用植物育种的特点是以提高药材质量，培育优良品种为目标，筛选优良种质资源。包括遗传多样性鉴定及产量和质量的鉴定。产量和质量的鉴定包括单株生产力的鉴定、生育期的鉴定、质量鉴定(测定有效化学成分含量或比例的多少、药材的气味、色泽、质地、形状)、抗病虫害性的鉴定、抗逆境性鉴定。通过以上研究筛选出高产、优质的种质资源。

12. 选择药材种植品种应从哪几个方面考虑?

一般选择种植品种应从以下三个方面考虑：一是当地的生态气候条件。选择种植的品种要看是否适合当地的气候条件、土壤条件、灌溉和排水条件以及其生长习性的特殊要求。一般以种植当地地道药材品种为好。二是药材种植的收益。影响药材收益因素较多，主要的客观因素有种植成本、市场价格、种源、栽培技术。三是销售。种植前要看是否有销售渠道或药企收购? 这三个方面在种植药材前都要考虑。目前河北省适宜发展的品种有黄芩、黄芪、金银花、枸杞、山药、知母、柴胡、丹参、防风、白芷、天花粉、桔梗、射干、苦参、菘蓝、王不留行、酸枣等。

13. 中药材种子质量怎样辨别?

从种子纯度、净度、发芽率、含水量4个方面鉴别中药材种子质量，按照行业标准或河北省地方标准要求进行辨别。

14. 中药材种子需要播前处理吗?

中药材种子和农作物种子一样也需要播前处理，播前处理是为了提高种子的播种质量，可打破种子休眠，促进种子

上篇 总论

第二章 种质与繁殖材料

萌芽和幼苗健壮，防治苗期病虫害。

15. 中药材种子播前处理方法有哪些?

选种、晒种、消毒、浸种、擦伤处理、沙藏层积处理、拌种、种子包衣、药种磁场处理、蒸汽处理、催芽处理、超声波处理等方法。具体方法如下。

(1)选种 选择优良的种子，是中药材取得优质高产的重要保证。隔年陈种子色泽发灰，有霉味，往往发芽率降低，甚至不发芽。选种时，应精选出色泽发亮、颗粒饱满、大小均匀一致、粒大而重、有芳香味、发育成熟、不携带虫卵病菌、生命力强的种子。数量少时可通过手工选种，数量大时可用水选或风选。

(2)晒种 播前晒种能提高某些种子中酶的活性，加速种内新陈代谢，降低种子含水量，增强种子活力，提高发芽率，并能起到杀菌消毒的作用。

(3)消毒 普通种子在播种前不必消毒，但对于一些易感染病虫害的种子，因其表面常带有各种病原菌，使其在催芽中和播种后易发生烂种或幼苗病害。如薏苡种子，采用2%~2.5%的硫酸铜水溶液浸种10分钟后，可防止黑粉病的发生。多数中草药种子，可用50%多菌灵可湿性粉剂500~800倍液浸种10~30分钟，或在1%的福尔马林溶液中浸种5~10分钟，然后取出用清水冲洗干净，晾至种子表面无水时即可进行催芽或播种，以达到消毒作用，保苗效果很好。

(4)浸种 对于大多数较容易发芽的种子，用冷水或温水(40~50℃)或冷热水变温交替浸种12~24小时，不仅能使种皮软化，增强通透性，促进种子快速、整齐地萌发，而且还能杀死种子内外所带病菌，防止病害传播。

① 化学药剂浸种：应根据种子的特性，选择适宜的化学药剂、适当的浓度和处理时间进行浸种。② 生长激素浸种：常用的激素有2,4-D、吲哚乙酸、赤霉素等。③ 微量元素溶液浸种：常用的微量元素有硼、锌、锰、铜、钼等。

(5)种子包衣　种子包衣就是在药材种子外面包裹一层种衣剂。播种后吸水膨胀，种衣剂内有效成分迅速被药材种子吸收，可对药种消毒并防治苗期病、虫、鸟、鼠害，提高出苗率。

(6)药种磁场处理　药种磁场处理就是以强磁场短期作用于药材种子，以激发种子中酶的活性，打破种子休眠，从而提高种子的发芽率。

(7)蒸汽处理　采用蒸汽处理药材种子，一定要保持比较稳定的温度和一定的湿度，防止种子过干或过湿，且要勤检查，经常翻动，使种子受热均匀，促进气体交换。

(8)催芽剂处理　用催芽剂处理，可打破药材种子休眠，增强种子活力，加速发芽和促进幼苗健壮生长，尤其对隔年陈种子催芽效果更明显。

(9)植物基因表达诱导剂处理　植物基因表达诱导剂系我国生态农业专家那中之研究的无公害植物细胞激活剂。药材种子用该诱导剂浸种或植株喷灌施用后，能集聚植物界抗冻、抗旱、耐水、耐寒、抗光、抗氧化基因于一体，使植株根深矮化、抗病抗寒、耐虫避虫、抗倒伏。

(10)超声波处理　超声波是频率高达2万赫兹以上的声

波，用它对种子进行短暂处理 (15秒至5分钟)，具有促进发芽、加速幼苗生长、提早成熟和增产等作用。

16. 北沙参、知母等几种中药材种子播前如何处理？

(1) 北沙参　春播3~4月。春播必须在冬季将湿润种子与3倍清沙混拌，经过室外冷冻处理使胚胎发育成熟方可播种。如为秋播，一般应在播前15天将种子浸泡1~2小时后捞出堆成小堆，每天翻动一次，如发现堆内水分不足应适量喷水，直到种仁润透为止。

(2) 知母　秋季种子成熟后，采收去净杂质、晾干保存备用。春播应在播种前15天，将种子用60℃温水浸泡4~8小时，捞出晾干外皮，再用两倍的湿润沙拌匀，在向阳温暖处挖浅窝，将种子埋于窝内，上边盖土3cm左右进行催芽。当芽萌动，种皮破裂时取出播种。

(3) 黄芪　冬播种子不用处理。春、夏播在播前选择籽粒饱满、无虫蛀、不发霉的种子，先用沙摩擦种子，使种皮损伤后，再将种子倒入30~40℃水中浸泡2~4小时，待种子膨胀后，随即捞出播种。如发现仍有部分种子没膨胀时，可再以40~50℃水浸泡，待大部分膨胀后再捞出播种。

(4) 白术　3月中旬至5月上旬播种，播前将种子放入25~30℃温水中浸泡24小时，促使种子吸水萌动，待胚根露白时播种。

(5) 白芷　播前先搓出种皮周围的翅 (不可搓伤种子)，然后放到清水里浸泡6~8小时，捞出稍晾即可播种。

（6）薏苡　播前先用清水将种子浸泡一昼夜，然后烧开一锅开水倒入缸内，将浸透的种子从凉水中捞出倒入缸中搅动，烫5~8秒钟立即捞出，并倒在席上摊开晾干即可下种。也可将浸好的种子晾干，用种子重量0.4％的粉锈剂、多菌灵进行拌种。

（7）甘草　饱满种子用清水浸泡1~2昼夜后，用3孔径筛子选出已膨大的种子，每0.5千克加入80％硫酸拌匀（一般在15~20℃的温度下浸润2小时）。

（8）牛膝　6月至7月上旬播种，播前用20℃温水浸种12小时，捞出晾干后播种。

（9）栝楼　每年3月播种。播种时将果壳剖开，取出种子，用40~50℃的温水浸泡24小时，捞出后与湿沙混合均匀，然后放在室内20~30℃的温度下催芽，当大部分种子裂口时即可播种。

第三章　选地、整地与播种

17. 如何进行中药材栽培基地规划？

中药材对产品质量要求严格，且部分药材道地性很强，药材价格受市场调节波动大。因此，发展中药材栽培基地首先要因地制宜，根据各地的气候生态特点，选择适宜种植的品种类型，采用集约化、仿野生栽培及与农林间作、套种、混作等多种形式，统筹安排。其次选择适销对路的中药材品

种，坚持以市场为导向，考虑中药材市场需求量及价格变化，进行准确市场定位，根据市场变化及时调节生产品种，以销定产，减少生产盲目性。另外，坚持社会效益、经济效益和生态效益相结合的原则，坚持以经济效益为中心，依靠先进的科学技术，实行集约化、规模化、商品化经营，同时兼顾生态效益，发挥更大的社会效益。

18. 中药材翻耕整地有什么要求？

土壤是中药材生长发育的基本条件，中药材所需的水分、养分等因素主要或部分靠土壤供给，同时，土壤中可能有各种有害真菌、细菌、线虫以及杂草种子等，故在种植中药材前应对土壤进行处理，包括清理残枝落叶和土壤耕作。通过整地改良土壤的水分、养分和通气条件，有利于土壤中微生物活动和繁殖、土壤中有机物腐殖质化，促进土壤有效养分增加，提高土壤肥力、蓄水与透水能力，也可影响近地表层的温热状况，促进植物根系生长发育，提高成活率，消除杂草，减轻病虫危害。

中药材的根系50%以上集中在0~20cm的范围内，80%以上集中在0~50cm范围内，产量一般随耕作深度的增加而有所增加。为了充分利用表土特性，可将准备栽种的地段，全部挖垦，一般耕深为16~22cm。根茎类药材耕深需20~25cm，最深30~35cm，特殊品种要达90~100cm。不管深耕深度如何，都不要把大量生土翻上来。对木本中药材，除将表土深耕整平外，还要开挖定植穴，大型苗木的穴深为60~80cm，中型苗木为30~40cm，小型苗为10~20cm。在一定范围内，深耕能够打破犁底层，耕地质量好。

19. 如何进行翻耕、整地和作畦？

翻耕整地一般在春、秋季进行，以秋季翻耕为好。前作收获后及时耕地，深根中药材及地下块茎、球茎类中药材宜深耕。深耕前要施入足够的农家肥，可提高土壤肥力，改良土壤性状。深耕的原则是：要使熟土在上，不乱土层，深耕后耙细、整平。

土壤整平耙细后，要根据中药材种类、生长特点、地势等作畦，目的是方便排水和灌水、田间作业等。畦的种类分为高畦、平畦和低畦三种。高畦：畦面比畦间步道高出约15~25cm，能提高土温、加厚耕层，便于排水防涝，适于多雨及地势低湿地区，尤其是栽培根及地下根茎类药材，多采用高畦。平畦：畦面高度与步道相平，在四周筑成稍高于畦面的小土埂，便于浇水，且保水性能较好，出苗率高，适于地下水位低、土层深厚、排水良好的地区，河北省平原地区多采用此方法。低畦：畦面低于步道约10~15cm。在降雨少、地下水位高、容易干旱的地区或种植喜湿性中药材时采用。畦的方向多为南北向，这样接受阳光均匀。在坡地作畦，畦的方向应与坡向垂直或做成梯田，以减少坡度，减少雨水冲刷。

20. 如何根据土壤类型选择适宜种植的中药材品种？

土壤按质地可分为砂土、黏土和壤土。土壤颗粒中直径为0.01~0.03mm的土壤颗粒占50%~90%的土壤称为砂土。砂土

通气透水性良好，耕作阻力小，土温变化快，保水保肥能力差，易发生干旱。适于在砂土种植的有甘草、麻黄、北沙参及仙人掌等。含直径小于0.01mm的土壤颗粒在80%以上的土壤称为黏土。黏土通气透水能力差，土壤结构致密，耕作阻力大，但保水保肥能力强，供肥慢，肥效持久、稳定。所以，适宜在黏土上栽种的中药材不多，如泽泻等。壤土的性质介于砂土与黏土之间，是最优良的土质。壤土土质疏松，容易耕作，透水良好，又有相当强的保水保肥能力，适宜大多数中药材种植，特别是根及根茎类的药材更宜在壤土中栽培，如地黄、薯蓣、当归和丹参等。

21. 中药材生产中如何合理轮作？

中药材生产中，在同一块地上连年种植同一种药材常导致植株生长不良，病虫害严重，产量和质量下降，根和根茎类药材尤为严重，这种现象在我国被称为连作障碍，合理轮作倒茬是提高药材产量和质量的有效途径。

轮作是在同一田地上有顺序地轮换种植不同植物的种植方式。轮作能充分利用土壤营养元素，提高肥效；减少病虫危害，克服自身排泄物的不利影响；改变田间生态条件，减少杂草危害等。中药材合理轮作应注意以下问题：薄荷、细辛、荆芥、紫苏、穿心莲等叶类、全草类药材要求土壤肥沃、需氮肥较多，应选豆科作物或其他蔬菜做前作。桔梗、柴胡、党参、紫苏、牛膝、白术等小粒种子繁殖的，播种覆土浅，易受草荒危害，应选豆茬或收获期较早的中耕作物做前茬。有些药用植物与蔬菜等都属于某些害虫的寄主范围或同类取食植物，轮作时必须错开此类茬口。如地黄与大豆、花生有相同的胞囊线虫，枸杞和马铃薯有相同的疫病，安排茬口时要特别注意。另外，还要注意轮作年限，有些药用植物轮作周期长，可单独安排轮作顺序，如地黄、人参轮作周期10年左右。

22. 中药材常用的繁殖方式有哪几种？

中药材经常采用的繁殖方式包括有性繁殖和无性繁殖两种。有性繁殖即用种子或果实作为繁殖材料，两者均是通过有性发育阶段，胚珠受精后形成种子，子房形成果实，故称为有性繁殖。无性繁殖又称营养繁殖，即根、茎、叶等营养器官作为繁殖材料，通常包括分离繁殖、扦插繁殖、压条繁殖、嫁接繁殖及离体组织培养等。

自然条件下，有的中药材适宜有性繁殖，如当归、桔梗、党参、决明子等；有的适宜无性繁殖，如菊花、天南星、川芎、地黄等；许多药材既能有性繁殖也能无性繁殖，如芍药、牡丹、枸杞、连翘、知母、百合等。离体组织培养是近代发展起来的无性繁殖技术，通过组培技术已获得试管苗的药用植物达百种以上。应根据药用植物的特点和栽培目的，选择生产中适宜的繁殖方式。

23. 如何确定中药材的播种量？

播种量是指单位面积上所播的种子重量，决定了单位面积上药材群体的大小，也会影响到单株生产力。在确定播种量时，必须考虑气候条件、土壤肥力、品种类型、种子质量

以及田间出苗率等因素的影响。一般生产实际中，播种量是以理论播量为基础，视气候、土壤、播种方式和播种技术等适当变化，出苗后视苗情间苗和定苗。理论上的播种量公式如下：

播种量 (克/亩) = [666.7m² / (行距m × 株距m)] / [每克种子粒数 × 纯净度 (%) × 发芽率 (%)]

24. 如何确定中药材的播种时期？

适期播种是实现优质高产的重要前提条件。一般播种期(播期)依据气候条件、栽培制度、品种特性、种植方式等综合考虑。

在气候条件中，气温和地温是影响播期的主要因素，一般以当地气温或地温能满足药材种子(种苗)发芽要求时，作为最早播种期，如华北和西北地区，红花在地温稳定在4℃时就可播种，而薏苡需地温稳定在10℃才可播种。在确定具体播期时，还应充分考虑该种药材主要生育期、产品器官形成期对温度和光照的要求。另外，干旱地区的土壤水分也是影响播期的重要因素，为保证种子萌发和正常出苗，必须保证播种和出苗的土壤墒情。间作、套种栽培应根据两茬作物适宜共生期长短确定播期。一般单作方式播期较早，间作和套种播期较迟，育苗移栽的播期要早，直播的要晚。另外，药材的品种类型不同，生育特性有较大差异，播期也不一样。通常情况下，绝大多数一年生药材为春播，多年生药材可春播、秋播或夏播。

25. 中药材的播种方式有哪几种？

中药材的播种方式有撒播、条播和穴（点）播3种。撒播是农业生产中最早采用的播种方式，一般用于生长期短的、营养面积小的药材上，有的生育前期生长缓慢的药材育苗也采用撒播方式。这种方式可以经济利用土地，省工并能抢时播种，但不利于机械化耕作管理。条播是广泛采用的播种方式，条播的优点是覆土深浅一致，出苗整齐，植株分布均匀，通风透光条件较好，且便于田间管理。条播可分为窄行条播、宽行条播、宽幅条播和宽窄行条播，根据不同药材种类和种植方式而采用不同行距和幅距。穴播适用于生长期较长、植株高大或需要丛植栽培的药材，穴播可减少用种量，使植株分布均匀，利于在不良条件下播种保证苗全，也便于机械化耕作管理。对于一些珍贵稀有或者种子量少的药材可采用精量穴播的方法。

26. 如何进行中药材机械化播种？

生产中很多药材采用种子繁殖，由于人工播种用工多、速度慢、质量难以保证，因此机械播种是一项省工、省时和适于规模化栽培的种植方法。目前中药材播种机械可分为手推精量播种机械、小型机械化播种机械和大型播种机械等。

手推半精量播种机械和手推精量播种机械是一种简单实用的中药材播种机，最早是由播种玉米、花生的小型机械改装而成，后在此基础上进行了专业改进和生产，对于小粒种子如黄芩、黄芪、桔梗等可精确至亩播种量0.3~0.5kg。播种

时一人即可操作，每天可播种中药材5~8亩，较传统人工种植可提高效率5~8倍，且可提高播种质量。

小型机械化播种机是专门应用于中药材播种的小型农机，其造型精美，小巧便捷，燃料可用汽油、柴油，播种质量优良，一人即可操作。因体小轻便可适于不同类型的地块播种，每天可播种药材10亩以上。

大型精量播种机适用于大面积播种中药材，类似小麦、玉米的专业播种机械，每天可播种黄芪、黄芩、桔梗、菘蓝、远志、牛膝、北沙参、白芷、甘草、防风、党参、荆芥、柴胡、射干等中药材30~50亩。

第四章 田间管理

27. 中药材种植如何间苗和定苗？

间苗是田间管理中一项调控植株密度的技术措施。对于用种子直播繁殖的中药材，在生产上为确保出苗数量，其播种量一般大于所需苗数。为保持一定株距，防止幼苗过密、生长纤弱、倒伏等现象发生，播种出苗后需及时间除过密、长势弱和有病虫害的幼苗，称为间苗。间苗宜早不宜迟，过迟则幼苗生长过密会引起光照和养分不足，通风不良，造成植株细弱，易遭病虫危害。同时苗大根深，间苗困难且易伤害附近植株。大田直播一般间苗2~3次。最后一次间苗称为定苗，使中药材群体达到理想苗数。

28. 如何进行药材田补苗?

有些中药材种子由于发芽率低或其他原因,播种后出苗少、出苗不整齐,或出苗后遭受病虫害,造成缺苗断垄,此时需要结合间苗、定苗及时补苗。补苗可从间苗中选取健壮苗,或从苗床中选,也可播种时事先播种部分种子专供补苗用。补苗时间以雨后最好。补苗应带土,剪去部分叶片,补苗后酌情浇水。温度较高时补苗要用大叶片或树枝遮阳。种子、种根发芽快的也可补种。对于贵重中药材,如人参等并不进行间苗,而是精选种子,在精细整地基础上按株行距播种。

29. 如何进行药材田中耕?

中耕是中药材在生育期间对土壤进行疏松锄划。中耕可以减少地表蒸发,改善土壤的通气性及透水性,为大量吸收降水及加强土壤微生物活动创造良好条件,促进土壤有机质分解,增加土壤肥力。中耕还能清除杂草,减少病虫害。

中耕的原则是深根者宜深,浅根者宜浅,苗期深些,以后浅些。射干、贝母、延胡索、半夏等根系分布于土壤表层,中耕宜浅;而牛膝、白芷、芍药、黄芪等主根长,入土深,中耕可适当深些。中耕深度一般是4~6cm。中耕次数应根据当地气候、土壤和植物生长情况而定。苗期植株小、杂草易滋生、常灌溉或雨水多、土壤易板结的地块,应勤中耕除草,待植株枝繁叶茂后,中耕除草次数宜少,以免损伤植株。

上篇 总论

第四章 田间管理

30. 如何进行药材田培土？

培土是指在中药材生长中后期将行间土壅到药材根旁的田间作业。1~2年生草本中药材培土常结合中耕除草进行；多年生草本和木本中药材，培土一般在入冬前结合浇灌防冻水进行。培土有保护植物越冬、过夏、保护芽头等作用。培土时间视不同中药材而异。

31. 如何防除药材田间杂草？

防除杂草是中药材生产中一项艰巨的田间管理工作。防除杂草的方法很多，如精选种子、轮作倒茬、水旱轮作、合理耕作、人工拔除、机械除草和化学除草等。

杂草一般出苗早，生长速度快，同时也是病虫滋生和蔓延的场所，对中药材生长极为不利，必须及时清除。清除杂草方法有人工除草、机械除草和化学除草。化学除草可以代替人工和机械除草，它不仅可以节省劳力，降低成本，还能提高生产率。化学除草剂现已在丹参、黄芪、射干、柴胡、薄荷、颠茄、芍药等多种中药材栽培上应用。

目前，中药材生产中一般是人工除草为主。除草要与中耕结合起来，中耕除草一般是在中药材封行前选晴天土壤湿度小时进行。中耕深度视中药材地下部分生长情况而定。幼苗阶段杂草最易滋生，土壤也易板结，中耕除草次数宜多，中耕深度宜浅；成苗阶段，枝叶生长茂密，中耕除草次数宜少，中耕深度宜深。

32. 如何进行中药材田间机械除草？

很多中药材田间密度较大，人工拔除杂草费时、费工、质量差。中药材田间除草机械的应用大大减轻了劳动强度和提高了除草效率。目前，生产中应用的除草机械有单、双犁小耘锄，三犁小耘锄和大型除草机械。

单、双犁小耘锄是一个带有一或两个犁的小耘锄，犁的后面带有一个铁滑轮，除草的同时就把土壤进行了疏松，达到了中耕除草保墒的目的。适合于行距在15~20cm的中药材，如黄芪、黄芩、桔梗、牛膝等苗期除草，每人每天能除草6~10亩。三犁小耘锄比单、双犁机械要大一些，适合于行距较大的药材田间除草，如知母、薏苡、菊花、芍药、木香等中药材。可以一个人操作，也适合两个人操作，一个人在前面拉犁，一个人在后面掌握，除草速度快，质量好，中耕深度较深。大型除草机械可一机多能，机械播种时就把行间设计好，留出机械作业通道便于除草作业，一般对使用过的大型播种机在完成播种任务后，即可进行改装，把下面的播种耧换成小耘锄，而后进行机械除草。此机械适于中药材规模化基地建设和大型农场使用。

33. 药材田化学除草应注意哪些问题？

在中药材规范化生产中不提倡使用除草剂。但当药材种植面积较大，特别是一些小粒种子类的药材苗期生长缓慢，极易出现草荒，而其他防除措施效果较差时，化学除草剂除草应该是一项省工和高效的技术措施。

化学除草剂按照作用性质分为选择性和灭生性除草剂，按作用方式分为内吸性和触杀性除草剂，按施药对象分为土壤处理剂和茎叶处理剂，按施药方法可分为喷雾处理和土壤处理等。当前的化学除草剂多数以防除粮食作物、蔬菜、果树的田间杂草为主，专用的药材除草剂种类极少。因此，需要根据具体中药材种类，对除草剂种类、施用量及施用时期等进行试验研究和选择应用。选择的除草剂不仅对本茬中药材安全且有较好的防除杂草效果，还应对下茬种植作物无害。除草剂的施用技术和施用时的气温、地温及湿度等影响施用效果，一般晴天、气温高、湿度适宜时药效高，而阴天、多雨、气温低时药效低。因此，施用除草剂要严格掌握施药量和施用时期，并做到因地、因环境、因药材和除草剂种类而异，保证达到安全和有效的目的。目前常用的封闭性除草剂有二甲戊灵、氟乐灵等，幼苗期禾本科除草剂多使用精喹禾灵，全杀性除草剂只杀地上部分的多采用克无踪，连根杀除的多采用草甘膦。

34. 中药材生产中常用的肥料种类有哪些？

中药材常用肥料的种类很多，按它们的作用可分为直接肥料和间接肥料。前者可以直接提供植物所需的各种养料，后者通过改善土壤的物理、化学和生物学性质而间接影响植物的生长发育。肥料按其来源分为自然肥料(即农家肥料)和商品肥料。前者如绿肥、沤肥、厩肥等，后者如无机化肥、微生物肥料、腐殖酸类肥料等。按照肥料所含的主要养分种类，无机化肥又可分为氮肥、磷肥、钾肥、钙肥、微量元素肥料、复合肥料等。另外，按照它们见效的快慢可分为速效、缓效和迟效肥料；也可按植物生长发育不同阶段对养分的要求分为种肥、追肥和基肥等。

35. 根据施肥时期中药材施肥划分几种？

按照中药材施肥时期的先后，通常把中药材的施肥分为基肥、种肥和追肥三类。

(1) 基肥　基肥是指整地前或整地时，移栽定植前或秋冬季节整地时，施入土壤的肥料。一般以农家有机肥料或泥土肥为主，也可适当搭配磷、钾肥。

(2) 种肥　种肥是指在播种或幼苗扦插时施用的肥料，目的是供给幼苗初期生长发育对养分的需要。微量元素肥料、腐殖酸肥料、少量的氮磷钾化肥以及农家熏土、泥肥、草木灰等常作为种肥施用。有的地区将基肥与种肥合二为一。

(3) 追肥　追肥是指植株生长发育期间施用的肥料，其目的是及时补给植株代谢旺盛时对养分的大量需要。追肥以速效化学肥料为主，以便及时供应所需的养分。

36. 中药材生产中合理施肥的原则是什么？

中药材生长发育所需的营养元素有C、H、O、N、P、K、Ca、Mg、S、Fe、Cl、Mn、Zn、Cu、Mo、B等，这些营养元素除了空气中能供给一部分C、H、O外，其他元素均由土壤提供。当土壤不足以满足药材生长发育的需要时，必须通过施肥进行补充。中药材种类不同，吸收营养的种类、数量、相互间比例等也不同，而同一种药材在不同生育时期所需营养

元素的种类、数量和比例也不一样。因此，在中药材生产中应根据其营养需求特点及土壤的供肥能力，确定施肥种类、时间和数量。施肥应以基肥为主，追肥为辅；肥料种类应以有机肥为主，有机肥与化学肥料配合，根据不同中药材生长发育的需要有限度地使用化学肥料。允许施用经充分腐熟达到无害化卫生标准的农家肥，禁止施用城市生活垃圾、工业垃圾、医院垃圾及粪便。同时还应注意做到如下几点。

(1) 适当灌溉　水能影响中药材对矿物质的吸收和利用，还可减少无机肥料烧伤作物的概率。土壤干旱时，施肥效果差；如果水肥配合使用，明显提高肥效。

(2) 适当深耕　播前适当深耕使土壤容纳更多水分和肥料，而且也促进根系发达，增大吸肥面积，因而能提高肥效。

(3) 改善施肥方式　生产中常采用根外施肥、深层施肥等。根外施肥要注意肥料浓度、喷洒时间、方法等。深层施肥是将肥料施于中药材根系附近5~10cm土层中，肥料挥发少、利用率高。

37. 中药材常用的施肥方法有哪些？

中药材常用的施肥方法有撒施、条施、穴施、环施、冲施(浇施)和叶面喷施等。

(1) 撒施　撒施是指将肥料直接抛撒到田间的施肥方法。大量的农家有机肥以及施用量大的化肥作基肥时常采用撒施的方式。可人工也可机械，多与翻地和旋耕结合进行。

(2) 条施　条施是指在田间开沟，将肥料呈条状施入土内的施肥方式。常规草本中药材生长期间追施化学肥料多采用此方式。

(3)穴施　穴施是指在田间刨坑挖穴，将肥料施入穴内的施肥方式。稀植中药材的追肥常采用此方式。

(4)环施　环施是指在植株周围环状开沟，将肥料施入沟内的施肥方式。木本中药材的施肥常采用此方式。

(5)冲施　冲施是指先将肥料溶解在水中，随浇水施入土中的施肥方式，所以又称浇施。一季收获多次的叶类药材较为适用。

(6)叶面喷施　叶面喷施是指将肥料溶解在水中，喷洒到叶面上的施肥方式。适于中药材生长中后期微量元素肥料、大量元素肥料、腐殖酸肥料等的快速补充施用。

38. 如何做好中药材合理施肥？

根据中药材规范化生产有关规定，合理施肥需要做到以下几点。

(1)根据中药材的品种特性而施肥　中药材的种类和品种不同，在其生长发育不同阶段所需养分的种类和数量以及对养分的吸收强度都不同。① 对于多年生的、特别是地下根茎类中药材，如白芍、大黄、党参、牛膝、牡丹等，以施用充分腐熟好的有机肥为主，增施磷钾肥，配合使用其他化肥，以满足整个生长周期对养分的需要。② 对于全草类中药材可适当增施氮肥；对于花、果实、种子类的中药材则应多施磷、钾肥。在中药材不同的生长阶段施肥不同，生育前期多施氮肥，使用量要少，浓度要低；生长中期，用量和浓度应适当增加；生育后期，多用磷、钾肥，促进果实早熟，种子饱满。

(2)根据土壤性质不同而施肥　砂质土壤，要重视有机肥如粪肥、堆肥、绿肥等，也可以掺加黏土，增厚土层，增强土壤的保水保肥能力。追肥应少量多次施用，避免一次施用过多而流失。黏质土壤，应多施有机肥，结合加沙子、炉灰渣等，以疏松土壤，创造透水通气条件，并将速效性肥料作种肥和早期追肥，以利提苗发棵，早生快发。两合土壤，即中壤土，此类土壤兼有砂土和黏土的优点，是多数中药材栽培最理想的土壤，施肥以有机肥和无机肥相结合，根据栽培品种的各生长阶段需求合理地施用。

(3)根据天气而施肥　在低温、干燥的季节和地区，最好施用腐熟的有机肥，以利提高地温和保水保肥能力。而且肥料要早施和深施，有利充分发挥肥效。氮肥和磷肥及腐熟的有机肥一起做基肥、种肥和追肥施用，有利于幼苗早发，生长健壮。而在高温、多雨季节和地区，肥料分解快，植物分解能力强，不能施的过早，追肥应少量多次，以免减少养分流失。

(4)必须遵守施肥原则。

39. 如何进行药材田灌水?

灌水的方法很多，有沟灌、浇灌、喷灌和滴灌等。常用的是沟灌和浇灌，沟灌节省劳力，床面不会板结。浇灌能省水，灌溉均匀。

地面灌溉是传统的灌溉技术。最常用的是渠道畦式灌溉，适用于按畦田种植的草本中药材。灌水量较大，有破坏土壤结构、费工时的缺点；渠道用防漏的水泥衬板或管道，也可用塑料软管。采用地下式输水管，不但可以避免水分途中渗漏，也不影响地面土壤耕作。无论在国内还是在国外，目前仍以这种灌溉形式为主。

喷灌是把灌溉水喷到空中成为细小水滴再落到地面，像阵雨一样的灌溉方法。有固定式、移动式和半固定式三种。喷灌的优点是节约用水，即使土地不平也能均匀灌溉，可保持土壤结构，减少田间沟渠，提高土地利用率，省力高效，除供水外还可喷药、施肥、调节小气候等。喷灌的缺点是设备一次性投资大，风大地区或风大季节不宜采用。

滴灌是一种直接供给过滤水(和肥料)到园地表层或深层的灌溉方式。它可避免将水洒散或流到垄沟或径流中，可按照要求的方式分布到土壤中供作物根系吸收。滴灌的水是由一个广大的管道网输送到每一棵或几棵作物，所润湿的土壤连成片，即可达到满足水的要求。滴灌优点比喷灌多，可给根系连续供水，而不破坏土壤结构，土壤水分状况较稳定，更省水、省工，不要求整地，适于各种地势，可连接电脑，实现灌水完全自动化。

40. 如何进行药材田排水？

当地下水位高、土壤潮湿，以及雨季雨量集中，田间有积水时，应及时清沟排水，以减少植株根部病害，防止烂根，改善土壤通气条件，促进植株生长。排水方式有以下几种。

(1)明沟排水 明沟排水是国内外传统的排水方法，即在地面挖敞开的沟排水，主要排地表径流。若挖得深，也可兼排过高的地下水。

(2) 暗管排水　暗管排水是在地下埋暗管或其他材料，形成地下排水系统，将地下水降到要求的高度的排水方式。

(3) 井排　井排是近十几年发展起来的，国外许多国家已应用，分为定水量和定水位两种形式。

41. 如何进行草本类中药材植株调整?

(1) 打顶和摘蕾　打顶和摘蕾是利用植物生长的相关性，人为调节植物体内养分的重新分配，促进药用部位生长发育协调统一，从而提高中药材的产量和品质。打顶能破坏植物顶端优势，抑制地上部分生长，促进地下部分生长，或抑制主茎生长，促进分枝，多形成花、果。打顶时间应以中药材的种类和栽培的目的而定，一般宜早不宜迟。

植物在生殖生长阶段，生殖器官是第一"库"，这对以培养根及地下茎为目的的中药材来说是不利的，必须及时摘除花蕾 (花薹)，抑制其生殖生长，使养分输入地下器官贮藏起来，从而提高根及根茎类中药材的产量和质量。摘蕾的时间与次数取决于现蕾时间持续的长短，一般宜早不宜迟。如牛膝、玄参等在现蕾前剪掉花序和顶部；白术、云木香等的花蕾与叶片接近，不便操作，可在抽出花枝时再摘除。而地黄、丹参等花期不一致，摘蕾工作应分批进行。

打顶和摘蕾都要注意保护植株，不能损伤茎叶，牵动根部。要选晴天上午9时以后进行，不宜在有露水时进行，以免引起伤口腐烂，感染病害，影响植株生长。

(2) 整枝修剪　修剪包括修枝和修根。如栝楼主蔓开花结果迟，侧蔓开花结果早，所以要摘除主蔓，留侧蔓，以利增产。修根只宜在少数以根入药的植物中应用。修根的目的是促进这些植物的主根生长肥大，以及符合药用品质和规格要求。如乌头除去其过多的侧根、块根，使留下的块根增长肥大，以利加工；芍药除去侧根，使主根肥大，增加产量。

(3) 支架　栽培的药用藤本植物需要设立支架，以便牵引藤蔓上架，扩大叶片受光面积，增加光合产量，并使株间空气流通，降低湿度，减少病虫害的发生。

对于株形较大的药用藤本植物如栝楼、绞股蓝等应搭设棚架，使藤蔓均匀分布在棚架上，以便多开花结果；对于株形较小的如天冬、党参、山药等，一般只需在株旁立竿牵引。生产实践证明，凡设立支架的药用藤本植物比伏地生长的产量增长1倍以上，有的还高达3倍。所以，设立支架是促进药用藤本植物增产的一项重要措施。设立支架要及时，过晚则植株长大互相缠绕，不仅费工，而且对其生长不利，影响产量。设立支架要因地制宜，因陋就简，以便少占地面，节约材料，降低生产成本。

42. 如何进行中药材人工授粉?

风媒传粉植物(如薏苡)往往由于气候、环境条件等因素不适而授粉不良，影响产量；昆虫传粉植物(如砂仁、天麻)由于传粉昆虫的减少而降低结实率。这时进行人工辅助授粉或人工授粉以提高结实率便成为增产的一项重要措施。

人工辅助授粉及人工授粉方法因植物而有不同。薏苡采用绳子振动植株上部，使花粉飞扬，以便于传粉。砂仁，采用抹粉法(用手指抹下花粉涂入柱头孔中)和推拉法(用手指

推或拉雄蕊，使花粉擦入柱头孔中)。天麻，则用小镊子将花粉块夹放在柱头上。不同植物由于其生长发育的差异，各有其最适授粉时间及方法，必须正确掌握，才能取得较好的效果。

43. 哪些药材田需要覆盖？如何覆盖？

覆盖是利用草类、树叶、秸秆、厩肥、草木灰或塑料薄膜等撒铺于畦面或植株上，覆盖可以调节土壤温度、湿度，防止杂草滋生和表土板结。有些中药材如荆芥、紫苏、柴胡等种子细小，播种时不便覆土，或覆土较薄，土表易干燥，影响出苗。有些种子发芽时间较长，土壤湿度变化大，也影响出苗。因此，它们在播种后，须随即盖草，以保持土壤湿润，防止土壤板结，促使种子早发芽，出苗齐全。浙贝母留种地在夏、秋高温季节，必须用稻草或其他秸秆覆盖，才能保墒抗旱，安全越夏。冬季，三七地上部分全部枯死，仅种芽接近土壤表面，而根部又入土不深，容易受冻，这时须在增施厩肥和培土的基础上盖草，才能保护三七种芽及根部安全越冬。覆盖对木本中药材如杜仲、厚朴、黄皮树、山茱萸等，特别是在幼林生长阶段的保墒抗旱更有重要意义。这些中药材大多种植在土壤瘠薄的荒山、荒地上，水源条件差，灌溉不便，只有在定植和抚育时，就地刈割杂草、树枝，铺在定植点周围，保持土壤湿润，才能提高成活率，促进幼树生长发育。

覆草厚度一般为10~15cm。在林地覆盖时，避免覆盖物直接紧贴木本中药材的主干，防止干旱条件下，蟋蟀等昆虫集居在杂草或树枝内，啃食主干皮部。

地膜覆盖，可达到保墒抗旱、保温防寒的目的，同时也是优质高产、高效栽培的一项重要技术措施。

44. 哪些药材田需要遮阴？如何遮阴？

遮阴是在耐阴的中药材栽培地上设置荫棚或遮蔽物，使幼苗或植株不受直射光的照射，防止地表温度过高，减少土壤水分蒸发，保持一定的土壤湿度，以利于生长环境良好的一项措施。如西洋参、黄连、三七等喜阴湿、怕强光，如不人为创造阴湿环境条件就会影响生长，甚至死亡。目前遮阴方法主要是搭设荫棚。由于阴生植物对光的反应不同，要求荫棚的遮光度也不一样。这应根据中药材种类及其生长发育期的不同，调节棚内的透光。例如黄连所需透光度一般较小，三七一般稍大，黄连幼苗期需光小，而成苗期需光较大，三七幼苗期和成苗期所需透光度与黄连成苗期基本一致。

在林间种植黄连，可利用树冠遮阴。它可以降低生产成本，但需掌握好树冠的荫蔽度。近年来研究利用荒山造林遮阴栽培黄连获得成功。这不仅解决了过去种黄连乱伐林木的问题，而且提高了经济效益和生态效益，值得大力推广。

喜湿润，不耐高温、干旱及强光的半夏可不搭荫棚，而用间作玉米来代替遮阴，因为玉米株高叶大，减少了日光的直接照射，给半夏创造了一个阴湿的环境条件，有利于生长发育。

45. 哪些药材需要防霜防冻？如何防霜防冻？

抗寒防冻是为了避免或减轻冷空气的侵袭，提高土壤温

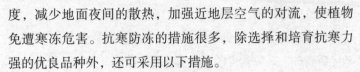

度，减少地面夜间的散热，加强近地层空气的对流，使植物免遭寒冻危害。抗寒防冻的措施很多，除选择和培育抗寒力强的优良品种外，还可采用以下措施。

(1) 调节播种期　各种中药材在不同的生长发育时期，其抗寒力亦不同。一般苗期和花期抗寒力较弱。因此适当提早或推迟播种期，可使苗期或花期避过低温的危害。

(2) 灌水　灌水是一项重要的防霜冻措施。根据灌水防霜冻试验，灌水地较非灌水地的温度可提高2℃以上。灌水防冻的效果与灌水时期有关。越接近霜冻日期，灌水效果越好，最好在霜冻发生前一天灌水。灌水防霜冻，必须预知天气情况和霜冻的特征。一般潮湿、无风而晴朗的夜晚或云量很少且气温低时，就有降霜的可能性。因为地面的热能迅速发散，近地面的温度急剧下降，极易结霜。所以春、秋季大雨后，必须注意。另外，由东南风转西北风的夜晚，也容易降霜。灌水防霜冻，最适于春季晚霜的预防，灌水后既能防霜，又能使植株免受春季干旱。

(3) 增施磷肥、钾肥　此法可增强植株的抗寒力。磷能促进根系生长，使根系扩大吸收面积，促进植株生长充实，提高对低温、干旱的抗性。钾能促进植株纤维素的合成，利于木质化，在生长季节后期，能促进淀粉转化为糖，提高植株的抗寒性。因此，为增强中药材幼苗的防冻能力，除在其生长前、中期加强管理外，还需在生长后期，即在降霜前一个半月内适当增施磷肥、钾肥，促其充分木质化，以便安全越冬。

(4) 覆盖　覆盖对于珍贵或植株矮小的中药材，用稻草、麦秆或其他草类将其覆盖，可以防冻。覆盖厚度应超过苗梢

5cm左右，同时应采取固定措施，防止被风吹走。土壤如果太干，可在土壤结冻前灌一次冬水。对寒冻较敏感的木本中药材，可进行包扎并结合根际培土，以防冻害。在北方，为了避免"倒春寒"危害，不宜过早除去防冻物。

中药材遭受霜冻危害后，应及时采取补救措施，如扶苗、补苗、补种和改种、加强田间管理等。木本中药材可将受冻害枯死部分剪除，促进新梢萌发，恢复树势。剪口可进行包扎，以防止水分散失和病菌侵染。

46. 种植中药材应该如何防高温？

夏季如果出现气温超过30℃甚至高于35℃，相对湿度小于60%，连续3天以上的"干热风"气候，对中药材生产具有极大的危害性。因此，高温期的中药材应采取以下措施进行防护。

(1) 改善水利灌溉设施，增强蓄水保水能力。

(2) 科学管水，以水降温增湿，可在早晚充分浇水，保持湿度，大面积可采用喷灌，但排水沟应畅通，严防积水导致高温高湿，叶片腐烂枯萎。

(3) 可用稻麦草等织成草帘，建棚遮阴，以利药材在生育期不受高温危害，增加产量。

(4) 高温期间要勤追肥，追稀肥，切忌不能使用浓缩肥，以防"烧心"。

(5) 施用化肥量宜小，每亩用尿素不超过13千克；硫酸铵不超过25千克；碳酸氢铵不超过35千克。有机肥一定要腐熟沤制后才可用，不可使用新鲜的人畜粪便，以防造成烧株危害。

(6) 高温期禁用农药，以免气温过高，烧毁植株叶片及心芽，影响正常生长。

(7) 培育耐高温、抗干旱品种。

第五章　病虫害防治

47. 中药材病虫害发生有哪些特点?

病虫害的发生、发展与流行取决于寄主、病原(虫原)及环境因素三者之间的相互关系。由于中药材本身的栽培技术、生物学特性和要求的生态条件有其特殊性，因此也决定了中药材病虫害的发生具有如下特点。

(1) 害虫种类复杂　由于各种药用植物本身含有特殊的化学成分，决定了某些特殊害虫喜食或趋向于在这些药用植物上产卵。因此药用植物上单食性和寡食性害虫相对较多。例如射干钻心虫、栝楼透翅蛾、白术术籽虫、金银花尺蠖、山茱萸蛀果蛾及黄芪籽蜂等，它们只食一种或几种近缘植物。

(2) 地下部病害和地下害虫危害严重　许多药用植物的根、块根和鳞茎等地下部分是药用部位，极易遭受土壤中的病原菌及害虫危害，导致药材减产和品质下降，且地下部病虫害的防治难度较大。药用植物地下部病害严重的，如人参锈腐病、根腐病，贝母腐烂病，山药线虫病等；地下害虫如蝼蛄、金针虫等分布广泛，根部被害后造成伤口，也加剧了地下部病害的发生和蔓延。

(3)无性繁殖材料是病虫害初侵染的重要来源 应用营养器官(根、茎、叶)来繁殖新个体在药用植物栽培中占有很重要地位。由于这些繁殖材料基本都是药用植物的根、块根、鳞茎等地下部分，常携带病菌、虫卵，所以无性繁殖材料是病虫害初侵染的重要来源，也是病虫害传播的一个重要途径，而种子、种苗频繁调运，更加速了病虫传播蔓延。

(4)特殊栽培技术易致病害 药用植物栽培中有许多特殊要求的技术措施，如人参、当归的育苗定植，附子的修根，菘蓝的割叶、枸杞的整枝等。这些技术如处理不当，则成为病虫害传染的途径，加重病虫害的流行。

48. 中药材病虫害综合防治策略及基本原则是什么?

中药材病虫害的防治策略是：从生物与环境整体观点出发，本着预防为主的指导思想和安全、有效、经济、简便的原则，因地制宜，合理运用生物、农业、物理、化学的方法及其他有效生态手段，把病虫危害控制在经济允许水平以下，以达到保证人畜健康和增加生产的目的。

中药材病虫害防治的基本原则：以农业和物理防治为基础，加强生物防治，按照病虫害的发生规律，科学使用化学防治技术，有效控制病虫危害。

49. 中药材病虫害的农业防治措施有哪些?

农业防治是在农田生态系统中，利用和改进耕作栽培技术，调节病原物害虫和寄主及环境之间的关系，创造有利于药用植物生长、不利于病虫害发生的环境条件，控制病虫害发生发展的方法。病虫害农业防治的技术措施有合理轮作、深耕细作、清洁田园、调节播期、科学施肥及选用抗病虫品种等。

(1) 合理轮作　一种药用植物在同一块地上连作，就会使其病虫源在土壤中积累加重。轮作可恶化有害生物的营养条件和生存环境，或切断其生命活动过程的某一环节，还能促进有拮抗作用的微生物活动，抑制病原物的生长、繁殖。因此，合理轮作对防治病虫害和充分利用土壤肥力都是十分重要的。如浙贝母与水稻隔年轮作，分别可大大减轻根腐病和灰霉病的危害。一般同科、属或同为某些严重病虫害寄主的药用植物不能选为轮作物，如地黄、花生、珊瑚菜 (北沙参) 都有枯萎病和根线虫病，不能彼此互相轮作。一般药用植物的前作以禾本科植物为宜。

(2) 深耕细作　深耕细作能促进根系的发育，使药用植物生长健壮，同时也有直接杀灭病虫的作用。很多病原菌和害虫在土内越冬，冬前深耕晒土可改变土壤理化性状，促使害虫死亡，或直接破坏害虫的越冬巢穴，或改变栖息环境，减少越冬病虫源。耕耙能直接破坏土壤中害虫巢穴，把表层内越冬的害虫翻进土层深处，使其不易羽化出土，还可把蛰伏在土壤深处的害虫及病菌翻露在地面，经日光照射、鸟兽啄食等，亦能直接消灭部分病虫。例如对土传病害发生严重的人参、西洋参等，播前耕翻晒土几次，可减少土中病原菌数量，达到防病目的。

（3）清洁田园　　田间杂草和药用植物收获后的残枝落叶常是病虫隐蔽及越冬场所和来年的重要病虫来源。清洁田园，将杂草、病虫残枝和枯枝落叶进行烧毁或深埋处理，可大大减少病虫越冬基数，是防治病虫害的重要农业技术措施。

（4）调节播期　　调节药用植物播种期，使其病虫的某个发育阶段错过病虫大量侵染危害的危险期，可避开病虫危害达到防治目的。如北方薏苡适期晚播，可以减轻黑粉病的发生；红花适期早播，可以避过炭疽病和红花实蝇的危害。

（5）科学施肥　　科学施肥能促进药用植物生长发育，增强其抗病虫害的能力，特别是施肥种类、数量、时间、方法等都对病虫害的发生有较大影响。一般增施磷、钾肥可以增强药用植物的抗病性，偏施氮肥易造成病害发生。有机肥一定要充分腐熟，否则残存病菌及地下害虫虫卵未被杀灭，易使病虫害加重。

（6）选用抗病品种　　药用植物不同类型或品种之间往往对病虫害抵抗能力有显著差异，生产中选用抗病虫品种是一项经济有效的措施。例如地黄农家品种金状元对地黄斑枯病比较敏感，而小黑英品种比较抗病。阔叶矮秆型白术苞片较长，能盖住花蕾，可抵挡白术术籽虫产卵。

50. 中药材病虫害的物理防治措施有哪些？

根据害虫的生活习性和病虫的发生规律，利用物理因子或机械作用对有害生物的生长、发育、繁殖等进行干扰，以防治药用植物病虫害的方法，称为物理防治法。这类防治方

法可用于有害生物大量发生之前，或作为有害生物已经大量发生危害时的急救措施。如对活性不强，危害集中，或有假死性的大灰象甲、黄凤蝶幼虫等害虫，实行人工捕杀；对有趋光性的鳞翅目、鞘翅目及某些地下害虫等，利用扰火、诱蛾灯或黑光灯等诱杀；均属物理防治法。

51. 中药材病虫害的生物防治措施有哪些？

生物防治是利用生物或其代谢产物控制有害生物种群的发生、繁殖或减轻其危害的方法，一般利用有害生物的寄生性、捕食性和病原性天敌来消灭有害生物。这些生物产物或天敌一般对有害生物选择性强，毒性大；而对高等动物毒性小，对环境污染小，一般不造成公害。药用植物病虫害的生物防治是解决药材免受农药污染的有效途径。如应用管氏肿腿蜂防治金银花天牛等蛀干性害虫，应用木霉菌制剂防治人参、西洋参等的根病等。目前，生物防治主要采用以虫治虫、微生物治虫、以菌治病、抗生素和交叉保护作用防治病害，性诱剂防治害虫等。

52. 中药材生产中国家明令禁止使用的农药有哪些？

六六六（HCH）、滴滴涕（DDT）、毒杀芬（Camphechlor）、二溴氯丙烷（Dibromochloropropane）、杀虫脒（Chlordimeform）、二溴乙烷（EDB）、除草醚（Nitrofen）、艾氏剂（Aldrin）、狄氏剂（Dieldrin）、汞制剂（Mercurycompounds）、砷（Arsenic）类、铅（Acetate）类、敌枯双、氟乙酰胺（Fluoroacetamide）、甘氟

（Gliftor）、毒鼠强（Tetramine）、氟乙酸钠（Sodiumfluoroacetate）、毒鼠硅（Silatrane）。

53. 中药材种植上不得使用的农药有哪些？

甲胺磷（Methamidophos）、甲基对硫磷（Parathion-methyl）、对硫磷（Parathion）、久效磷（Monocrotophos）、磷胺（Phosphamidon）、甲拌磷（Phorate）、甲基异柳磷（Isofenphos-methyl）、特丁硫磷（Terbufos）、甲基硫环磷（Phosfolan-methyl）、治螟磷（Sulfotep）、内吸磷（Demeton）、克百威（Carbofuran）、涕灭威（Aldicarb）、灭线磷（Ethoprophos）、硫环磷（Phosfolan）、蝇毒磷（Coumaphos）、地虫硫磷（Fonofos）、氯唑磷（Isazofos）、苯线磷（Fenamiphos）19种高毒农药不得用于蔬菜、果树、茶叶、中草药材种植上。任何农药产品都不得超出农药登记批准的使用范围使用。

54. 农药混合使用原则及需要注意的问题？

在中药材生产中，往往同时发生几种病虫害，或既要防治病虫，又要追肥。为了达到同时兼治几种病、虫或促进药用植物健壮生长的目的，往往就把几种农药或化肥混合使用，这样既扩大了防治对象，节省了劳动力，还能使病虫不易产生抗药性。农药混合使用一般适用以下原则：① 杀虫剂与杀虫剂混用，如胃毒剂与触杀剂、熏蒸剂混用，触杀剂与内吸剂、胃毒剂混用；② 杀菌剂与杀菌剂的混用，如保护剂与治疗剂混用，治疗真菌药剂与治疗细菌药剂的混用，治疗不同真菌病害药剂混用。杀虫剂与杀菌剂混用；③ 杀虫剂、杀菌剂与叶面肥混

用，杀虫剂、杀菌剂与除草剂混用等多种混合使用方法；④ 各种化学性质农药之间的混配原则，如中性药剂与中性药剂，酸性药剂与酸性药剂、中性药剂与酸性药剂之间不产生化学和物理变化，可以互相混用，而酸性药剂与碱性药剂之间不能混合使用。

出现下列几种情况不能混用：① 乳剂兑水混合后出现上有漂浮油层，下有沉淀现象；② 可湿性粉剂、乳粉、浓可溶剂兑水混合后出现絮结和大量沉淀现象；③ 微生物杀虫剂、杀菌剂不能与杀虫剂、杀菌剂混用。农药混合后使用是一个较复杂的问题，在具体操作应用时，要注意试验和观察，以免造成药害和不必要的损失。

55. 如何辨别假劣农药？

准确判定农药产品的真假、伪劣，一般需要通过法定的农药质量检测单位，根据产品标准规定的各项技术指标及检验方法来判定。也可根据标签进行初步辨别。合格的标签应包括国家规定的全部内容：农药名称（农药通用名称、农药商品名称）、有效成分名称及含量、净含量、厂名、厂址、质量保证期、生产日期或生产批号、使用方法、使用条件、毒性标志、注意事项、中毒急救、农药登记证号、农药产品标准号、生产许可证号或生产批准证书号、农药类别颜色标志带象形图。残缺不全或不清楚的标签产品，就值得怀疑。

避免买到假劣农药，应要到合法的农药经营商店购买农药。国家规定，农药经营商店必须有政府工商部门核发的营业执照，而且在营业执照上的经营范围上必须标明可经营农药。要到诚信度高，在地方上有一定影响力的农药商店购买农药。购买农药后，一定要向经销商索要正式发票，以防出现问题后，有追究经销商责任的证据。

56. 什么是农药的药害？

农药都具有生物活性，如对药用植物具有刺激、抑制或毒杀作用。农药对药用植物表现出的这些生物活性，凡是不符合人们希望的，影响到药材的产量或品质的，就称为药害。产生药害的环节是使用农药作喷洒、拌种、浸种、土壤处理等。产生药害的原因有药剂浓度过大、用量过多、使用不当或某些作物对药剂过敏。产生药害的表现一般是影响药用植物的生长，如发生落叶、落花、落果、叶色变黄、叶片凋零、灼伤、畸形、徒长及植株死亡等，有时还会降低药材的产量或品质。农药药害分为急性药害和慢性药害。施药后几小时到几天内即出现症状的，称急性药害；施药后，不是很快出现明显症状，仅表现为光合作用缓慢，生长发育不良，延迟结实，果实变小或不结实，籽粒不饱满，产量降低或品质变差，则称慢性药害。

57. 施用农药过程中引起农药中毒的原因有哪些？

(1) 施药人员选择不当　如选用儿童、少年、老年人、三期妇女(月经期、孕期和哺乳期)、体弱多病、患皮肤病、皮肤有破损、精神不正常、对农药过敏或中毒后尚未完全恢复健康者。

(2) 不注意个人防护　配药、拌种、拌毒土时不带橡皮手套和防毒口罩。施药时不穿长袖衣、长裤和鞋，赤足露背喷药，或用手直接播撒经高毒农药拌种的种子。

(3) 配药不小心　药液污染皮肤，又没有及时清洗，或药液溅入眼内。人在下风配药，吸入农药过多，甚至有人直接用手拌种、拌毒土。

(4) 喷药方法不正确　如下风喷药，或几架药械同田、同时喷药，又未按梯形前进下风侧先行，引起粉尘、雾滴污染。

(5) 发生喷雾器漏水、冒水或喷头堵塞等故障时，徒手修理，甚至用嘴吹，农药污染皮肤或经口腔入体内。

(6) 连续施药时间过长　经皮肤和呼吸道进入体内的药量较多，加之人体疲劳，抵抗力减弱。

(7) 施药过程中吸烟、喝水、吃东西，或是施药后未洗手、洗脸就吃东西、喝水、吸烟等。

58. 什么是农药安全间隔期？

安全间隔期是指最后一次施药距收获的天数，也就是说喷施一定剂量农药后必须等待多少天才能采摘，故安全间隔期又名安全等待期，它是农药安全使用标准中的一部分，也是控制和降低药材中农药残留量的一项关键性措施。在执行安全间隔期的情况下所收获的农产品，其农药残留量一般将低于最高残留限量，至少不会超标。不同的农药和剂量要求有不同的安全间隔期，性质稳定的农药不易降解，其安全间隔期就长，安全间隔期的长短还与农药最高残留量值大小有关，例如拟除虫菊酯类农药虽性质稳定，但其最高残留限量值一般都较高，因而安全间隔期相对较短。

59. 如何进行中药材土传病害的综合防治？

土传病害是指病原体生活在土壤中，在条件适宜的情况下，从根部或茎基部浸染药用植物而引起的病害。土传病害发病后期，会导致药用植物大量死亡，属于毁灭性的病害。土传病害主要因为连作、施肥不当和线虫侵害引起。常见土传病害种类有：根腐病、枯萎病、蔓枯病、猝倒病、立枯病、黄萎病、青枯病等。近年来，随着复种指数提高及设施农业的单一种植，土传病害的发生越来越严重，已经严重制约了药材生产的发展。现介绍一套土传病害的综合防治方法。

(1) 合理轮作　合理进行药用植物间的轮作，对预防土传病害的发生可收到事半功倍的效果。

(2) 选用抗病或耐病品种　选用抗病或耐病的药材品种，可大大地减轻土传病害的危害。

(3) 栽培防病　即通过改进栽培方法来达到防病的目的。如深沟高畦栽培，小水勤浇，避免大水漫灌；合理密植，改善药用植物通风透光条件，降低地面湿度；清洁田园，拔除病株，并在病株穴内撒施石灰或有益菌；避免偏施氮肥，适当增施磷、钾肥，提高药用植物抗病性。在药用植物生长中后期结合施药，喷施叶面肥2~3次。

(4) 土壤消毒　在播种前，可用以下药剂对土壤进行消毒。① 真菌性病害可分别用30%土菌消(恶霉灵水剂)500~800倍液、30%瑞苗清(甲霜·恶霉灵)1000倍液、5%井岗霉素水剂500~800倍液、95%绿亨一号(恶霉灵原粉)2000~3000倍液淋施土壤。还可用70%根腐宁(敌黄钠可溶

性粉剂)500~1000倍液，50%多菌灵可湿性粉剂或70%甲基托布津可湿性粉剂500~800倍液淋施土壤或按每667m²用药2~3kg拌适量的细土均匀撒施再翻耕。②细菌性病害(如青枯病、软腐病)所用药剂为88%水合霉素1000倍液、72%农用链霉素3000~5000倍液，或络氨铜适量淋施土壤。

(5)药剂防治　在药用植物生长期，如发生以上土传病害，可选用相应的药剂进行喷雾或灌根，灌根方式除采用淋施外，还可将喷雾器的喷头取下，直接用喷雾器杆灌根。

60. 农药用完后空瓶或包装品应如何处理？

农药使用完了，盛药的空瓶、空桶、空箱及其他包装品上一般都沾污了农药，处理不当，就可能引起中毒事故。为此，需把好以下几个环节。

(1)严禁乱丢乱放　空容器或包装品随时集中、清点，由保管农药的人收藏，田间喷药后，切不可把空药瓶丢在田埂路边。

(2)统一回收利用　有些农药的包装物、工厂可以再利用，农村供销社应积极主动回收，由有关部门清洗处理，再送给农药厂。现在农药包装物越来越精致、美观，切不可因此而将其留作盛装食品、饲料、粮食等。

(3)集中焚烧。对回收利用价值不大的，要集中焚烧，不能当作燃料生火、煮饭、烧水等。

61. 如何认识植物源农药的研究与利用？

植物源农药是用具有杀虫、杀菌、除草及生长调节等特性的植物功能部位，或提取其活性成分加工而成的药剂。种类繁多的植物次生代谢产物是潜在的化学因素，正是这些次生代谢产物抵御了多数害虫的侵扰。目前已发现的对昆虫生长有抑制、干扰作用的植物次生物质大约有1100余种，这些物质不同程度地对昆虫表现出拒食、驱避、抑制生长发育及直接毒杀作用。富含这些高生理活性次生物质的植物均有可能被加工成农药制剂。害虫及病原微生物对这类生物农药一般难以产生抗药性，这类农药也极易和其他生物措施协调，有利于综合治理措施的实施。很多的药用植物本身就含有杀虫抗菌的成分，如现在生产上已应用的有苦参碱制剂、蛔蒿素制剂、川楝素制剂等。总之，植物源农药是非常庞大的生物农药类群，其类型之多，性质之特殊，足以应付各类有害生物。因此，植物源农药将在中药材病虫害的防治中将起到重要作用，是一个非常值得去研究及开发的领域。

第六章　采收与初加工

62. 中药材为什么要适度、适期采收？

我国中药材野生资源丰富，但也并非取之不尽，用之不竭。中药材要科学采收、适度采收，就是要保障其应有的药性。研究表明，中药材的采收期直接影响着药材产量、品质和收获效率。古代本草就有"药物采收不知时节，不知阴干曝干，虽有药名，终无药实，不以时采，与朽木无殊"的论述，华北地区"三月茵陈四月蒿，五月六月当柴烧"的谚语，也说明了适时采收的重要性。

63. 植物类中药材在采收时间方面有哪些区别？

（1）根、根茎类　多在秋后到入春前完成采收，即植物地上枝叶开始枯萎到翌年发芽之前采收，此时植株完成年生育周期，进入休眠期，根或根茎生长充实，地上部分生长停滞或相对缓慢，其有效成分的含量最高，营养物质贮藏较为丰富，药材质量也较好。

但也有例外，柴胡、党参需在春天采收；太子参、半夏则适于夏季采收。天麻在冬季刚刚露出嫩芽时采收，商品规格称"冬麻"，此时其体重坚实品质优良；如果延误采收时间到春天苗长出地面以后再采收，商品规格称"春麻"，此时其质量较差、药用价值偏低。防风产区下雪较早，需在开春积雪融化后，土地解冻时采收为宜，过早采收则药材品质较差。因防风春天采收质量较好，桔梗秋天采收质量较好，故有"春防风、秋桔梗"之说。

（2）全草类　该类药材多在现蕾或初花期采收。现苗前植株正进入旺盛生长阶段，营养物质仍在不断积累，植物组织幼嫩，此时采收产量、品质和加工折干率都比较低。花盛期或果期，植物体内的营养物质已被大量消耗，此时采收其产量与品质也会降低。

（3）皮类　该类药材适于在植株生长期采收，通常此时植物体内水分、养分转运旺盛，形成层细胞分裂速率较快，表皮部与木质部易分离，相对比较容易进行剥皮加工，同时由于表皮内含液汁多，便于高温"发汗"、干燥。相反，若在休眠期采取，常常由于皮部与木质部紧紧粘连而无法剥离，或者造成剥皮不完整。由于皮类多为木本植物，采收时还应考虑树皮的厚度，是否达到取材要求。厚朴货源紧张时，曾出现过滥砍滥伐的现象，生长年限较短的厚朴树被砍伐，由于皮很薄，既达不到药用要求，又浪费药物资源。

(4) 叶类　一般在植株的花刚开放或开花盛期采收。此时叶色深绿，叶肉肥厚，叶片有效成分含量高。花期前叶片还在生长，有效成分积累较少，花期后叶片生长停滞，叶片质地变黄变老，有效成分含量降低，产量不高。如荷叶在花含苞欲放或盛开时采收的，干燥后色绿，质地较厚，清香味浓烈，药材品质较好；花期前采收的，干燥后色淡绿、叶薄，品质较差。

(5) 花类　以花蕾、花朵、花序、柱头和花粉等状态入药的，采收时均应注意花的色泽和开放程度。如红花初放时，花是淡黄色，所含成分主要为无色的新红花苷及微量的红花苷；花深黄色时，主要含红花苷；花橘红色时，则主要含有红花苷及红花醌苷。辛夷花需在初春采收，采收即将开放的饱满花蕾，采收时间截止到含苞未脱去外包的衣片之前，若出现开裂，则香气挥发，药效降低。花蕾入药的更需掌握花蕾的开放程度，及时采收才能保证疗效，否则会降低药效，甚至失去药用价值成为废品，如款冬花须趁花蕾未出土时采收；金银花应在花蕾膨大变白色时采收，且要一次性晒干，不宜翻动。

(6) 果实类　以干果类入药的，则需在果实膨大停滞，果壳变硬，颜色褪绿，呈固有色泽时采收，如薏苡仁、连翘、

阳春砂等。以幼果入药的，多在5~6月收获，如枳实、青皮、西青果；以近成熟果实入药的，一般在7~9月开始收获，如枳壳、佛手、栝楼、木瓜等。

(7)种子类 一般认为在果皮褪绿呈完全成熟色泽，种子干物质积累已近停止，达到一定硬度，并呈现固有色泽时采收，此时采收有效成分含量最高。若采收过早，种子水分含量高，加工折干率低，种子产量和品质也偏低，甚至呈瘪粒，干燥后种皮皱缩严重。若采收过迟，种子易脱落，造成产量损失。秋播2年收获的，多在5~7月上旬采收，如千金子、王不留行子等。春播和多年收获的，多在8~10月采收，如芡实等。

64. 动物类中药材采收应注意哪些问题?

蛤蚧、地龙宜在夏、秋季捕捉；全蝎、蝉蜕在春、夏、秋3季均可采收；桑螵蛸须在三月中旬前采收，并用沸水烫，过时则孵化成虫。五倍子的采收要严格遵守采收时间，在夏至后10天左右采摘"五月倍"；在寒露前几天采摘"七月倍"，边成熟边采摘，如采收过早，嫩倍多，个头小，严重影响了品质，并减少或断绝了来年虫源；如采收过晚，倍子则会大量爆裂，致使色度加深，品质下降。对于珍贵动物宜在交配期或孵化期后捕捉，以保护药物资源。

65. 植物类中药材常用的采收方法有哪些?

不同的药用部位，采收方法也不同。采收方法恰当与否，直接影响了药材产量和品质。

(1)挖掘 适用于收获以根或地下茎入药的药用植物。挖掘要在土壤适宜含水量时进行，若土壤过湿或过干，不但不利于采挖根或地下茎，而且费时费力，容易损伤地下药用部分，减低药材的品质与产量；若未得到及时加工干燥，还会引起霉烂变质。

(2) 收割　用于收获全草、花、果实、种子类，并且成熟程度较一致的草本药用植物。应根据入药部位，或齐地割下全株，或只割取其花序或果穗；有的全草类可一年采收两次或多次，在第一、二次收割时应注意留茬，以利于新植株的萌发，保障下次产量，如薄荷、瞿麦等。花、果实和种子等的采收，亦因种类不同区别对待。

(3) 采摘　因药用植物果实、种子和花的采摘时机不同，因此需分批采摘，才能保证其品质与产量，如辛夷花、菊花、金银花等。在采摘果实、种子或花时，应注意保护植株，保证其能继续生长发育，避免损伤未成熟的部分；同时，采收时也要不遗漏，以免其过度成熟而发生脱落、枯萎、衰老变质等。另外，有一些药材如佛手、连翘、栀子等由于果实、种子个体较大，或者枝条易折断等原因，尽管成熟度较为一致，但也不建议用击落的方法采收。

(4) 击落　对于树体高大的木本或藤本植物，且以果实、种子入药的，收获时多以器械击落而收集，如胡桃等药材。击落时最好在植物体下垫上草席、布围等，以便收集和减少损失，同时也要尽量减少对植物体的损伤或其他危害。

(5) 剥离　以树皮或根皮入药的药用植物采收时常用此法，如黄柏、厚朴、杜仲、牡丹皮等多采用此方法。树皮和根皮的剥离方法略有不同。树皮的剥离方法又分为砍树剥皮、

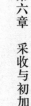

活树剥皮、砍枝剥皮和活树环状剥皮等。灌木或草本根部较细时，剥离时应用刀顺根纵切根皮，将根皮剥离；另一种方法用木棒轻轻锤打根部，使根皮与木质部分离，然后抽去或剔除木质部，如牡丹皮、地骨皮和远志等。

(6) 割伤 以树脂类入药的药用植物如安息香、松香、白胶香、漆树等，常采用割伤树干收集树脂。一般是在树干上凿"倒三角"形伤口，以便于树脂从伤口渗出，流入事先准备好的容器中收集起来，经过加工后即成药材。

66. 如何进行根茎类中药材机械采收？

中药材人工采收费时、费工、费力，特别是目前劳动力紧张且费用很高，研究和应用中药材采收机械既能解决劳动力紧张问题，还能大大降低生产成本，是中药材规模化采收的发展方向。

目前生产中应用的有适于根茎类药材的收刨机械，限于根茎生长在10~40cm范围内的大部分品种，如牛膝、黄芪、桔梗、白芷、丹参、地黄、木香、北沙参、知母等，收刨时所用农机功率大于75马力，具有爬行档的大型拖拉机牵引，翻土深度可达40cm以上，每台每天可以收刨20~30亩中药材。此外，还有收刨浅根中药材旱半夏、天南星的大轮筛机械，将生长在5~10cm土层的地下球茎连土带药材用铁锨起出，放到大轮筛机械中随大轮筛转动筛出，较人工收刨省力、快捷，且收获率高。另外，由巨鹿县自主研制的4CY-2.5型金银花采摘机集采摘、收集于一体，结构轻巧、操控灵活、维护简单，每天可采摘金银花鲜花100kg以上，大大节省了金银花采摘的劳动力成本，提高了采摘效率。

67. 中药材分类选择有哪些方法？

（1）挑选　挑选是清除药材中的杂质或将药材按大小、粗细分类的净选方法，在挑选过程中要求将非药用部位除去。根与根茎类药材，应除去残留茎基、叶鞘及叶柄等，亦应除去混入的其他植物根及根茎；鳞茎类药材，要除去须根和残留茎基；全草类药材，要除去其他杂草和非入药部位；花类药材，要除去霉烂或不符合药用要求的花类；茎类药材，要除去细小的茎叶；果实类药材，要除去霉烂及不符合药用要求的果实；种子类药材，要除净果皮和不成熟的种子。

（2）筛选　筛选选用不同规格的筛子以筛除药材中的泥沙、地上残茎残叶等。筛选可用手工筛选，也可以用机械筛选，筛孔的大小可根据具体情况进行选择。多用于块茎、球茎、鳞茎、种子类药材的净选除杂。

（3）风选　风选是借助风力将比重不同的药材和杂质除去的一种方法。一般可用簸箕或风车进行，可除去果皮、果柄、残叶和不成熟的种子等。多用于果实、种子类药材的初加工。

（4）水选　水选是通过水洗的方法除去药材中泥土等杂质，多用于植物种子类的净选。

68. 中药材在分类筛选后，还需要哪些初加工处理？

（1）清洗　清洗是将药材与泥土等杂质进行分开的方法。为了减少活性成分的损失，一般在药材采收后，趁鲜水洗，

再进行加工处理。根据不同要求可选择不同的清洗方法，清洗方法有喷淋法、刷洗法、淘洗法等。

(2) 去皮　根、地下茎、果实、种子及皮类药材常需去除表皮 (或果皮、种皮)，使药材光洁，便于内部水向外渗透，促进干燥。去皮要求厚薄一致，以外表光滑无粗糙感，去净表皮为度。去皮的方法有手工去皮、工具去皮、机械去皮和化学去皮。

(3) 修整　用刀、剪等工具去除非药用部位或不利于包装的枝杈，使之整齐，便于捆扎、包装，或便于等级划分。修整应根据药材的规格、质量要求来制定。在药材干燥之前多进行剪除芦头、须根、侧根，进行切片、切瓣、截短、抽头等处理。在药材干燥后常进行剪除残根、芽苞，切削不平滑部分等处理。

(4) 蒸、煮、烫　药材干燥之前将鲜药材在蒸汽或沸水中进行不同时间的加热处理。

蒸是将药材盛于笼屉中置沸水锅上加热，利用蒸汽进行的热处理。蒸的时间长短依目的而定，以利于干燥为目的，蒸至熟透心，蒸汽直透笼顶为度，如菊花、天麻、天冬等；以去除毒性为目的的，蒸的时间宜长，如附片需蒸12~48小时。

煮和烫是将药材置沸水中煮熟或熟透心的热处理。煮的时间要长，有的药材需煮熟，如天麻。烫的时间很短，以烫至熟透心为止，西南地区习称"潦"，如川明参、石斛、黄精等，烫后干燥快。判断煮、烫是否熟透心，可以从沸水中取出1~2支药材，向其吹气，外表迅速"干燥"的为熟透心；吹气后外表仍是潮湿或是干燥很慢的，表示尚未熟透心，应继续煮、烫。

(5) 浸漂　浸漂是指浸渍和漂洗。浸渍一般时间较长，有的还加入一定辅料。漂洗时间短，要求勤换水。漂洗的目的是为了减轻药材的毒性和不良性味，如半夏、附子等；有的是为了抑制氧化酶的活性，以免药材氧化变色，如白芍、山药等。漂洗用水要清洁，换水要勤，以免发臭引起药材霉变。

(6) 切制　一些较大的根及根茎类药材，往往要趁鲜时切成片或块状，利于干燥。含挥发性成分的药材不适宜在产地加工，因切制后容易造成活性成分的损失。切制方法有手工切制法和机械切制法(剁刀式切药机和旋转式切药机)。

(7) 发汗　鲜药材加热或半干燥后，停止加温，密闭堆积使之发热，促使内部水分向外蒸发，当堆内空气含水量达到饱和，遇堆外低温，水气就凝结成水珠附于药材的表面，如人出汗，故称这个过程"发汗"。发汗是药材加工常用的独特工艺，它能有效地克服干燥过程中产生的结壳，使药材内外干燥一致，加快干燥速度，使某些挥发油渗出，化学成分发生变化，药材干燥后显得更油润、光泽，或者香气更浓烈。

(8) 揉搓　一些药材在干燥过程中易皮肉分离或空枯，为避免此类现象发生，并达到油润、饱满、柔软的目的，在干燥过程中必须进行揉搓，如山药、党参、麦冬、玉竹等。

69. 中药材的干燥方法有哪些？

干燥是药材加工的重要环节，主要目的是及时去除鲜药材中的多余水分，避免发霉、虫蛀以及活性成分的分解和破坏，保证药材的质量，利于贮藏。除鲜用药材外，绝大部分

要进行干燥。

理想的干燥方法要求干得快、干得透，干燥的温度不破坏药材的活性成分，并能保持原有的色泽。干燥的方法分为自然干燥法和人工加温干燥法。

(1) 自然干燥法　利用太阳辐射、热风、干燥空气等措施达到干燥药材的目的。

① 晒干：一般将药材铺放在晒场或晒架上晾晒，利用太阳光直接晒干，是一种最简便、经济的干燥方法，但含挥发油的药材和晒后易爆裂的药材等均不宜采用此法。

② 阴干：将药材放置或悬挂在通风的室内或荫棚下，避免阳光直射，利用水分在空气中自然蒸发而干燥，此法主要适用于含挥发性成分的花类、叶类及全草类药材。

③ 晾干：将原料悬挂在树上、屋檐下或晾架上，利用热风、干风进行自然干燥，常用于气候干燥、多风的季节或多风的地区，也叫风干，如大黄、菊花、川明参等。

自然干燥的过程中，要随时注意天气的变化，防止药材受雨、雾、露、霜等浸湿；要常翻动使药材受热一致，以加速干燥。在大部分水分蒸发、干燥程度已达五成以上时，一般应短期堆积回软或发汗，促使水分内扩散，再继续晾或晒干。这种处理方式不仅加快了干燥速度，而且利于内外干燥一致。

(2) 人工加温干燥法　人工加温可以大大缩短药材的干燥时间，而且不受季节及其他自然因素的影响。利用人工加温的方法使药材干燥，重要的是严格控制加热温度。根据加热设备不同，人工加热干燥法可分为炕干、烘干、红外干燥等法。

一般多采用煤、木炭、蒸汽、电力等热能进行烘烤。具体方法有直火烘烤干燥、火炕烘烤干燥、蒸汽排管干燥设备（利用蒸汽热能干燥）、隧道式干燥设备（利用热风干燥）、火墙式干燥室、电热烘干箱、电热风干燥室、太阳能干燥室、红外与远红外干燥、微波、冷冻干燥设备等。一般温度以50~60℃为宜，此温度对一般药材的成分没有太大的破坏作用，却能有效抑制酶的活性。而对于含维生素较多的多汁果实类药材可采用70~90℃的温度，以利迅速干燥。但对含挥发油或须保留酶活性的药材，如薄荷、杏仁等，则不宜用此法。

值得注意的是，除了上述方法外，在中药材传统加工上也经常采用硫熏的方法，主要是利用硫黄燃烧产生的二氧化硫进行熏蒸，以达到加速干燥、产品洁白的目的，并有防霉、杀虫的作用，如白芷、山药、菊花大多采用硫黄熏蒸等，一般在干燥前进行。因硫黄颗粒及其所含有毒杂质等残留在药材上影响药材品质，并影响人体健康，因此原国家卫生部已禁止在食品生产加工中使用硫黄熏蒸，在中药材生产加工上应禁用。

70. 中药材产地初加工应注意哪些事项？

（1）合理设置加工场地　加工场地应就地设置，周围环境应宽敞、洁净、通风良好，应设置工作棚（防晒、防雨）及除湿设备，并应有防鸟、禽、畜、鼠、虫等设施。

（2）防止污染　① 水制污染：水制过程中的污染主要是水质问题。药材初加工过程中需水洗的应水洗，但水质不洁，会污染中药材。因此，水源的水质好坏，直接影响加工药材的品质。

②熏制污染：在硫黄熏制过程中，硫黄颗粒及其所含有毒杂质会残留在药材上，造成药材污染，从而影响药材品质，并影响人体健康。

第七章 包装、运输和贮藏

71. 中药材为什么要进行包装？

中药材在运输过程中会受到空气、阳光、雨水、温度等外界因素和霉菌等微生物及老鼠、害虫的侵害。药材包装后则可有效与上述外界条件隔离，并最大限度减少对药材质量的影响，避免受到污染，避免药材变质和混杂。

其次，药材在流通过程中要经过产地贮藏以及批发、运输、装卸等环节，在这些环节中难免会发生散落、碰撞和摩擦等情况，易造成损耗或损失。完好的包装也便于码放、运输和装卸。

此外，药材在产地进行初加工后，将产品批次、产地、药用成分含量、生产日期、企业名称等信息制作成二维码贴在包装上，不仅为建立药材可追溯体系奠定基础，而且可以提高药材附加值、扩大品牌效应。

72. 中药材包装前如何处理？

(1) 检查药材是否符合《中国药典》的要求，若含有非入药部位如芦头、残茎、须根、外皮、木心等一般在产地初加工时去除，一定要处理干净。如毛知母一定要把须根去掉；干燥全草分带根和不带根两种形式，如荆芥就是去掉根部的地上全草。

(2)进行干燥处理，水分含量达到《中国药典》要求。水分是影响中药材质量的重要因素之一，含水量超标不仅能导致部分药材中有效成分发生改变，而且易发热引起发霉和变质。一般情况下，根茎类、果实种子类、全草类、花类、叶类、皮类药材的含水量应控制在7%~13%，菌藻类药材为5%~10%。

(3)划分等级　根据入药部位的形态、大小、粗细等制定出若干标准，每一标准即为一个等级。通常情况下，品质最佳者为一等、较佳者为二等、最次者为末等，按等级要求分类后再进行包装。如人参每千克30支以内为一等、48支以内为二等、64支以内为三等、80支以内为四等、80支以外为五等。有些药材好次差异不大或品质基本一致，则不用分规格、等级，列为"统货"。

73. 中药材如何包装？

目前，市场上中药材包装主要以麻袋、编织袋、纸箱和压缩打包件四大形式为主，也有部分品种采用桶装形式。中药材在选用包装形式时，应按照药材不同药用部位的分类，根据药材的形态特点和变异特性选择相适应的包装。如蒲黄、松花粉等由于呈细腻的粉性状态，用麻袋装时还需内衬布袋；人参、三七等贵重药材，枸杞子等易变质药材以及月季花等质地易碎的药材，应选用瓦楞纸箱包装，箱内还需衬以防潮

上篇　总论

第七章　包装、运输和贮藏

纸或塑料薄膜，箱面涂防潮油或箱外包裹麻布、麻袋，再用塑料带捆扎；甘草、黄芪、丹参、牛膝等受压不易变形和破碎的药材用打包机加压后用铁丝等捆牢，压缩打包件外再用麻布或尼龙编织布捆包；款冬花、番泻叶、鱼腥草等质地柔软的花、叶、草类药材，在压缩打包时加竹片、荆条等制成的支撑物，包外用麻绳或铁丝捆扎。

74. 如何包装特殊类中药材？

特殊类中药材可分为珍贵中药、毒麻中药、易燃中药和鲜用中药等类别。珍贵中药是我国药材中的珍品，这些药材功效显著而来源稀少，因此价格昂贵，如冬虫夏草、野山参等，这类药材原则上采用内包装和运输包装相结合，以防包装箱破损后使药材受损；毒性、麻醉中药因药性作用剧烈，储运不当极易引起严重的伤害事故，甚至危及生命，或引发犯罪等社会治安问题，如罂粟、马钱子、川乌等，这类药材应按不同性质分开单独包装，或采用特殊包装，并在外包装上粘贴或印刷明显的标记，以引起运输、贮藏环节工作人员的注意；易燃中药在光和热的适宜条件下，当达到本身的燃点后就会引起燃烧，如海金沙、干漆等易燃品种遇到助燃物及火源易燃烧，这类药材采用阻热避光的特殊材料包装，并在包装上粘贴或印刷明显的标记；鲜用中药是在中药配伍中使用，常用的鲜用中药有鲜生地、鲜生姜、鲜荷叶、鲜藿香等，这类药材可用冷藏、沙藏、罐贮、生物保鲜等适宜的保鲜方法，保持一定的湿度，既要注意避免过于干燥，又要防止过于潮湿而腐烂，冬季还要注意防冻。

75. 中药材运输过程中有哪些注意事项?

中药材运输方式包括铁路、公路、航空、水上等运输方式，但最好选择汽车运输，便于同一种药材整车发运，避免混装易造成差错；同时，运输车辆相对固定，便于清洗、消毒，减少对运输药材的污染。

全国各大药材市场药材品种具有交易频繁、运输装卸环节多等特点，若货物在运输、中转、装卸等途中处理不善，药材包装容易出现破损、散包等现象，药材极易受到雨淋、虫害、温湿度变化等影响，发生二次污染。中药材的运输要密切配合业务部门和交通运输部门，要减少环节、规范包装、合理运输，提高运输质量。

此外，由于我国地域跨度大，气候差异大，加上药材具有易受外界因素的影响而发生质量变化的特殊性，因此必须按照"及时、准确、安全、经济"的运输原则，选择合理的运输路线、运输方式和运输工具，尽可能减少运输环节，避免运输损失，做到快中求好、快中求省，合理运输。

76. 建造中药材仓库有哪些要求?

中药材仓库按露、闭形式不同，分为露天库、半露天库和密闭库三种类型。露天库和半露天库一般仅作临时的堆放或装卸，或做短时间的贮藏，而密闭库则具有严密、不受气候的影响、存储品种不受限制等优点。

建造封闭库要达到以下要求：① 仓库的地板和墙壁应是隔热、防湿的，以保持室内干燥，减少库内温度变化；② 仓

库通风性能良好，可散发中药材自身产生的热量，保持库内干燥；③ 仓库密闭性好，避免空气流通而影响库内的温湿度，同时对防治害虫也有重要作用；④ 建筑材料能抵抗昆虫、鼠的侵害；⑤ 避免阳光照射；⑥ 仓库建有冷藏库房。

77. 中药材贮藏中如何管理？

中药材在贮藏过程中一定做好三方面的工作：水分控制、虫害控制和定期检查。

(1) 水分控制　中药材贮藏过程中若不严格控制水分，容易发生霉烂变质，造成损失，因此控制水分是药材贮藏的关键。药材入库前要确保水分符合要求，由于木炭具有吸湿性，吸湿量可达本身重量的10%~12%，同时还具有无污染的特点，因此，在贮藏药材的封闭库内可放入适量木炭。

(2) 虫害控制　在仓库满足通风、干燥等基本条件下，中药贮藏中虫蛀现象仍普遍存在，对药材的危害也较大，因此，虫害防治是药材贮藏工作中的重点、难点。通常采用的做法是在密闭条件下，人为调整空气组成，造成一个低氧的环境，从而达到抑制害虫和微生物的生长繁殖的目的，同时中药材还可减少自身的氧化反应，保持药材的品质。这种方法不仅能保持药材原有的色泽和气味，而且操作安全，无公害，适用范围广，对不同质地和成分的中药均可使用。

(3) 定期检查　安排好专人十天或半月检查一次库房，看药材是否发热、发霉、走油、虫蛀等，一旦发现及时处理。同时制定库房的管理规章制度并严格执行，如药材的先进先出制度等。

第八章　质量管理

78. 中药材生产质量现状如何?

长期以来，中药材生产仍以分散、粗放的小农经济模式为主，无法保证药材质量的稳定。由于某些药材品种的供不应求，盲目引种或扩大中药材栽培，或是种植品种未能准确鉴定、优选，种源混杂，良莠不齐，致使质量下降；或是一味追求高产量，滥施化肥、农药，致使品种变异，品质下降以及重金属残留、农药残留、微生物超标等问题也相当严重。诸如此类问题造成中药材、中药饮片市场情况依然不容乐观，大量伪劣药材或饮片在"利益驱动"下在市场上流通。并且，常常因无确切产地、生产单位、批号、年限等背景，致使无法追踪源头，也就无法按《药品管理法》实施监管，无法保证中药饮片、中成药的质量和人民用药的安全与有效。

79. 不同种质资源（种内变异）与中药材质量间存在什么关系?

狭义的"种质资源"通常指某一具体物种而言的，包括栽培品种(类型)、野生种、近缘野生种和特殊遗传材料在内的所有可利用的遗传材料。由于不同种质在基因和染色体水平上的丰富变异，必然导致不同种质在形态结构、生长发育、生理代谢等多个层次上产生丰富的变异，这些变异直接或间接作用于药材质量的形成，进而形成不同种质的质量差异。

(1) 不同种质资源品种对中药材商品性状质量的影响　中

药的商品性状指标是指人们在长期的用药实践中，逐渐形成的一套用于评价中药材在商品交换中的指标体系，一般则仅限于药材外形、规格、颜色等外观性状特征。不同种质的品种在这些外观性状特征上存在一定差异，如在栽培人参的诸多变异类型中，以长脖、圆膀、圆芦和二马牙的根形好而为质佳者。

(2) 不同种质资源品种对中药材有效成分含量及组成比例的影响　植物化学成分的种内变异称为化学宗、化学变种或化学型，是影响中药质量的一个重要因素。多数研究表明，不同种质在有效成分含量和比例上存在显著差异。代云桃等考察不同品种丹参药材的质量，水浸出物的含量不同品种间由高到低排列：无花丹参＞紫花丹参＞白花丹参；水溶性酚酸类成分含量不同品种间由高到低排列：白花丹参＞紫花丹参＞无花丹参；脂溶性成分丹参酮 II_A 的含量，无花丹参是紫花丹参的2倍、是白花丹参的3倍，只有水溶性酚酸类成分含量差异不大。

(3) 野生品种、栽培品种与中药材质量的关系　石俊英等研究了北沙参不同栽培品种大红袍、白条参、红条参与药材质量的关系，通过测定多糖、欧前胡素、浸出物等成分指标，白条参的可溶性糖、粗多糖、总糖、水浸出物、醇浸出物等含量较另两个品种高，欧前胡素以大红袍含量最高。用于抑制体液免疫和细胞免疫以及抑制T、B细胞的增生作用时，用白条参效果较好；用于镇静、解痉、平喘等作用时，用大红袍入药更好。

董万超等在对人参诸多栽培类型的研究中发现，不同种质的皂苷含量和组成存在明显差异，其中，总皂苷含量以"集安长脖参"最高，"桓仁竹节芦"最低，人参二醇组皂苷含量以"左家黄果参"最高；"竹节芦参"最低。

(4)道地药材品种与中药材质量的关系 道地药材的形成从生物学角度来看应是基因型和环境之间相互作用的产物，道地药材的化学组成有其独特的自适应特征，如张重义等采用紫外–可见分光光度法对怀山药道地产区与非道地产区药材质量进行分析，发现不同产地怀山药中的淀粉、蛋白质、浸出物、多糖含量不同，道地产区怀山药中淀粉、多糖含量较高。

因此，应加强建立药材种质资源收集、保存、鉴定等技术规范。中药材比农作物的栽培历史要短得多，除少数几种药材外，绝大部分只有几十年的引种栽培史，利用时间不长，因此保留着许多野生性状，致使栽培品种种质混杂，分化、退化，造成中药材质量不稳定。此外，因为种植的大部分中药材品种，未进行过农业上的品种注册和鉴定，为了防止中药材种质对药材质量的影响，应借鉴农作物种子种质管理的一些规范，形成一套从中药材的种质保存(保藏技术)、鉴定、调用到种子使用等一系列程序和实验操作规程。

80. 为什么要掌握和尊重药材生长规律?

一定要尊重药材生长规律，保护和扶持道地药材的发展。道地药材是一定的药用生物品种在特定环境和气候等诸因素的综合作用下，形成的产地适宜、品种优良、产量高、炮制考究、疗效突出、带有地域性特点的药材。它是一个约定俗成的、古代药物标准化的概念，它以固定产地生产、加工或销售来控制药材质量，是古代对药用植物资源疗效的认知和评价。因此，在中药材生产管理过程中，要尊重道地药材生长规律，切忌盲目引种、盲目追求集约化和规模化，而影响药材的质量。

81. 不同海拔高度对药材质量有什么影响？

生长在不同海拔高度的当归药材，外观质量是不同的。在甘肃岷县，当归栽培在海拔2000~2400米的地区；在云南丽江，当归栽培在海拔2600~2800米的地区，其药材的质量最好。如果海拔高度降低、气温升高，不但当归药材的产量会降低，还会发生根变小、须根增多、肉质差、气味不浓、外观质量显著降低等现象。因此，种植中药材前，一定要做好准备工作，掌握要种植的药材的生物学特性，以免对药材质量造成影响。

82. 土壤性状和质地对药材质量影响如何？

种植药材的土壤性状和质地，对药材的外观质量也有影响。一般根类药材植物，适合于种植在疏松肥沃的砂质壤土上。同药材在不同土壤上生长，其质量是有差异的。如在黑麻土上生产出的当归药材，其气味要比在红土上生长者浓得多；大黄适合在砂质壤土上生长，如果在黏土上生长，植株就发育不全，但在过于疏松的土壤上生长时，大黄的根部容易分叉，且质地疏松，药材品质下降。

83. 药材采收和初加工中应注意哪些问题以保证质量?

(1) 采收机械、器具应保持清洁、无污染,存放在无虫鼠害和禽畜的干燥场所。

(2) 采收及初加工过程中应尽可能排除非药用部分及异物,特别是杂草及有毒物质,剔除破损、腐烂变质的部分。

(3) 药用部分采收后,经过拣选、清洗、切制或修整等适宜的加工,需干燥的应采用适宜的方法和技术迅速干燥,并控制温度和湿度,使中药材不受污染,有效成分不被破坏。

(4) 鲜用药材可采用冷藏、沙藏、罐贮、生物保鲜等适宜的保鲜方法,尽可能不使用保鲜剂和防腐剂。如必须使用时,应符合国家对食品添加剂的有关规定。

(5) 加工场地应清洁、通风,具有遮阳、防雨和防鼠、虫及禽畜的设施。

(6) 道地药材应按传统方法进行加工。如有改动,应提供充分试验数据,不得影响药材质量。

84. 如何规范中药材的包装、运输和贮藏?

药材包装前应再次检查并清除劣质品及异物。包装应按标准操作规程操作,并有批包装记录,其内容应包括品名、规格、产地、批号、重量、包装工号、包装日期等。所使用的包装材料应是无污染、清洁、干燥、无破损,并符合药材质量要求。在每件药材包装上,应注明品名、规格、产地、批号、包装日期、生产单位,并附有质量合格的标志。易破

碎的药材应装在坚固的箱盒内；毒性、麻醉性、贵细药材应使用特殊包装，并应贴上相应的标记。

药材批量运输时，不应与其他有毒、有害、易串味物质混装。运载容器应具有较好的通气性，以保持干燥，并应有防潮措施。药材仓库应通风、干燥、避光，必要时安装空调及除湿设备，并具有防鼠、虫、禽畜的措施。地面应整洁、无缝隙、易清洁。药材应存放在货架上，与墙壁保持足够距离，防止虫蛀、霉变、腐烂、泛油等现象发生，并定期检查。在应用传统贮藏方法的同时，应注意选用现代贮藏保管新技术、新设备。

85. 如何做好药材质量检测和管理？

生产企业应设有质量管理部门，负责中药材生产全过程的监督管理和质量监控，并应配备与药材生产规模、品种检验要求相适应的人员、场所、仪器和设备。药材包装前，质量检验部门应对每批药材，按中药材国家标准或经审核批准的中药材标准进行检验。检验项目应至少包括药材性状与鉴别、杂质、水分、灰分与酸不溶性灰分、浸出物、指标性成分或有效成分含量。农药残留量、重金属及微生物限度均应符合国家标准和有关规定。检验报告应由检验人员、质量检验部门负责人签章。检验报告应存档。不合格的中药材不得出场和销售。

参考文献

[1] 郭巧生.药用植物栽培学[M].北京:高等教育出版社,2009.

[2] 田义新.药用植物栽培学[M].北京:中国农业出版社,2011.

[3] 谢晓亮,杨彦杰,杨太新.中药材无公害生产技术[M].石家庄:河北科学技术出版社,2014.

[4] 董静洲,易自力,蒋建雄.我国药用植物资源研究概况[J].医学研究杂志,2006,35(1):67-69.

[5] 丁建,夏燕莉.中国药用植物资源现状[J].资源开发与市场,2005,21(5):453-454.

[6] 华国栋,郭兰萍,黄璐琦,等.药用植物品种选育的特殊性及其对策措施[J].资源科学,2008,30(5):754-758.

[7] 黄璐琦,吕冬梅,杨滨,等.药用植物种质资源研究的发展[J].中国中药杂志,2005,30(20):1565-1568.

[8] 秦淑英,唐秀光,王文全.药用植物种子处理研究概况[J].种子,2001,2:37-39.

[9] 刘晓龙.四十种中药材播种前种子处理简介[J].中药材,1986,(5):12.

[10] 裕载勋.中草药栽培技术[M].北京:中国青年出版社,1986:16.

[11] 田茂亮.甘草种子处理方法[J].中药材,1994,(10):6.

[12] 安庆昌,叩根来.安国市中药材生产标准操作规程(SOP)[M].石家庄:国际教科文出版社,2007.

[13] 么厉,王旗.中药材规范化(养殖)技术指南[M].北京:中国农业出版社,2006.

[14] 蒋国斌,谈献和.中药材连作障碍原因及防治途径研究[J].中国野生植物资源,2007,26(6):32-34.

[15] 杨丽丽,康少杰.保护地土传病害生物防治研究进展[J].现代农业科技,2012,(8):187-197.

[16] 刘建华.无公害农产品标准化生产的理论与实践[D].北京:中国农业科学院,2010.

[17] 宋稳成,龚勇.农药安全间隔期及其管理研究[J].农产品质量与安全,2013,(5):5-8.

[18] 李显春,王荫长.农业病虫害抗药性问答[M].北京:中国农业出版社,1997.

[19] 徐映明,朱文达.农药问答[M].北京:化学工业出版社,2005.

[20] 都晓伟,孟祥才.中药材采收、加工与贮藏研究现状及存在问题[J].世界科学技术,2005,S1:75-79.

[21] 谢宗万.中药材采收应适时适度,以优质高产可持续利用为准则论[J].中国中药杂志,2001,03:8-11.

[22] 徐建中,盛束军,俞旭平.中药材采收期研究进展[J].基层中药杂志,2001,06:47-49.

[23] 陈德煜.中药材采收加工环节对其质量的影响[J].中国中医药现代远程教育,2011,11:87-88.

[24] 武深秋.中药材的适时采收[J].专业户,2003,11:20.

[25] 翁维健.中药材的采收和产地加工[J].中药材科技,1982,01:41-43.

[26] 田新村.中药材采收期研究概述[J].中药材,1989,08:42-45.

[27] 丁立威.10种药材的采收与加工[J].农家之友,2004,07:52.

[28] 陈茂春.中药材采收的最佳时期[N].中国特产报,2002-03-18003.

[29] 李长林.几种中药材的采收[J].新农业,1997,09:11.

[30] 陆西.各类中药材采收有技巧[N].中国中医药报,2012-06-01007.

[31] 高宾.中药材产地加工环节的质量控制[J].首都医药,2014,01:43.

[32] 赵润怀,段金廒,高振江,等.中药材产地加工过程传统与现代干燥技术方法的分析评价[J].中国现代中药,2013,12:1026-1035.

[33] 康辉,张振凌.重视中药材产地加工研究与管理[J].中国民族民间医药,2010,03:24,26.

[34] 邓良平.我国中药材产地初加工的现状与对策[J].农产品加工,2013,09:8-9.

[35] 任万明.中药材产地初加工技术要点[J].农业科技与信息,2012,09:63-64.

[36] 张树尧.试述中药材的产地初加工[J].实用中医药杂志,2007,04:262.

[37] 徐良.产地初加工——中药材优质的重要环节[N].中国中医药报,2003-06-25.

[38] 任德权,周荣汉.中药材生产质量管理规范(GAP)实施指南[M].北京:中国农业出版社,2003.

上篇 总 论

参考文献

下篇 各 论

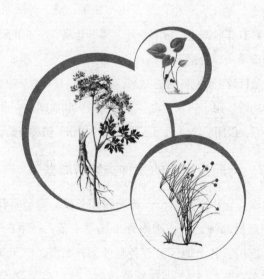

第九章　根和根茎类

芍药

86. 芍药有何药用价值？

芍药 (*Paeonia lactiflora* Pall.) 为毛莨科芍药属多年生草本植物，以干燥的根入药，根据加工方法的不同，药材名分为白芍和赤芍两种。采挖后除去根茎、须根及泥沙后，晒干，即得赤芍；采收洗净后，除去头尾和细根，置沸水中除去外皮或去外皮后再煮，晒干，即得白芍。白芍味苦、酸，性微寒，归肝、脾经；具有养血调经、敛阴止汗、柔肝止痛、平抑肝阳的功效。用于血虚萎黄、月经不调、自汗、盗汗、胁痛、腹痛、四肢疼挛、头晕目眩。赤芍味苦、微寒；归肝经。具有清热凉血、散瘀止痛的功效。用于热入营血、温毒发斑、吐血衄血、目赤肿痛、肝郁胁痛、经闭痛经、癥瘕腹痛、跌扑损伤、痈肿疮疡。

87. 芍药生产中的品种类型有哪些？

临床应用中多用白芍，赤芍使用较少。白芍是我国传统常用中药材品种之一，国内外市场需求量大。主产于安徽、浙江、四川，各个地区又有各自的品种类型。产于安徽亳州的称"亳白芍"，产于浙江杭州的称"杭白芍"，产于四川中江地区的称"川白芍"或"中江白芍"。此外，江苏、山东、河南、江西、湖南、贵州、陕西、河北等省亦有栽培。

88. 种植芍药如何选地与整地？

(1)选地　要求土壤疏松、肥沃，土层较深厚，排水良好，以砂质壤土、夹沙黄泥土或淤积泥沙壤土为好，盐碱地不宜栽种，忌连作，可与紫菀、红花、菊花、豆科作物轮作。

(2)整地　将土地深翻40cm以上，整细耙平，施足基肥(施入适量腐熟的厩肥或堆肥2000~2500千克/亩)。播前再浅耕一次，四周开排水沟。在便于排水的地块，采用平畦(种后成垄状)；排水较差的地块，采用高畦，畦面宽约1.5m，畦高17~20cm，畦沟宽30~40cm。

89. 芍药的繁殖方法有几种？

芍药的繁殖方式有分根繁殖、种子繁殖和芍头繁殖。繁殖以分株为主，方法简便易行，应用广泛。种子繁殖多用于育种及培养根砧。

(1)分根繁殖　选择笔杆粗细的芍根，按其芽和根的自然形状切分成2~4株，每株留芽和根1~2个，根长宜18~22cm，剪去过长的根和侧根，供栽种用。刀口处涂抹少许木炭粉末，以防腐烂。每亩用种根100~120kg。芍药母株如多年不分株，就会枯朽，逐渐转向衰败。生产实践证明，芍药分株必须在秋季进行，春季分株不仅成活率低，而且以后长势也弱，开花时间延后。

(2)种子繁殖　8月中下旬，采集成熟而籽粒饱满的种子，随采随播。若暂不播种，应立即用湿润黄沙(1份种子,3份沙)混拌贮藏于阴凉通风处，至9月中、下旬播种。播种可采用条播法，按行距20~25cm开沟，沟深3~5cm，将种子均匀地撒入沟内，覆土1~2cm，稍镇压。翌年4月上旬，幼苗出土时，及时揭去盖草，以利幼苗生长。由于采用种子繁殖的方式，苗株需要2~3年才能进行定植，生长周期长，故生产上应用较少。每亩用种量30~40kg。

(3)芍头繁殖　在收获芍药时，切下根部加工成药材。选取形体粗壮，芽苞饱满，色泽鲜艳，无病虫害的芽头作繁殖用。切下的芽头以留有4~6cm的根为好，过短难以吸收土壤中养分，过长影响主根的生长。然后按芍头的大小、芽苞的多少，顺其自然用不锈钢刀切成2~4块，每块有2~3个芽苞。将切下的芍头置室内晾干切口，便可种植，每亩栽芍头2500株左右。若不能及时栽种，也可暂时沙藏或窖藏。

90. 芍头应当如何贮藏？

生产上芍头多采用沙藏的办法。具体的贮藏方法如下：选平坦高燥处，挖宽70cm、深20cm的坑，长度视芍头的多少而定，坑的底层放6cm厚的沙土，然后放上一层芍头，芽孢朝上，再盖一层沙土，厚约5~10cm，芽孢露出土面，之后需经常检查贮藏情况，以保持沙土不干燥为原则。

91. 芍药栽植的时间和方法是怎样的？

春栽一般在3月下旬至4月中旬，秋栽一般宜在10月下旬至11月上旬。按行距40~50cm，株距30~40cm。用芍头种，开浅平穴，每穴种芍头2个，摆放于穴内，相距4cm，切面朝下，覆土8~10cm，做成馒头状或垄状。

92. 芍药的田间管理技术有哪些?

(1)中耕除草　早春松土保墒。芍药出苗后每年中耕除草和培土3~4次。10月下旬，在离地面5~7cm处割去茎叶，并在根际周围培土10~15cm，以利越冬。

(2)施肥　芍药喜欢肥沃的土壤，除施足基肥外，栽后1~2年要结合田间套种进行追肥，第3年芍药进入旺盛生长期，肥水的需要量相对增加。一般每年不少于2次：第1次在3月齐苗后，结合浇水施尿素20千克/亩、饼肥25千克/亩；第2次于8月，施复合肥30千克/亩；第4年在春季追肥1次即可，追施高磷复合肥50~75千克/亩。

(3)排灌　芍药喜旱怕水，通常不需灌溉。严重干旱时，宜在傍晚浇水。多雨季节应及时排水，防止烂根。

(4)摘蕾　为了减少养分损耗，每年春季(一般在4月下旬)现蕾时应及时将花蕾全部摘除，以促使根部肥大。

(5)培土　一般在10月下旬土壤封冻前，在离地面6~9cm处，把白芍地上部分枯萎的枝叶剪去，并在根际处进行培土，土厚10~15cm，以保护芍芽安全越冬。

93. 芍药的常见病害及其防治方法有哪些?

(1)芍药灰霉病　受害叶部病斑褐色，近圆形，有不规则轮纹；茎上病斑棱形，紫褐色，软腐后植株倒伏；花受害后变为褐色并软腐，其上有一层灰色霉状物，高温多雨时发病严重。防治方法如下。

① 农业防治：选用无病的种栽，合理密植，加强田间通风透光，清除被害枝叶，集中烧毁；忌连作，宜与玉米、高粱、豆类作物轮作。

② 药剂防治：栽种前用6%满适金种衣剂1500倍或50%卉友（咯菌腈）可湿性粉剂3000倍液浸泡芍头和种根10~15分钟后再下种；发病初期，50%卉友（咯菌腈）可湿性粉剂4000~6000倍喷雾，70%灰霉速克60克/亩，50%速克灵可湿性粉剂（腐霉利），50%灭霉灵（福·异菌脲）1500~2000倍液，每7~10天1次，交替连喷3~4次。

(2) 芍药锈病　初期在叶背出现黄褐色斑点，后期在灰褐色斑背面出现暗褐色粉状物。防治方法如下。

① 农业防治：清除残株病叶或集中烧毁，以消灭越冬的病原菌。

② 药剂防治：发病时用25%戊唑醇可湿性粉剂1500倍液，或12.5%的烯唑醇1500倍液，或25%丙环唑乳油2500倍液，或40%氟硅唑乳油5000倍液等喷雾防治。

(3) 芍药叶斑病　发病初期，叶正面呈现褐色近圆形病斑，后逐渐扩大，呈同心轮纹状。后期叶上病斑散生，圆形或半圆形，直径2~20mm，褐色至黑褐色，有明显的密集轮纹，边缘有时不明显，天气潮湿时，病斑背面产生黑绿色霉层。严重时叶片枯黄、焦枯，生长势衰弱，提早脱落。防治方法如下。

① 农业防治：发现病叶，及时剪除，防止再次侵染为害。秋冬彻底清除病残体，集中烧毁，减少次年初侵染源。

② 药剂防治：喷药最好在发病前或发病初期，常用药剂

可选70%甲基托布津可湿性粉剂800倍液，或50%多菌灵可湿性粉剂600倍液，或50%苯菌灵可湿性粉剂1000倍液，或80%代森锰锌可湿性粉剂800倍液，或25%醚菌酯悬浮剂1500倍液等喷雾，药剂应轮换使用，每7~10天喷1次，连续2~3次。

94. 芍药主要虫害的防治方法有哪些?

(1) 蛴螬　为金龟甲的幼虫。主要咬食芍根，造成芍根凹凸不平的孔洞。防治方法如下。

① 农业防治：冬前将栽种地块深耕多耙、杀伤虫源，减少幼虫的越冬基数。

② 物理防治：利用黑光灯诱杀成虫。

③ 生物防治：90亿/克球孢白僵菌油悬浮剂500倍生物制剂。

④ 药剂防治：毒土，每亩用50%辛硫磷乳油0.25kg与80%敌敌畏乳油0.25kg（1：1）混合，拌细土30kg，均匀撒施田间后浇水，提高药效。或用3%辛硫磷颗粒剂3~4kg混细沙土10kg制成药土，在播种或栽植时撒施。毒饵防治，用90%晶体敌百虫粉剂5g兑水1~1.5kg，拌入炒香的麦麸或饼糁2.5~3kg，或拌入切碎的鲜草10kg配备毒饵，或用80%敌百虫可湿性粉剂10g加水1.5~2kg，拌炒过的麸皮5kg，于傍晚时撒于田间诱杀幼虫。药液浇灌防治，在幼虫发生期用50%辛硫磷或用90%敌百虫晶体乳油800~1000倍液等浇灌或灌根。

(2) 蚜虫　防治方法如下。

① 物理防治：采用黄板诱杀法，在翅蚜发生初期，可采用市场出售的商品黄板，每亩30~40块。

② 生物防治：前期蚜量少时可以利用瓢虫等天敌，进行

下篇　各论

第九章　根和根茎类

自然控制，无翅蚜发生初期，用0.3%苦参碱乳剂800~1000倍液，或天然除虫菊素2000倍液等植物源杀虫剂喷雾防治。

③ 药剂防治：用10%吡虫啉可湿性粉剂1000倍液，或3%啶虫脒乳油1500倍液，或2.5%联苯菊酯乳油3000倍液，4.5%高效氯氢菊酯乳油1500倍，或50%辟蚜雾2000~3000倍液，或50%吡蚜酮2000倍液，或25%噻虫嗪水分散粒剂5000倍液，或50%烯啶虫胺4000倍液或其他有效药剂，交替喷雾防治。

(3) 地老虎　除进行人工捕捉外，发生严重地块，可用鲜菜或青草毒饵防治，方法是鲜蔬菜或青草：熟玉米面：糖：酒：敌百虫，按10：1：0.5：0.3：0.3的比例混拌均匀，晴天傍晚撒与田间即可。

(4) 金针虫　主要以成虫在土壤中潜伏越冬，次年春季开始活动，4月中旬开始产卵。以幼虫咬食芍药幼苗、幼芽和根部，使芍药伤口染病而造成严重损失。防治方法：种植前要深翻多耙，夏季翻耕暴晒、冬季耕后冷冻都能消灭部分虫蛹，也可用50%辛硫磷800倍液喷洒于土中或浇灌芍药根部。

95. 如何正确地采收芍药？

芍药一般种植3~4年后采收，以9月中旬至10月上旬为宜，过早过迟都会影响产量和质量。采收时，宜选择晴天割去茎叶，先掘起主根两侧泥土，再掘尾部泥土，挖出全根，起挖中务必小心，谨防伤根。

对不同粗细的芍药根进行研究发现，芍药苷的含量并没有随着直径的增加而提高，而越细的根中芍药苷含量反而较高。可见在进行芍药根采收时，不可盲目收集粗根，造成资源浪费，对于无病虫害的相对细的根同样可以采收。

96. 芍药的留种技术有哪些?

(1) 芍头繁殖法　芍药收获时，选取形体粗壮，芽苞饱满，色泽鲜艳，无病虫害的芍药全根，切下含芽苞在内长约4~6cm的根部 (切下的主根部分加工成药材)，按每块芍头有2~3个芽苞。用不锈钢刀切成若干块，然后将切下的芍头置室内晾干切口，或在切口处蘸些干石灰，使切口干燥，用沙藏法 (参见芍头繁殖法) 贮藏窖内或室内，储备至9月下旬~10月上旬取出栽种。每亩需用芍头2500块左右。

(2) 芍根繁殖法　参见芍头繁殖法留种技术。每亩用芍根100~120kg。

(3) 种子繁殖法　7月下旬~8月上旬，收获成熟的芍药果实，放室内阴凉处堆放10~15天，边脱粒边播种，播种后盖草保湿，保温。种子的寿命约为1年。

97. 芍药的加工方法有几种?

(1) 传统白芍加工法　将芍根分成大、中、小三级，分别放入沸水中大火煮沸5~15分钟，并不时上下翻动，待芍根表皮发白，有气时，折断芍根能掐动切面已透心时，迅速捞出放入冷水内浸泡20分钟，然后手工用竹签、刀片等刮去褐色的表皮，放在日光下晒制。

(2) 生晒芍加工法　有全去皮、部分去皮和连皮3种规格。全去皮：即不经煮烫，直接刮去外皮晒干；部分去皮：即在

每支芍条上刮3~4刀皮；连皮：即采挖后，去掉须根，洗净泥土，直接晒干。当地药农和科研单位认为去皮与部分去皮的白芍应在晴天上午9点至下午3点进行比较好，用竹刀或玻璃片刮皮或部分刮皮，晒干即得。

白芍植株　谢晓亮摄

白芍药材　郑玉光摄

紫菀

98. 紫菀有哪些药用价值？

紫菀 (*Aster tataricus* L.f.) 是菊科紫菀属多年生草本植物，又名青苑、紫倩、小辫儿等，以干燥根和根茎入药，辛、苦、温，归肺经。具有润肺下气和消痰止咳的功效。用于痰多咳喘，新久咳嗽和劳嗽咯血。除药用外，还可作为秋季观赏花卉，用于布置花境、花地及庭院。

99. 紫菀有哪些品种类型？

紫菀主产于河北、安徽、河南、黑龙江和江西等省。河北安国所产的"祁紫菀"根粗且长，质柔韧，质地纯正，药效良好，是著名的八大祁药之一。同科橐吾属 (*Ligularia*) 植物的干燥根和根茎在我国一些地区做紫菀入药，习称"山紫菀"，其中鄂贵橐吾 *L.wilsoniana* (Hemsl.) Greenm、宽戟橐吾 *L.latihastata* (W.W.Smith.) Hand. Mazz.、鹿蹄橐吾 *L.hodgsonii* Hook.的根部，商品上习称"毛紫菀"，分别为川东和川西主流品种。云南地区所用山紫菀称"滇紫菀"，原植物为四川橐吾 *L.hodgsonii* Hook.var.sutchuensis (Franch) Henry。其他如大叶橐吾 *L.macrophylla* (Ledeb.) DC. (新疆) 、齿叶橐吾 *L.deatata* (A. Gray) Hara (陕西) 、裂叶橐吾 *L.przewalskii* (Maxim.) Diels (陕西、宁夏、甘肃等地) 的根在不同地区也有作山紫菀用。

100. 如何选择紫菀种苗？

紫菀生产以根状茎作为种苗，要求没有检疫性病虫害、茎皮紫红色、节密而短、具有休眠芽的二级以上种苗作为种栽。具体指标为：一级种苗茎毛数在8个以上，茎粗在0.3cm以上，芽间距不超过0.25cm，二级种苗茎毛数为在4个以上，茎粗不低于0.25cm，芽间距不超过0.25cm。

101. 种植紫菀如何选地和整地？

种植紫菀要选择地势平坦、土层深厚、疏松肥沃、排水良好的沙壤土或壤土地，种植前深翻土壤30cm以上，结合耕翻，每亩施入腐熟有机肥3000kg或复合肥50~100kg，整平耙细，做畦，四周挖排水沟。

102. 怎样栽种紫菀？

紫菀种植一般在四月上中旬进行。栽种前，将根状茎去掉芦头，截成带有2~3个休眠芽的节段，随用随截，并按照一、二级种苗标准进行分选。在整好的畦面上，按行距30~35cm开沟，沟深5~7cm，顺沟按20cm左右间距摆放3~5个带芽节段。覆土与畦面相平，稍加压实。

103. 怎样进行紫菀的田间管理？

田间管理主要包括中耕除草、水肥管理和摘除花薹。

下篇 各论

第九章 根和根茎类

在整个生长期内，尤其在出苗后至封垄前应及时除草，紫菀为浅根作物，根系主要分布在近地表15cm的土层，因此要浅松土避免伤根。第一次除草在紫菀齐苗后；苗高7~9cm时进行第二次中耕除草；第三次除草在植株封垄前进行。封垄后如仍有杂草需人工拔除。

在紫菀整个生长期要避免干旱和防止水分过多。出苗前至幼苗期保持畦面湿润，促进全苗和幼苗生长，6~7叶后适当控水有利于根系发育，提高产量。紫菀不耐涝，雨后及时排除田间积水。紫菀生长期间要结合灌水进行追肥。一般在6~7月封垄前每亩追尿素10~15kg。

7~8月为紫菀抽薹开花期。为防止养分消耗，促使光合产物集中供应地下根茎生长，个别植株出现花薹时可用镰刀割除，避免用手拉扯，以免带动根部影响生长。割薹应在晴天进行。

104. 如何进行紫菀主要病虫害的防治？

紫菀病虫害主要有根腐病、叶枯病和地老虎。根腐病主要危害植株茎基部与芦头。发病初期，根及根茎部分变褐腐烂，叶柄基部产生褐色梭形病斑，逐渐叶片枯死、根茎腐烂。叶枯病主要危害叶片，从叶缘和叶尖侵染发生，病斑由小到大不规则状，病叶初期先变黄，黄色部分逐渐变褐色坏死。地老虎主要取食幼茎。

防治方法：根腐病用50%多菌灵可湿性粉剂1000倍，叶枯病用1：1：120波尔多液，在发病前及发病初期喷施，每7~10天喷1次，连续2~3次即可。地老虎用90%敌百虫晶体1000倍喷雾杀除或配成毒饵诱杀。注意轮换用药，严格控制农药安全间隔期。

105. 紫菀如何采收加工?

　　紫菀种植后当年秋季或第二年春萌芽前收获。先除去地上枯萎茎叶，挖取地下根及根状茎，勿弄断须根。抖去泥沙，摘下带芽节的根状茎做种用，其余的连同须根一起编成小辫晒干即成商品。

紫菀植株　谢晓亮摄

紫菀药材　谢晓亮摄

天南星

106. 天南星有何药用价值？

天南星为天南星科植物天南星 [*Arisaema erubescens* (Wall.) Schott]、东北天南星 (*Arisaema amurense* Maxim.) 或异叶天南星 (*Arisaema heterophyllum* Bl.) 的干燥块茎，其性温，味苦、辛，有毒，归肺、肝、脾经，具有燥湿化痰、祛风止痉和散结消肿的功效，常用于顽痰咳嗽、风痰眩晕、中风痰壅、口眼歪斜、半身不遂、癫痫、惊风、破伤风，生用外治痈肿、蛇虫伤咬。

107. 天南星药材商品的来源有哪些？

天南星药材正品来源为《中国药典》中收录的天南星、异叶天南星和东北天南星。天南星主产于陕西、甘肃、四川、贵州等省，高40~90cm。块茎扁球形，叶1片，放射状分裂，裂片7~20，披针形，雌雄异株；异叶天南星主产于湖北、湖南、四川、贵州等省，主要特点为叶片鸟趾状全裂，倒披针形或窄长圆形，裂片11~19，花序顶端附属物呈鼠尾状；东北天南星主产于东北、内蒙古、河北和山东等省。主要特点为叶片全裂3~5片，倒卵形或广卵形，花序顶端附属物成棍棒状。

除上述三种外，本草考证和实际调查认为作为天南星药材的还有天南星科植物掌叶半夏，商品作"虎掌南星"入药。产于河南、山东、安徽和河北等地，主要特点为叶常1~3片或更多，成丛生状，叶片趾状分裂，裂片5~11，雌雄同株。

108. 天南星种植怎样选地整地？

天南星是喜阴植物，怕强光，喜湿润、喜水肥，块茎不耐寒，-5℃以下会发生冻害。人工栽培最好选择林间空地或与果树间种，在平地可与高秆作物间作。天南星忌连作，地势低洼，排水不良、积水或土质过于黏重的地块不宜种植。前作收获后，选晴天除灭杂草，每亩地施用农家肥1500~2000kg或复合肥20kg作基肥。耕翻耙细，做成宽1.2~1.3m的畦。

109. 天南星如何繁殖？

天南星主要用种子繁殖。天南星种子于8月上旬成熟，采集后晾干留作种用。天南星种子不耐贮藏，容易丧失发芽率，繁殖时要用当年收获的新种子。在整好的苗床上，按行距15~20cm挖浅沟，将种子均匀地播入沟内，覆土与畦面齐平。播后浇1次透水，以后经常保持床土湿润，10天左右即可出苗。冬季用厩肥覆盖畦面，保湿保温，有利幼苗越冬。翌年春季幼苗出土后，将厩肥压入苗床作肥料，当苗高6~9cm时，按株距12~15cm定苗，多余的幼苗可另行移栽。移栽时要选阴雨天并带土移栽以提高成活率。栽后浇水，经常保持土壤湿润，及时松土除草。

虎掌南星一般采用块茎繁殖。栽种的南星在其块茎周围会产生一些小块茎，在秋季采挖时，大的块茎做药材加工，选择生长健壮、完整无损、无病虫害的小块茎，晾干后置地窖内贮藏留作种用。挖窖深1.5米左右，大小视种栽多少而定。窖内温度保持在5~10℃为宜，低于5℃，种栽易受冻害，高于10℃，则容易提早发芽。第二年春季取出，去掉霉烂块茎进行栽种。春栽于3月下旬~4月上旬进行，在整好的畦面上，按行距20~25cm开沟，沟深4~6cm，将块茎芽头向上放入沟内，每株1块，株距14~16cm。栽后覆盖土杂肥和细土，若天旱浇1次透水。约半个月左右即可出苗。大块茎作种栽，可以纵切为两半或数块，只要每块有1个健壮的芽头即可。切后及时将伤口拌以草木灰，避免腐烂。

110. 怎样进行天南星田间管理？

（1）松土除草和追肥　天南星苗高6~9cm时进行第一次松土除草，宜浅不宜深，只耙松表土层即可。第二次于6月中下旬，松土可适当加深，并结合追肥1次，每亩追肥尿素10kg；第三次于7月下旬正值天南星生长旺盛时期，结合除草松土，每亩追施尿素15kg；第四次于8月下旬，结合松土除草，每亩追施尿素10~20kg。

（2）排灌水　天南星喜湿，栽后经常保持土壤湿润，要勤浇水；雨季要注意排水，防止田间积水。水分过多，易使苗叶发黄，影响生长。

（3）摘花薹　5~6月天南星肉穗状花序从鞘状苞片内抽出时，除留种地外，应及时剪除，以减少生殖生长对养分的消耗，有利于光合产物向地下块茎的运转，提高产量。

111. 天南星病害如何防治？

天南星在种植过程中极易感染病害，其中比较普遍的是病毒病、炭疽病。

病毒病发病植株叶片上产生黄色不规则的斑驳，使叶片变为花叶症状，同时发生叶片变形、皱缩、卷曲，变成畸形症状，

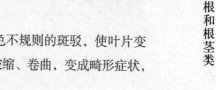
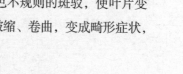

使植株生长不良，后期叶片枯死。由于目前尚缺少抑制病毒发生和蔓延的有效药剂，因此天南星病毒病以农业防治为主，选择抗病品种栽种，如在田间选择无病单株留种；或通过增施磷、钾肥、轮作等栽培措施进行壮苗培养，增强植株抗病力。

天南星炭疽病主要在成株上发病。叶片病斑为圆形或近圆形，中心灰白色或淡褐色、边缘暗绿色或褐色，茎和叶柄上的病斑为淡褐色棱形，浆果上的病斑为红褐色。发病前喷施波尔多液（1∶1∶160）或无毒高脂膜200倍液；发病期喷施75%百菌清500倍液，每7~10天喷1次。

112. 天南星虫害如何防治？

天南星主要虫害有红天蛾、红蜘蛛和蛴螬等。防治红天蛾和红蜘蛛最有效的方法是轮作，忌连作，也忌与同科药植如半夏、魔芋等间作。可以在幼虫低龄时喷90%敌百虫800倍液杀灭。可采用黑光灯诱杀蛴螬，或每亩用3%敌百虫粉剂1.5~2.5kg，加细土25~50kg混合拌匀后，均匀撒于土表进行防治。

113. 如何进行天南星采收和加工？

天南星在当年秋天9~10月收获。将地上部叶片割掉，挖出块茎即可。

收获后将块茎去掉泥土、残茎和须根，装入网兜内撞搓或装入筐中用竹扫帚除去表皮，倒出后用清水冲洗。用竹刀将残留的表皮刮净，晒干即为商品。天南星有毒，加工时要戴橡胶手套和口罩，避免接触皮肤，以免中毒。如发现皮肤瘙痒、红肿，可用甘草水或绿豆水擦洗、浸泡解毒。

天南星植株　谢晓亮摄

天南星药材　谢晓亮摄

柴胡

114. 柴胡有何药用价值?

柴胡味苦辛,微寒。归肝、胆、肺经。具有和表解里、疏肝解郁、升阳举陷之功效。主要用于感冒发热、寒热往来、胸胁胀痛、月经不调、子宫脱垂、脱肛等治疗。柴胡为大宗常用中药材,年用量已达一万余吨,且随着以柴胡为主要原料的药品不断开发上市而快速递增。不仅国内用量大,而且还大量出口,现有资源不能满足市场需要,价格逐年上涨。

115. 柴胡有哪些品种类型?

柴胡的栽培类型主要有柴胡、狭叶柴胡、三岛柴胡等,其中柴胡已培育出中柴1号、中柴2号、中柴3号栽培品种,狭叶柴胡已培育出中红柴1号栽培品种。

柴胡 (*Bupleurum chinense* DC.) 为《中国药典》收载基源植物,俗称北柴胡,主产甘肃、陕西、山西和河北等省区,黑龙江、内蒙古、吉林、河南、四川等省也有少量栽培。2014年"涉县柴胡"获得农业部国家农产品地理标志产品登记,中国医学科学院药用植物研究所已培育出柴胡栽培品种中柴1号、中柴2号、中柴3号。狭叶柴胡 (*Bupleurum scorzonerifolium* Willd.) 也为《中国药典》收载基源植物之一,俗称"南柴胡",黑龙江、内蒙古等地有种植,中国医学科学院药用植物研究所培育出"中红柴1号"。三岛柴胡也称日本柴胡,由日本或韩国药材公司在我国实行订单生产,基地主要分布在湖北、河北等地。三岛柴胡在我国为非正品柴胡。

116. 种植柴胡如何选地整地?

(1) 选地　柴胡属阴性植物,其种子个体小,野生条件下在草丛中、阴湿环境中发芽生长,种植栽培时应为其创造阴湿环境,选择已栽种玉米、谷子或大豆等秋作物的地块进行套种。利用秋作物茂密枝叶形成的天然遮阴屏障,并聚集一定的湿气,为柴胡遮阴并创造稍冷凉而湿润的环境条件。也可选择退耕还林的林下地块或山坡地块,利用林地的遮阴屏障或山坡地上的杂草、矮生植物遮阴。

(2) 整地:玉米、谷子或大豆播种前结合施足底肥,一般每亩施用腐熟有机肥2500~3500kg,复合肥80~120kg,柴胡播前要先造墒,浅锄划,然后播种。没造墒条件的旱地,应在雨季来临之前浅锄划后播种等雨。

117. 山地柴胡仿野生栽培的关键技术有哪些?

柴胡适应性较强,喜稍冷凉而湿润的气候,较耐寒耐旱,忌高温和涝洼积水。其仿野生栽培的技术关键有两点。

(1) 把好播种关　第一年6月中旬至7月上中旬,与秋作物套种的,先在田间顺行浅锄一遍,每亩用种子2.5~3.5kg,与炉灰拌匀,均匀地撒在秋作物行间,播后略镇压或用脚轻踩即可,一般20~25天出苗;在退耕还林的林下地块种植的,留足树歇带,将树行间浅锄,把种子与炉灰拌匀,均匀地撒在树行间,播后略镇压;在山坡地上种植的,先将山坡地上的杂草轻割一遍,留茬10cm左右,种子均匀地撒播,播后略镇压。

（2）把好除草关　第一年秋作物收获时，秋作物留茬10~20cm，注意拔除大型杂草。第二年春季至夏季要及时拔除田间杂草，一般进行2~3次。林下或山坡地块种植，第1年及第2年春夏季主要是拔除田间杂草。

仿野生栽培一般第1年播种后，以后每年不再播种，只在秋后收获成品柴胡，依靠植株自然散落的种子自然生长，从第2年开始每年都有种子散落，每年都有成品柴胡收获，3~5年后由于重复叠加生长，需清理田间，进行轮作。

118. 柴胡玉米间作套种的关键技术是什么？其效益如何？

柴胡玉米间作套种模式为药粮间作，二年三收（或二收）。即第一年玉米地套播柴胡，当年收获一季玉米；第二年管理柴胡，根据实际需要决定秋季是否收获柴胡种子；第二年秋后至第三年清明节前收获柴胡。其技术关键如下。

（1）播种玉米　玉米春播或早夏播，可采取宽行密植的方式，使玉米的行间距增大至1.1m，穴间距30cm，每穴留苗2株，玉米留苗密度3500~4000株/亩。玉米的田间管理要比常规管理提早进行，一般在小喇叭口期前期、株高40~50cm时进行中耕除草，结合中耕每亩施入磷酸二铵30kg。

（2）播种柴胡　利用玉米茂密枝叶形成天然的遮阴效果，为柴胡遮阴并创造稍阴凉而湿润的环境条件。在播种柴胡时一要掌握好播种时间，柴胡出苗时间长，雨季播种原则为：① 宁可播种后等雨，不能等雨后播。最佳时间为6月下旬至7月下旬；② 要掌握好播种方法：待玉米长到40~50cm时，先在田间顺行浅锄一遍，然后划1cm浅沟，将柴胡种子与炉灰拌匀，均匀地撒在沟内，镇压即可，也可采用耧种或撒播。用种量2.5~3.5千克/亩，一般20~25天出苗。

柴胡玉米间作套种模式，可实现粮药间作双丰收，当年可收获玉米550~650kg；如计划收获柴胡种子，一般亩产柴胡种子20~25kg；播种后第2年秋后11月至次年3月中下旬收获柴胡根部，一般每亩可收获45~55kg柴胡干品，按目前市场价格52~60元/千克，2年的亩效益可达4400~5400元。平均年亩效益2200~2700元。

119. 如何根据柴胡种子的萌发出苗特性，实现一播保全苗？

柴胡种子籽粒较小，发芽时间长（在土壤水分充足且保湿20天以上，温度在15~25℃时方可出苗），发芽率低，出苗不齐，因此，要保证一播保全苗，必须做到以下几点。

(1)选用新种子 柴胡种子寿命仅为一年，陈种子几乎丧失发芽能力，应选用成熟度好、籽粒饱满的新种子进行播种。

(2)适时早播种 根据北方春旱夏涝的气候特点，应适时早播，即在雨季来临之前的6月中下旬至7月上旬播种。播在雨头，出在雨尾。

(3)造墒与遮阴 播种之前造好墒，趁墒播种，而且播后应覆盖遮阳物，保持土壤湿润达20天以上；如果没有水浇条件，则应利用雨季与高秆作物套作，保证出苗。

(4)增加播种量 根据近年实践，当年种子的亩用量2.5~3.5kg，多者可达4~5kg。

(5) 浅播浅覆土　柴胡种粒极小，芽苗顶土力弱，播种宜浅不宜深。开沟0.5~1cm，撒入种子，浅盖土，镇压即可，如果是机械播种，一定要调节好深浅，切不可覆土过深。

(6) 科学处理种子　柴胡种子有生理性后熟现象，休眠期时间长，出苗时间长。打破种子休眠，提高种子出苗率的种子处理方法有：机械磨损种皮、药剂处理、温水沙藏、激素处理及射线等，但生产上常用前三种处理。机械磨损种皮是利用简易机械或人工搓种，使种皮破损，吸水、出苗提早；药剂处理，用0.8%~1%高锰酸钾溶液浸种15分钟，可提高发芽率15%；温水沙藏，用40℃温水浸种1天，捞出与3份湿沙混合，20~25℃催芽10天，少部分种子裂口时播种。

120. 柴胡繁种田管理技术要点有哪些？

柴胡繁种田除按常规生产田管理之外，还应把好以下几点。

(1) 选好地块　柴胡为异花授粉植物，繁种田，首先必须选择隔离条件较好的地块，一般与柴胡种植田块隔离距离不少于1km；其次要选择地势高燥、肥力均匀、土质良好、排灌方便、不重茬、不迎茬、不易受周围环境影响和损坏的地块。

(2) 去杂去劣　在苗期、拔节期、花果期、成熟收获期要根据品种的典型性严格拔除杂株、病株、劣株。

(3) 防治病虫　① 及时防治苗期蚜虫，繁种田的柴胡，一般是二年生柴胡，早春蚜虫危害严重，应选用吡虫啉、灭蚜威及时防治。

② 在雨季来临、开花现蕾之前，也是柴胡根茎发生茎基

腐病时期，应及时选用扑海因、多菌灵进行喷雾或田间泼洒防治。

③柴胡开花期是各种害虫危害盛期，赤条蝽、卷蛾幼虫、螟蛾幼虫发生危害猖獗，应及时选用高效氯氰菊酯、阿维菌素等杀虫剂进行防治。

（4）严防混杂　播种机械及收获机械要清理干净，严防机械混杂；收获时要单收单脱离，专场晾晒，严防收获混杂。

121. 如何防治柴胡的主要害虫?

（1）螟蛾幼虫　以幼虫取食北柴胡叶片和花蕾，常吐丝缀叶成纵苞或将花絮纵卷成筒状，潜藏其内取食危害，严重影响植株开花结实。6月初田间发现危害，幼虫危害盛期在7月下旬至8月上旬。防治方法如下。

①农业防治：采取抽薹后开花前及时割除地上部的茎叶，并集中带出田外；如果虫量较少，可以人工捕捉。

②药剂防治：选用高效低毒低残留的4.5%高效氯氰菊酯乳油1000倍液，或50%辛硫磷乳油1000倍液等喷雾。

（2）卷叶蛾　幼虫取食刚抽薹现蕾的北柴胡嫩尖。防治方法如下。

①农业防治：采取抽薹后开花前及时割除地上部的茎叶，集中带出田外。

②药剂防治：选用高效低毒低残留的4.5%高效氯氰菊酯乳油1000倍液，或1%甲氨基阿维菌素乳油2000倍液等喷雾。

（3）赤条蝽　以若虫、成虫危害北柴胡的嫩叶和花蕾，

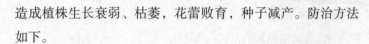

造成植株生长衰弱、枯萎，花蕾败育，种子减产。防治方法如下。

① 农业防治：冬季清除北柴胡种植田周围的枯枝落叶及杂草，沤肥或烧掉，消灭部分越冬成虫。

② 药剂防治：在成虫和若虫为害盛期，当田间虫株率达到30%时，选用4.5%高效氯氰菊酯乳油1500倍液、1%甲氨基阿维菌素乳油2000倍液等喷雾防治。

(4) 蚜虫　以成、若虫危害植株嫩尖和叶片，造成叶片卷曲、生长减缓、萎蔫变黄；并且可以传播病毒病，造成北柴胡丛矮、叶黄缩、早衰、局部成片干枯死亡。防治方法如下。

① 农业防治：清除田间残枝腐叶，集中销毁。

② 药剂防治：10%吡虫啉可湿性粉剂1000倍液，或4.5%高效氯氰菊酯乳油1000倍液，或3%啶虫脒乳油1000倍液等喷雾防治。

122. 如何防治柴胡的主要病害？

(1) 根腐病　多发生于二年生植株。初感染于根的上部，病斑灰褐色，逐渐蔓延至全根，使根腐烂，严重时成片死亡。高温多雨季节发病严重。防治方法如下。

① 农业防治：忌连作，与禾本科作物轮作；使用充分腐熟的农家肥，增施磷钾肥，少用氮肥，促进植株生长健壮，增强抗病能力；注意排水。

② 药剂防治：发病初期用50%多菌灵或甲基硫菌灵 (70%甲基托布津可湿性粉剂) 500~800倍液，或80%代森锰锌络合物可湿性粉剂800倍液，或30%恶霉灵、25%咪鲜胺按1：1复

配1000倍液或用10亿活芽孢/克枯草芽孢杆菌500倍液灌根，7天喷灌1次，喷灌3次以上。

（2）锈病　主要危害叶片。感病叶背和叶基有锈黄色病斑，破裂后有黄色粉末。被害部位造成穿孔。防治方法如下。

①农业防治：清洁田园，消灭病株残体和田间杂草。

②药剂防治：开花前喷施20%三唑酮乳油1000倍，或25%戊唑醇可湿性粉剂1500倍液，或12.5%的烯唑醇1500倍液，或25%丙环唑乳油2500倍液，或40%氟硅唑乳油5000倍液等喷雾防治。

（3）斑枯病　主要危害茎叶。茎叶上病斑近圆形或椭圆形，直径1~3mm，灰白色，边缘颜色较深，上生黑色小点。发病严重时，病斑汇聚连片，叶片枯死。防治方法如下。

①农业防治：入冬前彻底清园，及时清除病株残体并集中烧毁或深埋；加强田间管理，及时中耕除草，合理施肥与灌水，雨后及时排水。

②药剂防治：发病初期用80%大生（络合态代森锰锌）可湿性粉剂800倍液，或25%嘧菌酯悬浮剂1500倍液，或40%咯菌腈可湿性粉剂3000倍液等喷雾防治。

123. 柴胡如何采收和初加工？

柴胡一般在春、秋季采收。采收时，先顺垄挖出根部，留芦头0.5~1cm，剪去干枯茎叶，晾至半干，剔除杂质及虫蛀、霉变的柴胡根，然后分级捋顺捆成0.5kg的小把，再晒干。分级标准：直径0.5cm以上，长25cm以上为一级；直径0.2~0.4cm，长20cm为二级；直径0.2cm，长18cm为三级。

北柴胡植株　谢晓亮摄

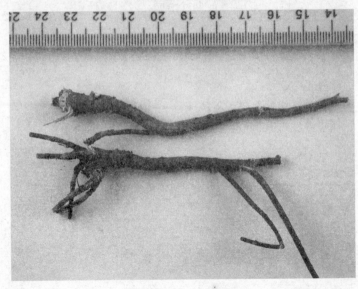

北柴胡药材　谢晓亮摄

知母

124. 知母有何药用价值？

知母为百合科植物知母（*Anemarrhena asphodeloides* Bge.）的干燥根茎，其味苦、甘，性寒，归肺、胃、肾经；具有清热泻火、盛津润燥之功效，用于外感热病、高热烦渴、肺热燥渴、骨蒸潮热、内热消渴、肠燥便秘等。现代研究发现：知母根茎所含的6种知母皂苷，4种知母低聚糖及黄酮类化合物等成分，具有抗菌、解热镇痛、利尿、消炎、镇咳、祛痰、利胆及抗肿瘤等作用，可用于治疗糖尿病、肺热咳嗽、慢性支气管炎、便秘、前列腺肿大症及皮肤鳞癌、子宫颈癌等疾病；此外，知母中所含的皂苷类成分对常见致病性皮肤癣菌及其他致病菌有抑制作用，可用于沐浴液、洗手皂、洗发香波等化妆品中。

125. 种植知母如何选地整地？

知母为多年生草本，根茎横生于地下。知母喜温暖气候，耐寒、耐旱，适应性很强。种植知母要选择向阳排水良好、疏松的腐殖质壤土和沙质壤土。仿野生栽培可利用荒坡、梯田、河滩等地栽培。育苗和集约栽培地，结合整地亩施腐熟有机肥3000kg作为基肥，均匀撒入地内，深耕耙细，整平后做平畦。

126. 知母繁殖方式有哪几种？

知母繁殖方式有种子繁殖和分株繁殖。

(1) 种子繁殖　选择三年生以上无病虫害的健壮植株，于8月中旬至9月中旬采集成熟果实，晒干，脱粒，当年播种。播种前，将种子用60℃温水浸泡8~12小时，捞出晾干外皮，用2倍的湿润河沙拌匀，在向阳温暖处挖浅窝，将种子堆于窝内，上面盖土5~6cm，再用薄膜覆盖催芽，待种子露白时，即可取出播种。春、夏、秋播均可。

春播：3月下旬至4月上旬，在整好的畦上，按行距30cm开深2cm的浅沟，将催芽种子均匀撒入沟内，覆土，播后保持土壤湿润，10~12天便可出苗。

夏播：6月中旬至7月下旬播种，方法同春播。

秋播：于10月底至11月初播种，翌年3~4月出苗。

(2) 分株繁殖　于早春或晚秋，将2年生的根茎挖出，带须根切成3~5cm的小段，每段带芽头2~3个。在备好的畦上，按行距30cm，深4~5cm开横沟，将切好的种茎按株距15~20cm一段平放于沟内，覆土，压实，浇透水，一般15~20天出苗。

127. 如何进行知母田间管理？

(1) 间苗、定苗、松土除草　当苗高4~5cm时，按株距5~6cm间苗；苗高6~10cm，按株距18cm定苗。间苗、定苗后各进行一次松土除草，注意松土宜浅，以耧松地表土为度。

(2) 施肥　苗期，每亩施尿素15kg；旺盛生长期，每亩施复合肥30kg。2~3年生知母，在春季萌发前，每亩施磷酸二铵20kg。7~8月生长旺盛期，每亩喷施0.3%磷酸二氢钾溶液，隔15天再喷一次。

(3) 排灌　干旱时，及时浇水；封冻前灌一次越冬水，防冬旱。雨后及时疏沟排水。

128. 如何防治知母的病虫害?

危害知母苗和地下根茎的害虫主要是蛴螬，常咬断根茎，造成缺棵，发生时可用50%辛硫磷乳油1000倍灌根。

129. 知母如何采收?

知母种子繁殖一般3~4年采收。采收时期宜在秋后植株枯萎后至来年春季发芽前进行，秋冬采收不宜过早，在土壤封冻前采挖即可，此时植株枯萎，根茎肥大，质地优良，养分充足。春季采收解冻即可采挖。采挖时，先在栽培畦的一端挖出一条深沟，然后顺行小心挖出全根，抖掉泥土，采挖时一定要小心，切勿挖断根茎。

130. 如何进行知母的产地加工?

知母的产地加工分毛知母和知母肉两种加工法

(1) 毛知母　将采挖得到的知母根茎，去掉地上的芦头和地下的须根，晒干或烘干。然后，先在锅内放入细沙，将根茎投入锅内，用文火炒热，炒时不断翻动，炒至能用手搓擦去须毛时，再将根茎捞出，放在竹匾上趁热搓去须毛，但须保留黄绒毛，晒干即成毛知母。

(2) 知母肉　将挖出的根茎先去掉芦头及地下须根，趁鲜用小刀刮去带黄绒毛的表皮，晒干即是知母肉。知母一般亩产干货300~400kg，折干率25%~30%。

知母植株　谢晓亮摄

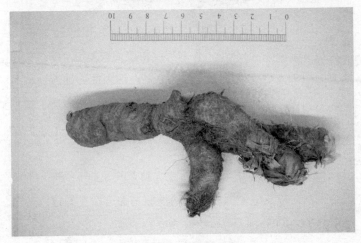

知母药材　谢晓亮摄

射干

131. 射干有何药用价值?

射干为鸢尾科植物射干 [*Belamcanda chinensis* (L.) DC.] 的干燥根茎。

射干味苦,性寒,归肺经;具有清热解毒、祛痰利咽之功效。用于热毒痰火郁结、咽喉肿痛、肺痈、痰咳气喘等症,为治疗喉痹咽痛之要药,现临床用于治疗呼吸系统疾患,如上呼吸道感染、急慢性咽炎、慢性鼻窦炎、支气管炎、哮喘、肺气肿、肺心病而见咽喉肿痛和痰盛咳喘者,射干还在治疗慢性胃炎、高敏高疸急性肝炎、伤科创面感染、足癣、阳痿等其他系统和皮肤疾患方面有较好疗效。

此外,在治疗禽病如鸭瘟、鸡传染性喉气管炎、喉炎等方面,射干与其他抗病毒、清热解毒药及饲料共用,效果良好。现代研究,还发现射干可用于美发、护肤等产品,对常见的致病性皮肤癣有抑制作用。射干不仅是我国中医传统用药,也是韩国、日本传统医学的常用药,近年来国内外,尤其是在日本对其化学成分、药理及开发利用进行了大量深入研究,并以射干提取物为主要原料开发了多种药品。射干除其根茎供药用,也是一种观赏植物,需求量逐年增加,其价格也在波动中不断攀升。

132. 种植射干如何选地和整地?

射干适应性强,对环境要求不严,喜温暖,耐寒、耐旱,在气温-17℃地区可自然越冬。一般山坡、田边、路边、地头均可种植。但以向阳、肥沃、疏松、地势较高、排水良好的中性土壤为宜，低洼积水地不宜种植。种植时宜选择地势较高、排水良好、疏松肥沃的黄砂地。整地时每亩用腐熟有机肥3000kg，复合肥50kg，结合耕地翻入土中，耕平耙细，作畦。

133. 射干繁殖方式有哪几种?

射干繁殖方式有种子繁殖、根茎繁殖、扦插繁殖三种方式，生产上多采用种子繁殖。

(1)种子繁殖 ① 种子采收：射干播种后二年或移栽当年即可开花，当果实变为绿黄色或黄色，果实略开时采收。果期较长，分批采收，集中晒至种子脱出，除去杂质，沙藏、干藏或及时播种。

② 种子处理：射干种子外包一层黑色有光泽且坚硬的假种皮，内还有一层胶状物质，通透性差，较难发芽，因而需对种子进行处理。播前1个月取出，用清水浸泡1周，期间换水3~4次，并加入1/3细沙搓揉，1周后捞出，淋干水分，20~23天后取出，春播或秋播。

③ 播种：育苗田，按行距10~15cm，深3cm，宽8cm，开沟播种，播后25天可出苗。

直播田，在备好的畦面上，按行距30cm播种，亩用种量6公斤，稍镇压、浇水，约25天出苗，生产上一般多采用直播。

④ 移栽：育苗1年后，当苗高20cm时定植。选阴天，按行距30cm，株距20cm开穴，每穴栽苗1~2株，栽后浇定根水。

(2)根茎繁殖　春季或秋季，挖取射干根茎，切成若干小段，每段带1~2个芽眼和部分须根，置于通风处，待其伤口愈合后栽种。栽种时，在备好的畦面上，按株行距20cm×25cm开穴，穴内放腐殖土或土杂肥，与穴土拌匀，每穴栽入1~2段，芽眼向上，覆土压实，浇水保湿。

(3)扦插繁殖　剪取花后的地上部分，剪去叶片，切成小段，每段须有2个茎节，待两端切口稍干后，插于穴内，穴距与分株繁殖相同，覆土后浇水，并须稍加荫蔽，成活后，追1次稀肥，扦插成活的植株，当年生长缓慢，第2年即可正常生长，扦插也可在苗床进行，成活后再移栽大田。

134. 如何防治射干育苗田内的杂草？

射干种子育苗一般分春秋两季。种子育苗是射干繁殖的主要方式，但由于射干种子出苗时间长，田间杂草防除就成为关键措施。

(1)春季育苗　一般要求有一定的水浇条件，在清明前后进行。育苗时，应先浇地造墒，然后按行距10~15cm，深3cm，宽8cm，开沟播种。播后20~25天种子已开始发芽，但尚未出苗前，每亩用12%草甘膦水剂250~300ml兑水50kg地面喷雾进行封地灭草。出苗后当射干苗已达到5~7片叶时，如田间杂草较多，亩用40%使可闲(含16%乙丙草胺、24%莠去津)水剂250g，兑水30kg喷雾，或亩用24%烟嘧莠去津180g，兑水50kg喷雾。

(2)秋季育苗　一般在秋作物田间进行，育苗时应先进行田间人工中耕除草，如采用化学除草，时间间隔最少需1个月。育苗一般在7月上中旬进行，育苗时，在秋作物行间按行距10~15cm，深3cm，宽8cm，开沟播种。出苗后及时进行人工除草，秋作物收获后，视田间杂草密度和种类，每亩用10%苯磺隆30g，兑水30kg进行射干育苗田杂草的春草秋治。

135. 射干的田间管理技术要点有哪些？

（1）间苗、定苗、补苗　间苗时除去过密瘦弱和有病虫的幼苗，选留生长健壮的植株。间苗宜早不宜迟，一般间苗2次，最后在苗高10cm时进行定苗，每穴留苗1~2株。对缺苗处进行补苗，大田补苗和间苗同时进行，选阴天或晴天傍晚进行，带土补栽，浇足定根水。每亩定植1.2~1.5万株。

（2）中耕除草　春季勤除草和松土，6月封垄后不再除草松土，在根际培土防止倒伏。

（3）浇水、排水　幼苗期保持土壤湿润，除苗期、定植期外，不浇或少浇水。对于低洼容易积水地块，应注意排水。

（4）追肥　栽植第二年，于早春在行间开沟，亩施腐熟农家肥2 000kg，或饼肥50kg，或过磷酸钙25kg。

（5）摘薹打顶　除留种田外，于每年7月上旬及时摘薹。

136. 如何防治射干的病害？

射干的主要病害有锈病、叶枯病和射干花叶病。

（1）锈病　幼苗和成株均有发生，危害叶片，发病后呈褐色隆起的锈斑。防治方法如下。

① 农业防治：秋后清理田园，除尽带病的枯枝落叶，消灭越冬菌源。增施磷钾肥，促使植株生长健壮，提高抗病力。

② 生物防治：预计临发病前用2%农抗120水剂或1%武夷

菌素水剂150倍液喷雾，7~10天喷1次，视病情掌握喷药次数。

③ 药剂防治：临发病之前或发病初期用50%多菌灵可湿性粉剂500~800倍液，或70%甲基托布津可湿性粉剂1000倍液喷雾保护性防治。发病后用戊唑醇(25%金海可湿性粉剂)或15%三唑酮可湿性粉剂1000倍液喷雾。一般7~10天喷1次，视病情掌握喷药次数。

(2) 叶枯病 初期病斑发生在叶尖缘部，形成退绿色黄色斑，呈扇面状扩展，扩展病斑黄褐色；后期病斑干枯，在潮湿条件下出现灰褐色霉斑。防治方法如下。

① 农业防治：秋后清理田园，除尽带病的枯枝落叶，消灭越冬菌源。

② 药剂防治：在发病初期用50%多菌灵可湿性粉剂600倍液，或70%甲基托布津可湿性粉剂1 000倍液、75%代森锰锌络合物800倍液、异菌脲(50%朴海因)可湿性粉剂800倍液等喷雾防治。每隔7~10天喷1次，一般连喷2~3次。

(3) 射干花叶病 主要表现在叶片上，产生褪绿条纹花叶、斑驳及皱缩。有时芽鞘地下白色部分也有浅蓝色或淡黄色条纹出现。防治方法如下。

① 农业防治：种子处理，播种前用10%磷酸钠水溶液浸种20~30分钟；消灭毒源，田间及早灭蚜，发现病株及时拔除并销毁。

② 药剂防治：在用吡虫啉、啶虫脒等化学药剂或苦参碱、除虫菊素等植物源药剂控制蚜虫危害不能传毒的基础上，预计临发病之前喷施混合脂肪酸(NS83增抗剂)100倍液，或盐酸吗啉胍+乙酮(2.5%病毒A)水剂400倍液、三十烷醇+硫酸铜

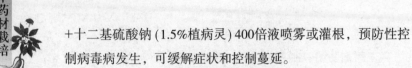

＋十二基硫酸钠 (1.5%植病灵) 400倍液喷雾或灌根，预防性控制病毒病发生，可缓解症状和控制蔓延。

137．如何防治射干的虫害？

(1) 射干钻心虫　又名环斑蚀夜蛾，以幼虫为害叶鞘、嫩心叶和茎基部，造成射干叶片枯黄，有的从植株茎基部被咬断，地下根状茎被害后引起腐烂，最后只剩空壳。防治方法如下。

① 农业防治：收刨时，正是第四代钻心虫化蛹阶段和老熟幼虫阶段，把铲下的秧集中销毁，致使翌年成虫不能出土羽化，有效压越冬基数；及时人工摘除一年生蕾及花，消灭大量幼虫。

② 物理防治：成虫期进行灯光诱杀。

③ 药剂防治：移栽时用2%甲氨基阿维菌素苯甲酸盐1000倍液或25%噻虫嗪1000倍液浸根20~30分钟，晾干后栽种。钻心虫发生期，用1.8%阿维菌素乳油1000倍液或4.5%高效氯氰菊酯1000倍液喷洒在射干秧苗的心叶处，7天喷1次，防治2~3次。

(2) 地老虎　又叫截虫、地蚕。防治方法如下。

① 物理防治，利用黑光灯诱杀成虫。

② 药剂防治：每亩用50%辛硫磷乳油0.5kg，加水8~10kg喷到炒过的40kg棉仁饼或麦麸上制成毒饵，于傍晚撒在秧苗周围和害虫活动场所进行毒饵诱杀；每亩用50%辛硫磷乳油0.5kg加适量水喷拌细土50kg，在翻耕地时撒施毒杀地老虎幼虫；50%辛硫磷乳油1000倍液，将喷雾器喷头去掉，喷杆直

接对根部喷灌防治。

(3) 蛴螬 (金龟子)　防治方法如下。

① 农业防治，冬前将栽种地块深耕多耙，杀伤虫源、减少幼虫的越冬基数。

② 物理防治：用黑光灯诱杀成虫 (金龟子)，一般每50亩地安装1台灯。

③ 生物防治：防治幼虫施用乳状菌和卵孢白僵菌等生物制剂，乳状菌每亩用1.5kg菌粉，卵孢白僵菌每平方米用2.0×10^9孢子。

④ 药剂防治：用50%辛硫磷乳油0.25kg与80%敌敌畏乳油0.25kg混合后，兑水2kg，喷拌细土30kg，或用5%毒死蜱颗粒剂，亩用0.6~0.9kg，兑细土25~30kg，或用3%辛硫磷颗粒剂3~4kg，混细沙土10kg制成药土，在播种或栽植时撒施，均匀撒施田间后浇水；或用50%辛硫磷乳油800倍液，将喷雾器喷头去掉，喷杆直接对根部，灌根防治幼虫。

138. 射干如何采收及产地初加工？

射干以种子繁殖栽培的需3~4年才可采收，根茎繁殖的需2~3年收获。一般在春秋采收，春季在地上部分未出土前，秋季在地上部分枯萎后，选择晴天挖取地下根茎，除去须根及茎叶，抖去泥土，运回加工。

将除去茎叶、须根和泥土的新鲜根茎晒干或晒至半干时，放入铁丝筛中，用微火烤，边烤边翻，直至毛须烧净为止，再晒干即可。晒干或晒至半干时，也可直接用火燎去毛须，然后再晒，但火燎时速度要快，防止根茎被烧焦。

射干植株　谢晓亮摄

射干药材　谢晓亮摄

党参

139. 党参的药用价值如何？

党参 [*Codonopsis pilosula* (Franch.) Nannf.] 为桔梗科多年生草质藤本药用植物。以干燥的根入药，称为党参，按产地商品名称有潞党、东党、台党、西党等，为常用中药材。味甘，性平。归脾、肺经。具有补中益气、生津养血、扶正祛邪的功能，主治脾气虚弱所致的食少便溏、体倦乏力、肺气不足之咳喘气急、热病伤津、气短口渴、血虚心悸、健忘等症。

140. 种植党参如何选地整地？

党参系深根植物，幼苗期怕强光直晒，需荫蔽；成株喜欢阳光，怕积水；耐寒，能在田间越冬。适宜靠近水源、土质疏松、肥沃、排水良好的砂质壤土或腐殖质壤土生长，低湿盐碱地不宜种植。

选地后每亩施入经过腐熟的农家肥2000~2500kg，复合肥75kg做基肥，深翻30cm左右，然后耙细整平，做畦，四周开好排水沟，待播。

141. 如何进行党参种子播前处理？

党参用种子繁殖必须用当年的新籽，隔年的陈籽发芽率极低。

播前种子处理方法如下。

将选好的党参种子去掉杂质、秕籽；有水浇条件的地块直播即可，若是无水浇条件可结合墒情，灵活地进行播前浸种催芽，方法是：将种子放入40~50℃的温水中浸泡，要做到边搅拌边放种子，待搅拌至水温降到感觉不烫手为止。再放5分钟，然后移置纱布袋内，置于温度15~20℃处，每隔3~4小时用清水淋洗1次，在5~6天内种子开口即可播种。

142. 党参如何育苗播种？

春播在3~4月进行，宜早。夏播6~7月进行，夏季高温要特别注意幼苗期的遮阴与防旱，以防参苗因日晒或干旱而死。秋播在10~11月上冻前，当年不出苗，到第二年清明前后出苗。秋播宜迟不宜早，秋播太早种子发芽出苗，小苗难以越冬；大多选择4月前后进行春播，因这时温度比较平稳，降雨量相对较少，有利于苗期生长。

播种方法：先在整好的畦上横开浅沟，行距25~30cm，播幅10cm左右，深0.5cm，然后将种子与细土拌和，均匀撒于沟内，微盖细土，稍加镇压，使表土与种子结合，种子宜浅不宜深，以薄土盖住种子为宜；每亩用种量1.5~2kg。党参种子萌发需水且幼苗喜荫，生产上可覆盖谷物杂草保墒，或间作高秆作物遮阴，或在播种时种些菜籽，（待菜苗长大可起遮阴作用，出苗后逐渐拔掉。苗高12~15cm时，将蔬菜苗拔完）。

143. 党参育苗田如何管理？

党参幼苗期生长细弱，怕旱、怕涝、怕晒、喜阴凉；党参种植能否成功，苗期管理是关键，如管理不善，虽已出苗也会逐渐死亡。幼苗期管理注意做好以下几方面。

(1) 浇水排水　幼苗期根据地区土质等自然条件适当浇水，不可大水浇灌，以免冲断参苗。出苗期和幼苗期保持畦面潮湿，以利出苗；参苗长大后可以少灌水不追肥。水分过多造成过多枝叶徒长，苗期适当干旱有利于参根的伸长生长，雨季特别注意排水，防止烂根烂秧，造成参苗死亡。

(2) 除草间苗　育苗地要做到勤除杂草，防止草荒，苗高5~7cm时，注意适当间苗，保持株距1~3cm，分次去掉过密的弱苗。

144. 如何进行党参的移栽？

党参的移栽分春栽和秋栽两种。春季移栽在芽苞萌动前，即3月下旬至4月上旬；秋季移栽于10月中下旬茎叶枯萎停止生长时即可。春栽宜早，秋栽宜迟，以秋栽为好。秋栽最好选阴天或早晚时进行，随起苗随移栽。

育苗1年后即可收参苗，起苗时注意从侧面挖掘，防止伤苗，边刨边拾，同时去掉病残参苗，最好按参苗的大、中、小分档，以便分别定植。起苗不应在雨天进行。秋天移栽的起苗后就定植。

参苗以苗长条细(苗短条粗的再生能力差，产量低)者为佳，按苗大小分类。移栽时不要损伤根系，将参条顺沟的倾斜度放入，使根头抬起，根稍伸直，覆土使根头不露出地面为度，一般高出参头5cm左右。行距20~30cm，株距5~10cm栽植。参秧以斜放为好，这样种植的党参的产量高、品质优。

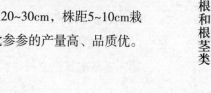

145. 如何进行党参田间管理？

(1) 中耕除草 清除杂草是确保党参增产的主要措施之一，因此，封行前应勤除杂草、松土，并注意培土，防止芦头露出地面；松土宜浅，以防损伤参根；封行后不再松土，一般栽后第一年视情况除草2~3次左右，栽植后每年早春出苗后可酌情进行除草。

(2) 排灌 出苗前要经常保持畦面湿润，幼苗出土后浇水时要让水慢慢流入畦内，苗长到15cm以上，一般不需要浇水，注意保持地表疏松，下面湿润，雨季注意排水，防烂根。

(3) 追肥 移栽成活后，每年5月上旬当苗高长到约30cm时，有条件时可追施人粪尿1次，每亩1000~1500kg，然后培土；或结合第一次除草松土，每亩施入氮肥10~15kg；结合第二次松土每亩施入过磷酸钙25kg，肥施入根部附近。在冬季每亩地施入厩肥1500kg左右，以促进党参次年苗齐苗壮。

(4) 搭架 当参苗高约30cm时要搭架，以使茎蔓攀缘，以利通风透光，增加光合能力，促进苗壮苗旺，减少病虫，否则会因通风透光不良造成雨季烂秧，并影响参根与种子的产量；搭架方法，可就地取材，因地而异；可在行间插入竹竿或树枝，两行合拢扎紧，成"人"字形或三脚架。

146. 如何进行党参病害的综合防治？

党参常见的病害有根腐病、锈病、霜霉病等。

(1) 根腐病 党参植株发病，首先须根和侧根呈黄褐色腐烂，逐渐蔓延至全根呈褐色水渍状腐烂，地上部分枯死。高温、高湿、通风不良、排水不畅及地下害虫为害重的地块，发病严重。防治方法如下。

① 农业防治：播种前党参种子用清水漂洗，以去掉不饱满和成熟度不够的瘪籽，培育和选用无病健壮参秧；雨季随时清沟排水降低田间湿度；田间搭架，避免藤蔓密铺地面，有利通风透光。

② 药剂防治：苗床用50%多菌灵可湿性粉剂800倍液处理土壤后播种；用50%多菌灵可湿性粉剂500倍液浸秧30分钟，稍晾后栽植。发病初期用50%多菌灵或甲基硫菌灵(70%甲基托布津可湿性粉剂)500~800倍液，或75%代森锰锌络合物800倍液，或30%恶霉灵+25%咪鲜胺按1:1复配1000倍液或用10亿活芽孢/克枯草芽孢杆菌500倍液灌根，7天喷灌1次，喷灌3次以上。

(2) 锈病　危害叶片，病叶背面出现橙黄色微隆起的病斑，破裂后散发出黄色或锈色粉末。严重时叶片干枯，造成早期落叶或嫩茎枯死。防治方法如下。

① 农业防治：及时拔除病株并烧毁，病穴用石灰消毒；收获后清园，消灭越冬病源，

② 药剂防治：发病初期用20%粉锈宁乳油1000倍液，或25%戊唑醇可湿性粉剂1500倍液，或12.5%的烯唑醇1500倍液，或25%丙环唑乳油2500倍液，或40%氟硅唑乳油5000倍液等喷雾防治。

(3) 霜霉病　危害叶片，叶面生有不规则褐色病斑，叶背有灰色霉状物，常导致植株枯死。防治方法如下。

① 农业防治：收获后清洁田园；适当肥水管理，培育健

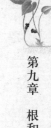

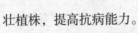

壮植株，提高抗病能力。

② 药剂防治：发病初期喷70%百菌清可湿性粉剂600倍液，或72%克露可湿性粉剂800倍液，或60%抑快净可湿性粉剂800倍液，或72.2%霜霉威水剂800倍液，30%醚菌酯水剂1000倍液等喷雾。

147．如何进行党参害虫的综合防治？

危害党参的害虫主要有：蚜虫、蛴螬等。

(1) 蚜虫　防治方法如下。

①农业防治：消灭越冬虫源，清除附近杂草，进行彻底清园。

②药剂防治：蚜虫危害期喷洒10%吡虫啉可湿性粉1500倍液，或4.5%高效氯氰菊酯乳油1000倍液，或3%啶虫脒乳油1000倍液等喷雾防治。

(2) 蛴螬　防治方法如下。

① 农业防治：冬前将栽植党参的地块深耕多耙，杀伤虫源，减少幼虫的越冬基数；施用腐熟的有机肥，以防止招引成虫来产卵；在田间发现蛴螬为害时，可挖出被害植株根际附近的幼虫，人工捕杀。

② 物理防治：利用成虫趋光性，采用黑光灯或黑绿双光灯诱杀。一般每50亩地安装一台。

③ 生物防治：90亿孢子/克球孢白僵菌油悬剂400倍液灌根。

④ 化学防治：防治时用90%敌百虫晶体1000倍液或50%辛硫磷乳油800倍液灌根防治幼虫。

148. 如何进行党参的采收和初加工？

党参的采收期以3~4年为宜，即育苗1年后移栽，移栽后2~3年采收。以秋季采收为宜，药材粉性充足，折干率高，质量好。采收时要选择晴天，先去除支架和割掉参蔓，再在畦的一边用镢头开30cm深的沟，小心刨挖，扒出参根。鲜参根脆嫩、易破、易断裂，一定要小心免伤参根，否则会造成根中乳汁外溢，影响根的品质。

将挖出的参根除去茎叶，抖去泥土，用水洗净，先按大小、长短、粗细分为老、大、中条，分别晾晒至三四成干，至表皮略起润发软时(绕指而不断)将党参一把一把的顺握或放在木板上，用手揉搓，参梢太干可放在水中浸一下再搓，搓后再晒，反复3~4次，使党参皮肉紧贴，充实饱满并富有弹性。应注意搓的次数不宜过多，用力也不宜过大，否则会变成油条，影响质量，每次搓过后，不可放于室内，应置于室外摊晒，以防霉变。

下篇 各论

第九章 根和根茎类

党参植株　叩根来摄

党参药材　叩根来摄

牛膝

149. 牛膝生产中有哪些品种类型？

牛膝为苋科植物牛膝（*Achyranthes bidentata* Bl.）的干燥根，具有散瘀血、消痈肿的功效。华北种植的牛膝种质类型有京牛膝、赤峰牛膝、怀牛膝等，各地在种植时应选择适宜的品种类型。

150. 种植牛膝如何进行选地整地？

牛膝系深根作物，宜选择地势向阳、土层深厚肥沃、排水良好的壤土种植，洼地、盐碱地不宜种植。前茬以小麦、玉米等禾本科作物为宜；前茬为豆类、花生、山药、甘薯的地块不宜种植牛膝。结合整地，每亩施入充分腐熟的有机肥3000kg，尿素15kg，过磷酸钙80kg，硫酸钾20kg，有条件的可每亩施用饼肥200~300kg作基肥，深翻30~40cm，浇水踏墒耙平，按1.8~2m作畦，畦长依地势而定。

151. 如何进行牛膝播种？

（1）播种时间　牛膝一般于6月下旬至7月中旬为播种适期，过早则地上茎叶生长快，花期提前，地下根多发岔，药材质量差；过迟则植株生长不良，产量降低。

（2）播种方法　牛膝主要用种子繁殖，一般采用大田直播方法，可以人工播种，也可以用药材精量播种机进行播种。每亩用种量2~3kg。条播：顺畦按行距15~20cm开1~1.5cm浅沟，将

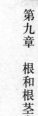

种子均匀地撒入沟内，覆土不超过1cm，播后浇水，6~8天出苗。

152. 如何进行牛膝的田间管理？

牛膝幼苗期怕高温，大雨后田间积水要及时排水或用井水浇一次，以降低地温。苗期注意松土，宜浅锄疏松表土，苗高5~10cm时结合除草进行定苗；株距4~8cm，定苗时去弱留强，去小留大，在缺苗的地方可以移栽补苗。

牛膝追肥应视苗生长情况而定，在施足底肥的情况下，应在牛膝根伸长增粗期(8月中下旬)追肥一次，可以追施N、P、K复合肥每亩50kg，8月下旬至9月下旬，需水量较多，应适当增加浇水次数和浇水量。

在牛膝茎叶生长过旺的田间，可以采取割梢的方法，控制旺长。苗高40~50cm时用镰刀割去牛膝上部10cm左右，以促使根部伸长或膨大。

153. 牛膝都有哪些主要病虫害？如何防治？

生产中牛膝的病害主要有白锈病、叶斑病、根腐病；主要害虫有棉红蜘蛛、银纹夜蛾等。

(1) 白锈病　该病在春秋低温多雨时容易发生。主要危害叶片，在叶片背面引起白色苞状病斑，稍隆起，外表光亮，破裂后散出粉状物。

防治方法：收获后清园，集中烧毁或深埋病株；发病初期喷50%多菌灵可湿性粉剂600倍液，80%络合态代森锰锌可湿性粉剂600~800倍液，或用70%甲基硫菌灵可湿性粉剂800倍液；发病后可选用10%苯醚甲环唑水分散颗粒剂1500倍液，

40%的氟硅唑乳油5000倍液，40%咯菌腈可湿性粉剂3000倍液等，每7~12天喷1次，连续喷雾2~3次；喷药时兑水要充足，亩用药液量不低于45kg，做到喷匀喷透。

（2）叶斑病　该病7~8月发生。危害叶片，病斑黄色或黄褐色，严重时整个叶片变成灰褐色枯萎死亡。防治方法如下。

①农业防治：实行合理轮作，可与禾本科作物实行两年以上的轮作。

②药剂防治：发病初期用50%多菌灵可湿性粉剂600倍液，或甲基硫菌灵（70%甲基托布津可湿性粉剂）1000倍液，或3%广枯灵（恶霉灵+甲霜灵）600~800倍液，或75%代森锰锌络合物800倍液，或25%咪鲜胺可湿性粉剂1000倍液等喷雾防治。

（3）根腐病　在雨季或低洼积水处易发病。发病后叶片枯黄，生长停止，根部变褐色，水渍状，逐渐腐烂，最后枯死。防治方法如下。

①农业防治：合理施肥，提高植株抗病力；注意排水，并选择地势高燥的地块种植。合理轮作，与禾本科作物实行3~5年轮作。发现病株应及时剔除，并携出田外处理。

②药剂防治：发病初期用50%多菌灵或甲基硫菌灵（70%甲基托布津可湿性粉剂）500~800倍液，或75%代森锰锌络合物800倍液，或30%恶霉灵+25%咪鲜胺按1∶1复配1000倍液或用10亿活芽孢/克枯草芽孢杆菌500倍液灌根，7天喷灌1次，喷灌3次以上。

（4）棉红蜘蛛　发生初期用1.8%阿维菌素乳油2000倍液，15%哒螨灵可湿性粉剂1000倍液等喷雾防治。

（5）银纹夜蛾　其幼虫咬食叶片，使叶片呈现孔洞或缺

刻。防治方法如下。

① 农业防治：在苗期幼虫发生期，利用幼虫的假死性进行人工捕杀。

② 生物防治：卵孵化盛期用氟啶脲(5%抑太保)或25%灭幼脲悬浮剂2500倍液，或25%除虫脲悬浮剂3000倍液，或在低龄幼虫期用0.36%苦参碱水剂800倍液，或烟碱(1.1%绿浪)1000倍液，或多杀霉素(2.5%菜喜悬浮剂)3 000倍液，或虫酰肼(24%米满)1000~1500倍液喷雾防治。7天喷1次，防治2~3次。

③ 药剂防治：用3%甲氨基阿维菌素苯甲酸盐乳油2000倍液，或联苯菊酯(10%天王星乳油)1000倍液，或20%氯虫苯甲酰胺4000倍液，或50%辛硫磷乳油1000倍液喷雾防治。7天喷1次，一般连续防治2~4次。

154. 如何繁殖牛膝种子？

(1) 选留种根 在牛膝收获前，注意在田间选择高矮适中、分枝密集、叶片肥大、无病虫害的植株作为母株，并挂牌标记。收获时，从母株中选取根条长直、上下粗细均匀、主根下部支根少、色黄白的根条作种根。将选取的根条留上部15cm左右，贮藏于地窖内。

(2) 栽植 翌年4月初，在整好的留种田内，按行株距35×35cm挖穴，每穴栽入3根，按品字形栽入穴内。栽后覆盖细土，压紧压实浇水。

(3) 田间管理 生长期间及时拔除秧田的杂苗；6月中旬，每亩施入20kg尿素；土壤含水量不足20%时浇水。

(4) 采种 9月下旬至10月上旬，种子由青变为黄褐色时，割下果穗打种，去除杂质后晾干，装入布袋内，置于阴凉干燥处保存。

155. 如何进行牛膝的适期采收？

牛膝的最佳采收期为霜降前后，地上茎叶枯萎时进行收刨，过早则根不充实、产量低，过晚则根易木质化或受冻害，影响质量。人工采挖：用镰刀割去牛膝地上部分，留茬3cm左右，从田间一头起槽采挖，尽量避免挖断根部。机械采挖：大型药材收刨专用机械收刨效果快，省工省时质量好，成本低。

156. 如何进行牛膝产地初加工？

牛膝采挖后抖净表面泥土，按粗细大小分开；去掉侧根，晒至半干，进行堆闷回潮，然后用稻草或绳捆扎成把，悬挂于向阳处晾晒，注意防冻；晒干后留芦头上1cm的枝条，去除过长部分的枝干。

牛膝植株　叩根来摄

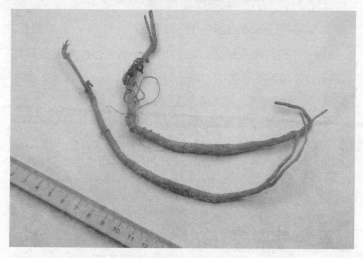

牛膝药材　郑玉光摄

地黄

157. 地黄有哪些药用价值?

鲜地黄有清热生津,凉血、止血的功效,用于热风伤阴,舌绛烦渴,发斑发疹,吐血、衄血,咽喉肿痛;生地黄有清热凉血,养阴、生津的功效,用于热血舌绛,烦渴,发斑发疹,吐血、衄血,发斑发疹。熟地黄具有滋阴补血,益精填髓的功效,用于肝肾阴虚,腰膝酸软,骨蒸潮热,盗汗遗精,内热消渴,闭经,崩漏,耳鸣目昏,消渴等症。

158. 种植地黄应如何选用品种?

地黄为玄参科植物地黄 (*Rehmannia glutinosa* Libsch.) 的新鲜或干燥根茎,因加工方法不同又可分为鲜地黄、生地黄和熟地黄。为常用中药,是四大怀药之一;目前生产中栽培的地黄品种有金状元、85-5、北京1号、北京2号、小黑英等品种;各品种类型的植物学特征、生物学特性、产量潜力和活性成分含量各有不同,可因地制宜的选用。

(1)金状元 株型大,半直立。叶长椭圆形。生育期长,块根形成较晚,块根细长,皮细,色黄,多呈不规则纺锤形,髓部极不规则。在肥力不足的瘠薄地种植块根的产量和质量都很低。喜肥,选择土质肥沃的土壤种植其块根肥大,产量高,质量好,等级高。缺点为抗病性较差,折干率低,目前该品种退化严重,栽培面积较小。一般亩产干品450kg左右,鲜干比为4:1~5:1。

（2）北京1号　由新状元与小黑英杂交育成。本品种株型较小，整齐。叶柄较长，叶色深绿，叶面皱褶较少。较抗病，春栽开花较少。块根膨大较早，块根呈纺锤形，芦头短，块根生长集中，便于刨挖，皮色较浅，产量高，含水量及加工等级中等（一般三四级货较多）。抗瘠薄，适应性广，在一般土壤都能获得较高产量。栽子越冬情况良好，抗斑枯病较差，对土壤肥力要求不高，适应性广，繁殖系数大，倒栽产量较高，一般亩产干品500~800kg。鲜干比为4：1~4.7：1。

（3）北京2号　由小黑英和大青英杂交而成。株型小，半直立，抗病，生长比较整齐，春栽开花较多。块根膨大早，生长集中，纺锤状。适应性广，对土壤要求不严，耐瘠薄，耐寒，耐贮藏。一般亩产干品550~600kg。折干率为4.1：1~4.7：1。

（4）85-5　本品为金状元与山东单县151杂交育成的新品种。株形中等，叶片较大，呈半直立生长，叶面皱褶较少，心部叶片边缘紫红色。块根呈块状或纺锤形，块根断面髓部极不规则，周边呈白色。产量较高，加工成货等级高，一二等货占50%左右。抗叶斑病一般。喜肥、喜光、耐干旱。该品种目前在产区的种植面积较大。

（5）小黑英　株形矮小，叶片小，色深，皱褶多，块根常呈拳块状，生育期短，地下块根与叶片同时生长，产量低。其特点是在较贫瘠薄地和肥料少的情况下均能正常生长，抗逆性强，产量稳定，适于密植。由于产量低，加工品等级低，种植面积逐渐缩小。

159. 如何培育地黄种栽？

作繁殖材料用的根茎，生产上俗称"种栽"，种栽的培育方法有以下三种。

(1) 倒栽　种秧田选择地势高燥，排水良好，土壤肥沃的砂质壤土，10年内未种过地黄的地块，前茬作物以小麦、玉米等禾本科作物为宜；种栽田不宜与高粱、玉米、瓜类田相邻。每亩施农家肥5000kg，尿素50kg、硫酸钾肥40kg、过磷酸钙100kg，翻耕、耙细整平，按宽35cm，高15cm起垄。

于7月中下旬，在当年春种的地黄中，选择生长健壮，无病虫害的优良植株，将根茎刨出来截成3~5cm长的小段，并保证每段具有2~3个芽眼。按行距20cm，株距10~12cm栽种，开5cm深的穴，将准备好的母种植入穴内，覆土、镇压、搂平即可。

田间管理主要是浇水和施肥，封垄前亩追施尿素15kg，可结合浇水施入，也可根部挖坑追施。浇水、排水应以降雨及土壤含水量情况而定，土壤含水量不足20%的情况下浇水，采用小水漫灌的方式。阴雨天及时排除田间积水。培育至翌年春天挖出分栽，随挖随栽。这样的种栽出苗整齐，产量高，质量好，是产区广泛采用的留种方法。

(2) 窖贮　秋天收获时，选无病无伤，产量高，抗病强的中等大小的地黄，随挑随入窖。窖挖在背阴处，深宽各100cm，铺放根茎15cm厚，盖上细土，以不露地黄为度。随着气温下降，逐渐加盖覆土，覆土深度以地黄根茎不受冻为原则。

(3) 原地留种　春天栽培较晚或生长较差的地黄，根茎较

小，秋天不刨，留在地里越冬。待第二年春天种地黄前刨起，挑块形好，无病虫害的根茎做栽子。大根茎含水量较高，越冬后易腐烂，故根茎过大的不用此法留种。

160. 地黄种栽是怎样分级的？

地黄种栽按其粗细等性状可分为如下三级。

（1）一级种栽　品种优良，直径1~2cm，粗细均匀，芽眼致密，外皮完整，无破损，无病斑、黑头。

（2）二级种栽　品种优良，直径0.5~1cm，粗细均匀，芽眼致密，外皮完整，无破损，无病斑、黑头。

（3）三级种栽　品种优良，粗细不均匀，芽眼较稀疏，外皮完整，无破损，无病斑、黑头。

161. 种植地黄如何选地、整地及施底肥？

地黄适应性强，对土壤要求不严，但以有排灌条件、土层深厚、肥沃疏松的砂壤土和壤土生长较好；黏土和盐碱地生长差。喜欢阳光，怕积水。前茬以禾本科植物较好；忌以芝麻、棉花、瓜类、薯类等为前茬，不能重茬；间隔年限不能少于8年，且不宜与高秆作物及瓜豆为邻，否则易发生红蜘蛛；春种地黄于上年秋季，每亩施入经过无害化处理的农家肥4000kg，三元素复合肥（N、P、K分别为17：17：17）75kg作基肥，深翻20~30cm左右，整平耙细做畦待播。

162. 如何栽种地黄？

当5cm地温稳定在10℃以上时种植地黄，河北省适宜种植时间一般在4月中、下旬。栽种前2~3天，先选种栽，要选健壮、皮色好、无病斑虫眼的种栽。将选好后的块茎掰成3~4cm的小段，每段要有2~3个芽眼；用70%甲基硫菌灵或50%多菌灵可湿性粉剂800倍液浸种秧15~20分钟。捞出晾干表面水分后即可栽种，忌曝晒。在打好垄的地内，每垄栽2行；在上面按行距30cm开深3~5cm沟（或挖穴），将处理过的块茎按株距25cm放一块种栽后覆土，稍加镇压即可。

163. 地黄田间管理的技术措施有哪些?

地黄田间管理主要包括中耕除草、浇水排水、追肥、摘蕾等技术措施。

(1) 中耕除草与定苗 地黄播种后20~30天即可出苗，出苗后田间若有杂草可进行浅锄，当齐苗后进行一次中耕、松土除草，因地黄根茎多分布在土表20~30cm的土层里，中耕宜浅，避免伤根，保持田间无杂草即可。植株将封行时，停止中耕。注意勿损伤种栽，出苗一个月后定苗，每穴留一壮苗。中后期为避免伤根可人工拔除杂草。

(2) 浇水、排水 地黄生长前期，根据墒情适当浇水，生长中后期若遇雨季及时排水。药农有"三浇三不浇"的说法。"三浇"是：施肥后及时浇水，以防烧苗和便于植物吸收肥料中的养分；夏季暴雨后浇小水，以利降低地温，防止腐烂；久旱不雨时浇水，以满足植株对水分的要求。"三不浇"是：天不旱不浇；正中午不浇；将要下雨时不浇。高温多雨季节，注意排水防涝。

(3) 追肥 于7~8月追肥1次，每亩追施氮、磷、钾复合

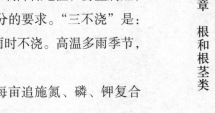

肥50kg，封垄后用1.5%尿素加0.2%磷酸二氢钾进行叶面施肥喷施2~3次，叶面喷肥亩用水量不低于45kg才能喷得均匀，效果好。

(4) 摘蕾　发现有现蕾的植株应及时摘蕾，以集中养分供地下块根生长，促进根茎膨大。

164. 如何进行地黄主要病虫害的综合防治？

地黄常见的病害主要有斑枯病、轮纹病、枯萎病等，虫害主要有红蜘蛛和地下害虫。

(1) 斑枯病　危害叶片，病斑呈圆形或椭圆形，直径2~12mm，褐色，中央色稍淡，边缘呈淡绿色；后期病斑上散生小黑点，多排列成轮纹状，病斑不断扩大。发生严重时病斑相互汇合成片，引起植株叶片干枯。防治方法如下。

① 农业防治：与禾本科作物实行两年以上的轮作；收获后清除病残组织，并将其集中烧毁。合理密植，保持植株间通风透光。选择抗病品种如北京2号、金状元等。

② 化学防治：选用50%多菌灵可湿性粉剂600倍液，或甲基硫菌灵 (70%甲基托布津可湿性粉剂) 800倍液，或50%苯菌灵1000~1500倍液，或80%代森锰锌络合物800倍液，或25%醚菌酯1500倍液等喷雾，药剂应轮换使用，每10天喷1次，连续2~3次。

(2) 轮纹病　主要为害叶片，病斑较大，圆形，或受叶脉所限呈半圆形，直径2~12mm，淡褐色，具明显同心轮纹，边缘色深；后期病斑易破裂，其上散生暗褐色小点。防治方法如下。

① 选用抗病品种，如北京2号等抗病品种，减轻病害发生。

② 秋后清除田间病株残叶并带出田外烧掉；合理密植，保持田间通风透光良好。

③ 发病初期摘除病叶，并喷洒1∶1∶150波尔多液保护；发病盛期喷洒80%络合态代森锰锌800倍液或50%多菌灵可湿性粉剂600倍液，或25%醚菌酯1500倍液，或70%二氰蒽醌水分散粒剂1000倍液喷雾，7~10天喷1次，连续喷2~3次。

(3) 根腐病　主要为害根及根茎部。初期在近地面根茎和叶柄处呈水渍状腐烂斑，黄褐色，逐渐向上、向内扩展，叶片萎蔫。病害发生一般较粗的根茎表现为干腐，严重时仅残存褐色表皮和木质部，细根也腐烂脱落。土壤湿度大时病部可见棉絮状菌丝体。防治方法如下。

① 农业防治：与禾本科作物实行3~5年轮作，苗期加强中耕，合理追肥、浇水，雨后及时排水；发现病株及时剔除，并携出田外处理。

② 化学防治：种植前用50%多菌灵可湿性粉剂500倍液，或30%恶霉灵水剂1000倍液，或25%咪鲜胺可湿性粉剂1000倍液灌浇栽植沟，或发病初期用50%多菌灵可湿性粉剂600倍液，或70%甲基硫菌灵1000倍液，3%广枯灵(恶霉灵+甲霜灵)600倍液，或25%咪鲜胺可湿性粉剂1000倍液喷淋，7~10天喷1次，喷灌3次以上。拔除病株后用以上药剂淋灌病穴，控制病害传播。

(4) 红蜘蛛　发生初期用1.8%阿维菌素乳油2000倍液，或0.36%苦参碱水剂800倍液，或20%哒螨灵可湿性粉剂2000倍液，或57%炔螨酯乳油2500倍液，或73%克螨特乳油1000倍液喷雾防治。

（5）地老虎　成虫产卵前利用黑光灯诱杀。鲜蔬菜或青草：熟玉米面：糖：酒：敌百虫，按10：1：0.5：0.3：0.3的比例混拌均匀，晴天傍晚撒与田间即可。幼虫期用50%辛硫磷乳油0.25kg与80%敌敌畏乳油0.25kg混合，拌细土30kg，或用3%辛硫磷颗粒剂3~4kg，混细沙土10kg制成药土，在播种或栽植时撒施，均匀撒施田间后浇水。也可用90%敌百虫晶体、50%辛硫磷乳油800倍液等灌根防治幼虫。

165. 地黄如何采收和加工？

地黄于栽种当年10月下旬至11月上旬叶片枯黄，地上部停止生长，即可收获。深挖防止伤根，洗净泥土即为鲜地黄。将地黄用文火慢慢烘焙至内部逐渐干燥而颜色变黑，全身柔软，外皮变硬，取出即为生地黄。生地黄加黄酒，黄酒要没过地黄，炖至酒被地黄吸收，晒干即为熟地黄。生产出来的产品要按照大小分级归类，忌堆放。一般亩产干品500~600kg。

地黄植株　谢晓亮摄

地黄药材　叩根来摄

北豆根

166. 北豆根有何药用价值?

北豆根为防己科植物蝙蝠葛 (*Menispermum dauricum* DC.) 的干燥根茎。味苦,性寒;有小毒;归肺、胃、大肠经;具有清热解毒、祛风止痛的功效;主治咽喉肿痛、热毒泻痢、风湿痹痛等病症。现代药理研究认为,北豆根具有一定的抗肿瘤作用,可用于治疗肝癌、喉癌、食道癌等。

167. 种植蝙蝠葛如何选地与整地?

蝙蝠葛为多年生缠绕藤本,生于山坡林缘、灌丛中、田边、路旁及石砾滩地,或攀缘于岩石上,喜温暖、凉爽的环境,25~30℃最适宜生长。5℃时生长停滞。对土壤要求不严格,但以土层深厚,排水良好的山坡下的壤土或砂壤土为宜。深耕20~30cm,碎土耙平,施入底肥,做畦。

168. 蝙蝠葛有哪些繁殖方法?

蝙蝠葛用种子和根茎均可繁殖。种子繁殖,一般于秋季采集种子晾晒后,秋季未上冻前条播或穴播,穴播每穴4~8粒,覆土2~3cm,镇压保墒,山区无水浇条件的,应适当覆盖树叶、碎草或秸秆,以便保墒。根茎繁殖,在春天幼芽萌动前把根茎挖出,剪成10cm的段,沟栽或穴栽,覆土5~6cm,随后镇压。有水浇条件的,栽后浇水;无水浇条件的地块,应适当覆盖树叶、碎草或秸秆,以便保墒,促进出苗。

169. 如何种植蝙蝠葛？

蝙蝠葛种子繁殖可秋播或春播。秋播一般于9月中旬至10月末左右，不需要催芽处理，用当年新采收的种子直接播种即可。春播于4月中下旬，种子必须进行低温沙藏处理。一般在秋季收获种子后，按照湿沙和种子3∶1拌匀，挖40cm深土坑，种子堆放25cm，上盖5cm左右的湿沙及草帘等保湿。上冻前每半月左右检查一次，缺水时适当补水，保证种、沙湿润和完成后熟。来年春播种前，将种子挖出，置于温暖处催芽待播。播种时，于做好的畦内，按行距40cm开沟，沟深5~6cm，均匀播种，覆土2~3cm，播后镇压。播种量每亩1.5kg左右。

170. 如何进行蝙蝠葛田间管理？

(1) 间定苗、补苗　苗高3~4cm时，间去细弱和过密的小苗。苗高10cm左右时，按株距20cm左右定苗，缺苗时需要补苗。

(2) 中耕除草　幼苗生长缓慢，应注意及时中耕除草，除草时间及次数，应以保持土壤疏松、无杂草明显危害为原则。

(3) 追肥　结合中耕除草，于定苗后或每年封垄前追施复合肥20~30kg。

171. 如何防治蝙蝠葛的主要病虫害？

蝙蝠葛幼苗期易被地下害虫咬断嫩苗，播种时用25%噻虫嗪或高巧(60%吡虫啉)拌种剂处理种子。生长期间，易受天牛蛀入茎秆为害，发生后及时用剪刀剪下虫枝烧毁即可。

172. 蝙蝠葛如何采收与加工？

蝙蝠葛以根茎入药。一般种植4~5年后，于秋季采挖，除去茎、叶及须根，洗净晒干即可。

蝙蝠葛植株 李世摄

北豆根药材 李世摄

黄精

173. 黄精有何药用和保健价值？

黄精为百合科植物黄精（*Polygonatum sibiricum* Red.）、滇黄精（*Polygonatum kingianum* Coll.et Hemsl.）或多花黄精（*Polygonatum cyrtonema* Hua）的干燥根茎。按形状不同，习称鸡头黄精、大黄精、姜形黄精。黄精味甘，性平，归脾、肺、肾经，具有补气养阴、健脾、润肺、益肾等功能，常用于脾胃气虚，体倦乏力，胃阴不足，口干食少，肺虚燥咳，劳嗽咯血，精血不足，腰膝酸软，须发早白，内热消渴等症。现代药理研究认为，黄精还具有抗老防衰、轻身延年、降血压、降血脂、降血糖、防止动脉硬化以及抗菌消炎、增强免疫之功能，药用价值很高，同时又是药食兼用的重要植物，具有良好的保健功能。北方各省主要分布的是黄精。

174. 种植黄精如何选地与整地？

黄精喜凉爽、潮湿和较荫蔽的环境，耐寒，幼苗及地下根茎能在田间自然越冬。喜疏松较肥沃的砂壤土。在湿润荫蔽的环境生长良好。在干旱地区和地块以及太黏、太砂的土壤生长不良。忌连作。所以，种植黄精应选择土层深厚、疏松肥沃、半背阴、排水和保水性能好的砂壤土地块为好。太黏、太薄以及干旱地块不宜种植。当前作收后，每亩撒施优质农家肥3000kg，耕翻30cm左右，耙细整平，做成1~2m宽的平畦或高畦。

175. 如何灵活运用黄精的繁殖方式？

黄精以根茎繁殖为主，也可种子繁殖。

(1) 根茎繁殖　于地上植株枯萎后，或早春根茎萌动前，挖取根茎，选中等大小，具有顶芽且顶芽肥大饱满、无病伤的根茎，截成具有2~3个节、长约10cm的根茎段作为种栽，待种栽断口稍晾干收浆或速蘸适量草木灰后，即可栽植。

(2) 种子繁殖　将种子首先进行湿砂层积处理。在室外挖一深和宽各33cm的坑，将1份种子与3份湿砂充分拌匀，砂的湿度以手握成团，松开即散、指间不滴水为度。然后，将混砂的种子放入坑内，中央插1把秸秆或麦草，以利通气。顶上用细砂覆盖。待第2年春季3月筛出种子，按行距12~15cm，将催芽的种子均匀播入沟内，覆1.5~2cm厚的细土，稍压紧后浇1次透水，畦面盖草。当气温上升至15℃左右，约15~20天出苗。出苗后及时揭去盖草，进行中耕除草和追肥。苗高7~10cm间苗，最后按株距6~7cm定苗。幼苗培育1年后即可出圃移栽。

一般根茎种栽充足时，可选根茎繁殖，产量高，生产周期短，见效快。当根茎种栽不足，又有种子来源时，可选种子繁殖。

176. 黄精如何进行间作种植？

黄精喜凉爽、潮湿和较荫蔽的环境，适宜与高秆作物间作种植。据河北旅游职业学院研究，与玉米带状间作种植最适。每带100~130cm，栽植3~4行黄精，点种1行玉米。

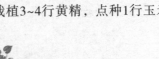

方法是：将已处理好的黄精种栽，于做好的畦内，按行距25~30cm，开深7~9cm、宽10cm的栽植沟，按株距10~13cm，将种栽顶芽朝上、斜向一方，平放于沟内，覆土5~7cm，稍镇压后再搂平畦面。有水浇条件的地块，栽后及时浇水保墒，以确保适时出苗。出苗前后，在畦沟或畦埂上及时点种玉米，穴距50cm，每穴点种3~5粒，留苗2株，用来给黄精遮阴。

177. 种植黄精如何进行田间管理？

(1) 中耕除草　生长期间，视杂草情况及时中耕除草，中耕宜浅，以免伤根。中后期一般不再中耕，如有大草及时拔除。

(2) 追肥　在黄精生长期间，于每年的开花期，每亩追施尿素和三料过磷酸钙各7.5kg，或三元复合肥20kg左右；秋季植株枯萎后，每亩再施入有机肥1500~2000kg。

(3) 灌水与排水　黄精喜湿怕干，田间应该经常保持湿润，生长期间遇旱应适时灌水。雨季应注意及时排水防涝，以防烂根死苗。

178. 如何防治黄精的主要病虫害？

(1) 病害　主要为叶斑病，先从叶尖出现椭圆形或不规则形、外缘呈棕褐色、中间淡白色的病斑，从病斑向下蔓延，使叶片枯焦而死。防治方法如下。

① 农业防治：收获后清洁田园，将枯枝病残体集中烧毁，消灭越冬病源。

② 药剂防治：发病前和发病初期喷10%苯醚甲环唑水分

散颗粒剂1500倍液，或50%退菌灵可湿性粉剂1000倍液，每7~10天喷1次，连喷3~4次。

（2）虫害　主要是蛴螬，咬食根茎。防治方法：用3%辛硫磷颗粒剂3~4kg，混细沙土10kg制成药土，在播种或栽植时撒施，撒后浇水；或用90%敌百虫晶体，或50%辛硫磷乳油800倍液等药剂灌根防治幼虫。

179. 黄精如何采收与加工？

（1）采收　根茎繁殖的于栽后2~3年、种子繁殖的于栽后3~4年采挖。黄精采收可选择在晚秋或早春进行，秋季在茎叶枯萎变黄后，春季在根茎萌芽前。刨出根茎，去掉茎叶和须根。

（2）加工　有以下两种方法。

① 生晒：先将根茎，放在阳光下晒3~4天，至外表变软、有黏液渗出时，轻轻撞去根毛和泥沙。结合晾晒，由白变黄时用手揉搓根茎，头一、二、三遍时手劲要轻，之后一次比一次加重手劲，直至体内无硬心、质坚实、半透明为止，最后再晒干透，轻撞一次装袋。

② 蒸煮：将鲜黄精用蒸笼蒸透（蒸10~20分钟），以无硬心为标准，取出边晒边揉，反复几次，揉至软而透明时，再晒干即可。

下篇 各论

第九章 根和根茎类

黄精植株　谢晓亮摄

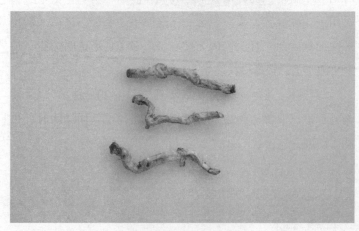

黄精药材　谢晓亮摄

天麻

180. 天麻的药用和食用价值如何？

天麻为兰科植物天麻（*Gastrodia elata* Blume）的干燥块茎，又名赤箭、明天麻、定风草、神草、仙人脚、山土豆等。天麻味甘，性平，归肝经，具有息风止痉、平抑肝阳、祛风通络等功效，常用于小儿惊风、癫痫抽搐、破伤风、头痛眩晕、手足不遂、肢体麻木、风湿痹痛等症。大量现代药理研究证明，天麻具有镇静、镇痛、抗惊厥、抗癫痫、抗炎、增强免疫和改善记忆等作用；能降低脑血管阻力，增加脑血流量；能增加心肌营养性血流量，改善心肌微循环，增加心肌供氧，降低血压；能抗衰老，改善学习记忆，提高肌体耐缺氧的能力；还能增加小肠平滑肌张力，促进胆汁分泌和减慢呼吸等作用。除用于治疗上述传统病症外，近年还常用于治疗三叉神经痛、坐骨神经痛、冠心病心绞痛、老年性痴呆症、高血压、高血脂以及更年期综合征等疾病。

此外，因天麻具有健脑、息风、益气、养肝和提高免疫、延缓衰老等功效，具有保健食品开发的重要价值与广阔前景。天麻良好的保健功能，已被人们所广泛认可，并在长期的生活实践中总结开发出许多保健食疗方法与产品，如天麻炖乌鸡、天麻炖鸡块、天麻鲢鱼头、天麻炖甲鱼、天麻炖鸭子、天麻炖猪脑、天麻枸杞猪脑、天麻茯苓鲤鱼、天麻肉片汤、天麻酒、天麻石斛酒、天麻可乐等。天麻无毒副作用，药食兼用，是重要的保健食品，我国食用和药用天麻至少已

有2000多年的历史。

181. 天麻有何生长习性？

野生天麻多生长于湿润阔叶林下肥沃的土壤中。天麻喜凉爽湿润气候，产区年平均10℃左右，冬季不过于寒冷，夏季较为凉爽，雨量充沛，年降水量1000mm以上，空气相对湿度70%~90%，海拔600~1800m。主产于四川、云南、贵州等地，现陕西栽培面积很大，河南、河北、吉林、江西等地也有栽培。

天麻对环境条件的要求严格。温度是影响天麻生长发育的主要因子，天麻种子在15~28℃都能发芽，但萌发的最适温度为20~25℃，超过30℃种子萌发受到限制。天麻的块茎在地温12~14℃时开始萌动，20~25℃生长最快，30℃以上生长停止。土壤温度保持在-3~5℃，能安全越冬，但长时间低于-5℃时，易发生冻害。天麻在系统发育过程中，必须经过一定的低温打破其休眠，否则即使条件适宜，也不会萌动发芽。一般小白麻和米麻用6~10℃温度处理30~40天可打破休眠；大、中白麻以1~5℃低温处理，50~60天可打破休眠。箭麻贮藏在3~5℃的低温条件下，2.5个月可通过休眠期。栽培天麻的土壤pH值在5.5~6.0为宜，土质应疏松、富含有机质。天麻生长发育各阶段对土壤湿度要求不同。处于越冬休眠期的天麻，土壤含水量应保持在30%~40%为宜，而在生长期，土壤含水量以40%~60%最为有利，土壤含水量超过70%则会造成天麻块茎腐烂，影响产量。由此看出，天麻具有既怕积水又怕旱，既怕高温又怕冻的生长习性。

182. 天麻生长为什么离不开蜜环菌?

蜜环菌是一种以腐生为主的兼性寄生真菌，既能在死的树桩、树根上营腐生生活，又能在栎、桦、杨、柳等上百种植物体上营寄生生活。通常以菌索的形式侵入活的或死的植物体，分解其组织，并从中获得养料。由于天麻是一种特殊的兰科植物，无根、无绿色叶片。所以，既不能直接从土壤中大量吸收养分，也不能进行光合作用制造有机物质，必须和蜜环菌建立共生关系才能生长。蜜环菌是天麻生长最主要的养分来源，是天麻生长的重要物质基础。

蜜环菌具有好气特性，在通气良好的条件下，才能生长好。对温度、湿度有一定要求，6~8℃时开始生长，在18~25℃时生长最快，超过30℃停止生长，低于6℃时休眠。蜜环菌多生长在含水量40%~70%的基质中，湿度低于30%或高于70%则生长不良。密环菌在pH值4.5~6.0之间均能生长，以pH值5.5~6.0最适宜。

183. 天麻块茎的类型及生产意义是什么?

天麻块茎按其大小和形态特点可分为米麻、白麻、箭麻和母麻四种。米麻是指长度<2cm，重量<2.5g的天麻小块茎。米麻可作为天麻无性繁殖的种栽。白麻是指长度2~7cm，直径1.5~2.0cm，重2.5~30g的天麻块茎，块茎顶端有一个明显的白色生长点，故称白麻。白麻按其大小又可分为小白麻、中白麻和大白麻。小白麻是指重量2.5~10g的白麻，仅可作为种用；中白麻是指重量10~20g的天麻块茎，一般也作为种用；大白

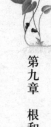

麻是指重量20~30g的天麻块茎，一般加工为商品。箭麻是指长度一般在6~15cm，重30g以上，顶芽粗大明显，先端尖锐，是已经成熟的天麻块茎，水分少，干物质及有效成分含量高，一般加工用作商品。箭麻顶芽次年在温湿度适宜时即可抽茎开花，授粉后可形成种子，所以，又可用来进行有性繁殖。母麻是指开花结实后衰老、腐烂、中空或半中空的天麻老块茎，已无太大经济价值。

184. 天麻如何生长发育？

天麻从种子萌发到新种子形成一般需要3~4年的时间。天麻的种子很小，千粒重仅为0.0015g，种子中只有一胚，无胚乳，因此，必须借助外部营养供给才能发芽。胚在吸收营养后，迅速膨胀，将种皮胀开，形成原球茎。随后，天麻进入第一次无性繁殖，分化出营养繁殖茎，营养繁殖茎必须与蜜环菌建立营养关系，才能正常生长。被蜜环菌侵入的营养繁殖茎短而粗，一般长0.5~1cm，粗1~1.5mm，其上有节，节间可长出侧芽，顶端可膨大形成顶芽。顶芽和侧芽进一步发育便可形成米麻和白麻。进入冬季休眠期以前，米麻能够吸收营养而形成白麻。种麻栽培当年以白麻、米麻越冬。

第二年春季当地温达到6~8℃时，蜜环菌开始生长，米麻、白麻被蜜环菌侵入后，继续生长发育。当地温升高到14℃左右时，白麻生长锥开始萌动，在蜜环菌的营养保证下，白麻分化出1~1.5cm长的营养繁殖茎，在其顶端可发生数个到几十个侧芽，这些芽的生长形成新生麻，原米麻、白麻逐渐衰老、变色，形成空壳，成为蜜环菌良好的培养基；也可分化出具有顶芽的箭麻。箭麻加工干燥后即为商品麻。也可以留种越冬，次年抽薹开花，形成种子，进行有性繁殖。

第三年留种的箭麻越冬后，4月下旬到5月初当地温达到10~12℃时，顶芽萌动抽出花薹，在18~22℃下生长最快，地温20℃左右开始开花，从抽薹到开花需21~30天，从开花到果实成熟需27~35天，花期温度低于20℃或高于25℃时，则果实发育不良。箭麻自身贮存的营养已足够抽薹、开花、结果的需要，只要满足其温度、水分的要求，无需再接蜜环菌，即可维持正常的生长繁殖。当箭麻抽薹开花结实后，块茎会逐渐衰老、中空、腐烂成母麻。

天麻一生中除了抽薹、开花、结果的60~70天植株露出地面外，其他的生长发育过程都是在地表以下进行的。

185. 北方种植天麻如何选择种植场所和繁殖方式？

天麻适宜种植在海拔800~1300m的地段，但又不局限于这个海拔条件。中山、低山区亦可栽植。一般在高山应选阳坡地，在中山或低山区宜选半阴半阳坡。稀疏林地、竹林、二荒地、平地乃至室内、防空洞及北方的温室内均可栽培。

由于天麻既怕高温又怕冻，所以河北省等北方地区不适于野外裸地栽培，而以选择温室、大棚及空闲的室内等设施栽培较为适宜。栽植天麻以选择排水良好、疏松较肥沃、微酸性的砂质壤土为宜。忌黏土和涝洼积水地，忌重茬。

天麻繁殖方法分无性繁殖和有性繁殖两种。无性繁殖就是直接用米麻、白麻等天麻小块茎作为繁殖材料，生产商品天麻的繁殖方式。无性繁殖生产周期短，见效快，当年栽植可当年收获。但其不足是，连续多年无性繁殖会导致块茎退化、产量降低、病害加重，种植效益降低等。有性繁殖是指，利用箭麻蒴果所结的种子，播种生产天麻小块茎，再做生产用种，生产商品天麻的繁殖方式。有性繁殖或种子繁殖可防止无性繁殖引起的天麻退化，也可解决种麻缺乏问题。但有性繁殖生产周期较长，技术较复杂，推广难度较大。生产中只有二者有机的结合，才能做到扬长避短，优势互补。也就是说，每进行一次有性繁殖，结合进行三年左右的无性繁殖，交叉进行，互相补充，才更为理想。

186. 栽植天麻应如何培养菌材？

栽培天麻首先应在木棒或木段上培养蜜环菌，生长蜜环菌的木段或木棒称为菌材或菌棒。培养菌材应抓好以下四个环节。

(1) 木材准备　一般阔叶树的木材均可。但以木质坚实耐腐、易接菌种的木材为宜。常用的有桦树、栎树、杨树、桃树、柞树等。选直径6~12cm的树棒，锯成50~60cm长的木段，根据粗细于四周皮部砍2~4排鱼鳞口，以利蜜环菌侵入。

(2) 收集菌种　菌种的来源有三个，一是利用已经伴栽过天麻的旧菌材；二是人工培育菌种；三是直接从市场上购买菌种。

(3) 选择好培养时期　蜜环菌在气温6~28℃间均可生长，以25℃左右为最适，高于30℃即停止生长。所以，室外培养北方以5~8月为宜，南方可分别于3~5月和7~9月培养两次。室内培养一年四季均可。

(4)选择好培养方法 菌材的培养方法有坑培、半坑培、堆培和箱培四种基本方法。

① 坑培法：适于低山区较干燥的地方。在选好的场地上，挖35~45cm深的坑，大小依地形及木段多少而定，一般不超过200根木段。将坑底铺平，先铺一层菌种，随后将事先准备好的木段摆一层，木段上再铺一层菌种，并用少许腐殖土、腐熟落叶或锯末添平空隙，然后再摆两层木段，平铺一层菌种，淋洒适量清水。依此类推，最后，表面放一层新材，盖土10cm厚与地面平即可。

② 半坑培法：适于温湿度适宜的天麻主产区。挖坑30cm深，同时有1~2层木段高出地面成坟堡形，培养方法同坑培。

③ 堆培法：此法适于温度低、湿度大的高山区。方法是在地面上一层层堆积，培养方法同上。

④ 箱培法：主要用于室内，四季均可培养。土温以20℃左右为好，培养方法同上。

187. 如何规范栽植天麻？

天麻栽植通常有菌材加新材法和菌麻栽培法两种，但后者较少采用。北方设施种植天麻多采用菌材加新材法，方法是：先在箱、池或坑的底部铺5~10cm厚的湿润的新鲜河沙或腐殖质土，上铺柞树树叶一薄层，树叶上按每15~20cm一根木棒均匀摆好，每根木棒两侧于其鱼鳞口处各放4~5块麻种和菌种，麻种的基部靠近木棒和菌种，然后在木棒中间填湿河沙或腐殖质土至木棒上5cm摊平；其上按同样方法再种第二层，最后于第二层木棒上盖10cm厚的河沙，上面再盖5cm左右厚的一层柞树树叶，以便保湿。一般每平方米需要20根左右的木棒，0.5~1.0kg左右的麻种，麻种小则需要重量少，反之则多。

188. 如何进行天麻田间管理？

影响天麻生长的主要环境因素是温度、水分和氧气。天麻生长的适宜环境是：温度18~25℃，土壤相对含水量50%~70%，且通气良好。北方设施种植天麻，应经常保持土壤湿润，旱时浇水，最好一次浇透，但又不宜过多。早春和秋季注意增温和保温，夏季注意遮阴和通风降温。以促进蜜环菌和天麻的生长，防止杂菌感染。密闭的设施应注意通风换气。

189. 如何防治天麻病虫害？

天麻常见的病害主要是块茎腐烂病；虫害有蛴螬、蝼蛄、介壳虫等。

(1) 块茎腐烂病　主要有块茎黑腐病、块茎锈腐病。块茎黑腐病发病早期出现黑斑，后期腐烂，有时半个天麻变成黑色，味极苦。块茎锈腐病染病后天麻横切面中柱出现小黑斑，一般连作和多代繁殖种质退化的天麻染病严重。防治方法如下。

① 农业防治：应选取排水良好的地方；严格挑选菌种；加大蜜环菌接种量，抑制杂菌生长；菌材要新鲜，若感染杂

菌可弃之不用；加强田间的水分管理，做到防旱、防涝又保墒。

② 药剂防治：在制备菌材前可将木棒、树枝、树叶用0.1%~0.2%的多菌灵浸泡，可杀死一部分杂菌。

（2）蛴螬　防治方法如下。

① 农业防治：在栽培场周围种蓖麻，驱避成虫。

② 药剂防治：发生后用90%敌百虫晶体800倍液浇灌。

（3）蝼蛄　防治方法：采用毒饵诱杀，用90%敌百虫0.15kg兑水成30倍液，加5kg半熟麦麸或豆饼，拌成毒饵，撒施诱杀。

（4）介壳虫　防治方法：收获天麻以后，对栽培坑进行焚烧，收获的天麻不能作为种麻继续使用。

190. 如何采收天麻？

我国天麻产区分布广，收获时期不尽相同。但是，都应以新生块茎生长停滞而进入休眠后收获为原则。栽培环境温度降到6℃以下时收获。收获时先将表土或覆盖物挖去，揭开上层菌材，取出箭麻、白麻和米麻，防止碰伤块茎。收获后，选取麻体完好健壮的少量箭麻作有性繁殖用，白麻、米麻作种用。其余箭麻和大白麻均作商品加工入药，凡受伤的块茎，也可加工药用。天麻的产量因栽培环境和方式不同而异。北方温室栽培的每平方米可产鲜天麻5~10kg，高产者可达15kg。主产区野外栽培的，每窝产鲜麻1kg左右，高产者达1.5~2kg，折合每平方米3~6kg。天麻折干率为15%~25%。

191．天麻如何加工？

收获的箭麻和白麻，必须及时加工才能保证药用价值，长时间堆放，会引起腐烂。天麻加工可按如下工序进行。

（1）分级　根据麻体大小分成3~4等，体重150g以上为一等，75~150g为二等，75g以下为三等。

（2）清洗泥土　将分等后的天麻，分别用水冲洗干净。当天洗净的天麻，当天开始加工，不能在水中过夜。

（3）刨皮　除出口和特殊用途需刨皮外，一般不刨皮。刨皮时，用竹片或薄铁片刨去鳞片与表皮，削去受伤腐烂部分，然后用清水冲洗。

（4）蒸　将不同等级的天麻，分别放在蒸笼屉上蒸15~30分钟，至无白心为度。

（5）烘烤　烘烤天麻的火力不可过猛。农村一般用火炕烘烤。炕上温度开始以50~60℃为宜，过高则会烘焦或天麻内产生气泡。如果发现气泡，可用竹针穿孔放气，压扁。当烘至七、八成干时，取下压扁使其回潮后再继续上炕，此时温度应在70℃左右，不能超过80℃，以防麻体干焦变质。天麻全干后即出炕，时间过长也会变焦。

天麻以体大、肥厚、质坚实、色黄白、断面明亮、无空心者为佳。体小、肉薄、色深、断面晦暗、中空者质次。

天麻块茎　谢晓亮摄

天麻药材　李世摄

防风

192. 防风有何药用价值?

防风为伞形科植物防风 [*Saposhnikovia divaricata* (Turcz.) Schischk.]的干燥根。别名关防风、东防风。味辛、甘,性微温。归膀胱、肝、脾经。具有祛风解表,胜湿止痛、止痉等功效。主治感冒头痛,风湿痹痛,风疹瘙痒,破伤风等。此外,防风叶、防风花也可供药用。主产黑龙江、吉林、辽宁、河北、山东、内蒙古等省区。东北产的防风为道地药材,素有"关防风"之称。

193. 防风有哪些栽培品种?

防风多以产地划分如下。

(1)关防风 又称旁风,品质最好,其外皮灰黄或灰褐(色较深),枝条粗长,质糯肉厚而滋润,断面菊花心明显。多为单枝。尤以产于黑龙江西部为佳,被誉为"红条防风"。

(2)口防风 主产于内蒙古中部及河北北部、山西等地,其表面色较浅,呈灰黄白色,条长而细,较少有分枝,顶端毛须较多但环纹少于关防风,质较硬,不及关防风松软滋润。菊花心不及关防风明显。

(3)水防风 又名"汜水防风",主产于河南灵宝、卢氏、荥阳一带、陕西南部及甘肃定西、天水等地。其根条较细短,长10~15cm,直径0.3~0.6cm,上粗下细呈圆锥状,环纹少或无,多分支,体轻肉少,带木质。

194. 种植防风如何选地与整地？

防风对土壤要求不十分严格，但应选地势高燥向阳、排水良好、土层深厚、疏松的砂质土壤。黏土、涝洼、酸性大或重盐碱地不宜栽种。由于防风主根粗而长，播种栽植前每亩施充分腐熟的有机肥2000~3000kg及过磷酸钙50~100kg或单施三元复合肥80~100kg。均匀撒施，施后深耕30cm左右，耕细耙平，作60cm的垄。或做成宽1.2m，高15cm的高畦。春秋整地皆可，但以秋季深翻，春季再浅翻做畦为宜。

195. 防风的繁殖方式有哪些？

(1) 种子繁殖　播种分春播和秋播。秋播在上冻前，次春出苗，以秋播出苗早而整齐。春播4月中下旬，播种前将种子放在35℃的温水中浸泡24小时，捞出稍晾，即可播种。播种时在整好的畦上按行距25~30cm开沟，均匀播种于沟内，覆土不超过1.5cm，稍加镇压。每亩播种量2kg左右。播后20~25天即可出苗。当苗高5~6cm、植株出现第一片真叶时，按株距6~7cm间苗。

(2) 插根繁殖　在收获时，取直径0.7cm以上的根条，截成5~8cm长的根段，按行距30cm开沟，沟深6~8cm，按株距15cm栽种，栽后覆土3~5cm。用种量60~75千克/亩。

防风由于出苗时间比较长，所以要根据天气情况，做到看土壤的墒情合理适时的进行浇水，切忌大水漫灌。对于板结的地块，在浇水后进行浅锄划，有利于秧苗的顺利出土，从而达到苗齐苗壮的目的。同时，在苗期还要注意及时除草。

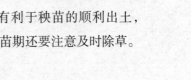

196. 种植防风如何追肥？

为满足防风生长发育对营养成分的需要，生长期间要适时适量进行追肥。一般追肥二次，第一次在6月中下旬，每亩施复合肥50kg，第二次于8月下旬，每亩施复合肥30kg。

197. 防风如何灌水与排水？

防风出苗后至2片真叶前，土壤必须保持湿润状态，3叶以后不遇严重干旱不用灌水，促根下扎。6月中旬至8月下旬，可结合追肥适量灌水。雨季应注意及时排除田内积水，否则容易积水烂根。

198. 如何防治防风的主要病虫害？

(1) 白粉病　被害叶片两面呈白粉状斑，后期逐渐长出小黑点，严重时叶片早期脱落。防治方法：一是增施磷钾肥以增强抗病力，并注意通风透光；二是发病时喷25%粉锈宁乳油(三唑酮) 1000倍液，或戊唑醇或12.5%的烯唑醇1000倍液喷雾防治。

(2) 斑枯病　主要危害叶片，近圆形，严重时叶片枯死。发病初期可选用70%代森锰锌可湿性粉剂500倍液，50%多菌灵可湿性粉剂600倍液或25%醚菌酯1500倍液喷雾，药剂应轮换使用，每10天喷1次，连续2~3次。

(3) 根腐病　主要危害根部，使植株的根腐烂，叶片枯萎变黄甚至整个植株死亡，一般在夏季或多雨季节发生。一旦发现病株需及时拔除，在病株的病穴撒石灰进行消毒。发病时可用50%多菌灵或甲基硫菌灵 (70%甲基托布津可湿性粉剂) 500~800倍液，或30%恶霉灵+25%咪鲜胺按1∶1复配1000倍液或用10亿活芽孢/克枯草芽孢杆菌500倍液灌根，7天喷灌1次，喷灌3次以上。

(4) 黄翅茴香螟　幼虫在花蕾上结网，咬食花与果实。防治方法：5%氯虫苯甲酰胺悬浮剂1000倍液或5%甲氨基阿维菌素苯甲酸盐乳油3000倍液等喷雾。

(5) 黄凤蝶　幼虫为害花、叶，6~8月发生，被害花被咬成缺刻和仅剩花梗。防治方法：可人工捕杀；产卵盛期或卵孵化盛期Bt生物制剂 (每克含孢子100亿) 300倍液喷雾防治，或用氟啶脲 (5%抑太保) 2500倍液，或25%灭幼脲悬浮剂2500倍液，或虫酰肼 (24%米满) 1000~1500倍液，或在低龄幼虫期用0.36%苦参碱水剂800倍液，或用多杀霉素 (2.5%菜喜悬浮剂) 3000倍液等喷雾。7天喷1次，一般连喷2~3次。

199. 防风如何采收与加工？

(1) 采收　防风采收一般在第二年的10月下旬至11月中旬或春季萌芽前采收。春季根插繁殖的防风当年可采收；秋播的一般于第二年冬季采收。防风根部入土较深，松脆易折断，采收时须从畦的一端开深沟，顺序挖掘，或使用专用机械收获。根挖出后除去残留茎叶和泥土，运回加工。

(2) 加工　将防风根晒至半干时去掉须毛，按根的粗细分级，晒至八九成干后扎成小捆，再晒或烤至全干即可。

防风植株　李世摄

防风药材　郑玉光摄

穿山龙

200. 穿山龙有何药用价值？

穿山龙是薯蓣科薯蓣属植物穿龙薯蓣 (*Dioscorea nipponica* Makino) 的干燥根茎，其性温，味甘、苦，归肝、肾、肺经，具有祛风除湿，舒筋通络，活血止痛，止咳平喘等功效，常用于风湿痹病，关节肿胀，疼痛麻木，跌扑损伤，闪腰岔气，咳嗽气喘等症。

201. 种植穿龙薯蓣如何选地与整地？

穿龙薯蓣生长对土壤条件要求不太严格，宜选结构疏松、肥沃、排水良好、肥沃的砂质壤土为好，壤土、轻黏壤土次之，土壤酸碱度以弱酸至弱碱性较适宜。忌选土壤黏重、排水不良的低洼易涝地种植。对比较贫瘠的土地，可以通过施用有机肥来改善土壤的肥力和理化性状。如用堆肥、厩肥、草炭等，必须经过充分腐熟后施用，以减少病虫害的发生。

最好秋季整地，整地前每亩施入腐熟农家肥2000~4000kg，过磷酸钙50kg，均匀撒施。施后深翻25~30cm，整平耙细，按宽1.2m、高15~20cm做高畦，床间距40cm，长度不限。也可做成宽150~200cm的平畦。

202. 穿龙薯蓣如何繁殖？

穿龙薯蓣有两种繁殖方法：根茎繁殖与种子繁殖。

(1) 根茎繁殖　春季植株萌芽前，将母株根茎挖出，选择粗壮、节间短、无病虫害的根茎做种栽。每个节剪一段，每个段上有芽苞2~3个，横床开行距40cm，沟深8cm，在沟内摆放根段，株距20cm，每行摆放6段，覆土镇压，15天左右即可出苗。因穿山龙是半阴性植物，因此需在床的两边种植玉米，以起到遮阴挡阳的作用。

(2) 种子繁殖　播种期以晚秋播为好，出苗率高；其次为春播，于4月上旬，横床开沟，行距15cm，沟深2cm，将种子均匀撒播在沟内，覆土2cm，稍加镇压，干旱时浇水，保持土壤湿润，25天左右即可出苗。翌年春按行距40cm，株距20cm移栽定植，耕地不足时也可将种子撒播在灌木丛中，自然生长2~3年后，再将根茎挖出移栽到农田中。

203. 穿龙薯蓣如何搭架？

穿龙薯蓣生长快速，当年可达2米之上，第二、三年就可以达到5米，为了方便管理，当小苗长至20~30cm时要进行搭架，利用细竹竿、高粱秆、玉米秆等材料，架高1.8~2m，将架杆插入地里，每四根为一组，顶端捆在一起。让茎蔓缠绕架上生长，为避免影响植株光照，可适当剪去过密和过长的茎蔓。

204. 种植穿龙薯蓣如何进行田间管理？

播种的穿龙薯蓣出苗后结合除草间去过密的苗，小苗出土后长至10cm左右，生长出3~4片真叶时，应除去过密的弱苗、病菌，保留强壮的幼苗，株距5cm。小苗生长1年后，于秋季地上植株枯萎后进行移栽，或在第2年春季化冻后移栽。

穿龙薯蓣栽种后要及时进行除草，因其地上部分生长弱，草大时除草易伤小苗，要做到除早和除小，避免发生草荒。

穿龙薯蓣是多年生植物，育苗期或幼苗期叶面可喷0.3%~0.4%尿素多次。7~8月穿山龙旺盛生长期，可追施复合肥每亩50kg，尽量在降雨前后进行。如遇干旱，可结合浇水进行。第二年以后根茎生长加快，串满垄间，不能再追肥，以免破坏根茎。

205. 如何防治穿龙薯蓣的主要病虫害？

（1）病害 ① 炭疽病：主要危害穿龙薯蓣叶缘和叶尖，严重时，使大半叶片枯黑死亡。发病初期在叶片上呈现圆形、椭圆形红褐色小斑点，后期扩展成深褐色圆形病斑。

防治方法：发病期用10%苯醚甲环唑和25%吡唑醚菌酯按2∶1复配2000倍液或30%恶霉灵+25%咪鲜胺按1∶1复配1000倍液喷雾，或50%醚菌酯干悬浮剂3000倍液，7天1次，连续3次以上。

② 根腐病：主要危害穿龙薯蓣根茎部和根部。发病初期病部呈褐色至黑褐色，逐渐腐烂，后期外皮脱落，只剩下木质部，地上部叶片发黄或枝条萎缩，严重的枝条或全株枯死。

防治方法：发病初期用50%多菌灵500~800倍液，或2.5%咯菌腈FS1000倍液，或30%恶霉灵+25%咪鲜胺按1∶1复配1000倍液灌根，7天喷灌1次，喷灌3次以上。

③ 锈病：主要危害两年以上植株叶片、幼茎，严重时危害叶柄和果实，造成叶片提前枯萎、脱落。叶片上病斑初为黄白色小点，逐渐隆起扩大成黄色疱斑，破裂后散出铁锈色

粉末。茎部为上下条文状黄色病斑，并且病斑四周有黄色锈粉，种子感染后种壳凹陷。

防治方法：发病初期可用12.5%腈菌唑可湿性粉剂1000倍液，或15%三唑酮可湿性粉剂600倍液等对植株茎叶防治喷雾，每隔7~10天喷1次，连喷2~3次。

④ 褐斑病 叶片上产生圆形或近圆形，边缘不整齐，大小不等的淡褐色病斑。

防治方法有农业防治以及药剂防治两种。农业防治，即合理的实行轮作；药剂防治为用30%土壤消毒剂(过氧乙酸)100倍进行土壤消毒，或用70%甲基硫菌灵可湿性粉剂，或80%代森锰锌可湿性粉剂800倍液，或40%信生可湿性粉剂3000倍液喷雾防治，7天喷1次，连喷2~3次。

(2)虫害 ① 蝗虫：防治方法为用2.5%功夫乳油1000倍液，或4.5%高效氯氰菊酯乳油1000倍液等喷雾防治。

② 蛴螬：防治方法为物理防治及药剂防治2种。物理防治为用黑光灯集中诱杀金龟子成虫；药剂防治是在成虫活动高峰期的傍晚进行一次喷药防治，用50%辛硫磷乳油1000倍液，或4.5%高效氯氰菊酯乳油1000倍液均匀喷雾，或用3%辛硫磷颗粒剂撒于地表并进行浅锄划，防治成虫，控制成虫发生量。

206. 穿山龙如何采收与加工？

穿龙薯蓣是一种多年生草质藤本植物，种子繁殖的4~5年采收，根茎繁殖的3年采收。春秋均可采挖，但春季采收的薯蓣皂苷元含量较低，以9~10月采收较适宜。

因根茎一般横长在10cm的土层内，只要把根茎刨出，土抖落即可出售。也可以晒干后进行加工，去掉须根及残皮，采用晒干、炕干、阴干或烘干等方法干燥，其中晒干、烘干的方法较好，因为方法简便易行，干燥时间短，薯蓣皂苷元不遭破坏，含量高。阴干的时间较长，易发霉变黑，薯蓣皂苷元含量低，影响质量。

穿龙薯蓣植株　李世摄

穿山龙药材　李世摄

甘草

207. 甘草有何药用价值?

甘草味甘、平。归心、肺、脾、胃经。补脾益气,清热解毒,祛痰止咳,缓急止痛,调和诸药。用于脾胃虚弱,倦怠乏力,心悸气短,咳嗽痰多,脘腹、四肢挛急疼痛,痈肿疮毒,缓解药物毒性、烈性。主治伤寒咽痛、肺热喉痛、肺痿、小儿疾病等。

208. 甘草的资源及地理分布是怎样的?

甘草属于豆科 (*Leguminosae*) 甘草属 (*Glycyrrhiza* L.) 灌木状多年生草本植物。甘草在我国集中分布于三北地区(东北、华北和西北各省区),而以新疆、内蒙古、宁夏和甘肃为中心产区。甘草为我国传统中药,商品甘草的原植物大多为乌拉尔甘草 (*Glycyrrhiza uralensis*),少数为光果甘草 (*G.glabra*),20世纪70年代又将西北产的胀果甘草 (*G.inflata*) 收载于《中国药典》,随着药用植物资源的开发利用,黄甘草 (*G.korshinskyi*)、粗毛甘草 (*G.aspera*) 及云南甘草 (*G.yunnanensis*) 也进入药用资源的行列。

209. 如何根据甘草的生长习性进行选地整地?

甘草多生长于北温带地区,海拔0~200m的平原、山区或河谷。土壤多为砂质土且在酸性土壤中生长不良。甘草喜光照充足、降雨量较少、夏季酷热、冬季严寒、昼夜温差大的生态环境，具有喜光、耐旱、耐热、耐盐碱和耐寒的特性。因此种植地应选择地势高燥，土层深厚、疏松、排水良好的向阳坡地。土壤以略偏碱性的砂质土、砂壤质土或覆砂土为宜。忌在涝洼、地下水位高的地段种植；土壤黏重时，可按比例掺入细沙。选好地后，进行翻耕。一般于播种的前一年秋季施足基肥(每亩施厩肥2000~3000kg)，深翻土壤20~35cm，然后整平耙细，灌足底水以备第二年播种。

210. 甘草的繁殖方式有几种?

(1)种子繁殖　种子先进行处理再播种。3月下旬至4月上旬，在做好的垄上开深1.5~2cm的浅沟两条，将处理后的种子均匀播入沟内，覆土浇水，播后半月可出苗。起垄栽培比平畦栽培好，便于排水，通风透光，根扎得深。若冬前播种，可不用催芽。每亩播种量2.5kg左右。

(2)根茎繁殖　根茎繁殖宜在春秋季采挖甘草，选其粗根入药。将较细的根茎，截成长15cm的小段，每段带有根芽和须根，在垄上开10cm左右的沟两条，按株距15cm将根茎平摆于沟内，覆土浇水，保持土壤湿润。每亩用种苗90kg左右。

(3)分株繁殖　在甘草母株的周围常萌发出许多新株，可于春秋季挖出移栽即可。

211. 怎样处理种子?

甘草种子千粒重7.0~12.1g。栽培用的种子净度要求达85%以上。甘草种子的种皮硬而厚，透性差，播后不易萌发，出苗率低造成缺苗现象。

(1) 碾压破碎处理　将种子在碾盘上铺3cm厚，用碾米机打磨种子种皮，注意种子的变化，到种皮发白色时即可；再将种子放入40℃清水中浸泡2~4小时，晾干备用，发芽率可达60%以上。

(2) 浓硫酸脱胶处理　用选好的种子与98%的浓硫酸按1∶1的比例混合搅拌均匀，浸种1小时后，用清水反复冲洗净种子，及时晒干，含水量小于10%左右时入库，发芽率可达90%左右。

212. 甘草如何播种?

播种分春播、夏播和秋播。春播一般在公历的4月中下旬、阴历的谷雨前后进行；对于灌溉困难的地区，可在夏季或初秋雨水丰富时抢墒播种，夏播一般在7~8月，秋播一般在9月进行。播种前首先作畦。畦宽4m，然后灌透水一次，蓄足底墒。播种前种子可先进行催芽处理，也可直接播种处理好的干种子。播种量为1.5~2千克/亩，播种行距30cm，播种深度2.0cm左右。可采用人工播种，也可采用播种机进行机械播种。播种后稍加镇压，一般经1~2周即可出苗。对于春季气候多变的地区也可选在5月播种，只要当日平均气温升至10℃以上，地面温度升至20℃以上即可进行播种。

213. 如何进行田间管理?

(1) 灌溉　甘草在出苗前后要经常保持土壤湿润，以利出苗和幼苗生长。具体灌溉应视土壤类型和盐碱度而定，沙性无盐碱或微盐碱土壤，播种后即可灌水；土壤黏重或盐碱较

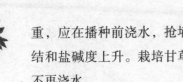
重，应在播种前浇水，抢墒播种，播后不灌水，以免土壤板结和盐碱度上升。栽培甘草的关键是保苗，一般植株长成后不再浇水。

(2) 田间杂草防除　在出苗的当年，尤其在幼苗期要及时除草。从第二年起甘草根开始分蘖，杂草很难与其竞争，不再需要中耕除草。甘草田杂草防除方式有以下三种。

① 播前预防：甘草属豆科多年生草本植物，在选地时要选择杂草少的地块，特别是要注意地块内宿根性杂草群落的危害情况。

② 化学除草技术：2002~2005年安文芝等在石羊河林业总场义粮滩分场进行了甘草田间杂草化学防治试验，目的在于筛选出对甘草安全的除草剂。通过试验观察，选用的芽前除草剂有效期限短，对甘草安全的几种叶面除草剂只能防除部分杂草。在现阶段化学除草的最佳方案是在播前5~7天用仲丁灵喷雾或拌沙撒施后耙糖形成3~5cm的毒土层，土壤含水量要达到5%以上；播后幼苗出土前根据杂草出土情况，在出苗前3天用克无踪喷雾1次，杀死早春杂草；幼苗出土后至封垄期根据杂草情况，用普净或拿捕净喷雾2~3次杀死禾本科杂草。

③ 人工除草：甘草从播种到幼苗封垄是杂草危害最为严重的时期，此时幼苗生长慢，杂草对幼苗影响大，应及时安排除草和中耕。

(3) 追肥　当甘草长出4~6片叶时，追施磷肥、尿素；第二年返青后，追施磷肥，促进根茎生长，不再使用氮肥，防止植株徒长。

214. 甘草的常见病虫害有哪些？如何防治？

(1) 甘草褐斑病　叶片产生近圆形或不规则形病斑，病斑中央灰褐色，边缘褐色，在病斑的两面都有黑色霉状物。防治方法如下。

① 农业防治：与禾本科作物轮作；合理密植，促苗壮发，尽力增加株间通风透光性；以有机肥为主，注意氮、磷、钾配方施肥，避免偏施氮肥；注意排水；结合采摘收集病残体携出田外集中处理。

② 药剂防治：发病初期用80%络合态代森锰锌800倍液，或50%多菌灵可湿性粉剂600倍液；发病盛期喷洒25%醚菌酯1500倍液，或12.5%烯唑醇可湿性粉剂1000倍液，或25%腈菌唑乳油4000~5000倍液喷雾，连续喷2~3次。

(2) 甘草白粉病　先是叶片背面出现散在的点状、云片状白粉样附着物，后蔓延至叶片正反两面，导致叶片提前枯黄。防治方法如下。

① 农业防治：参见褐斑病。

② 化学防治：发病初期，喷施40%氟硅唑乳油5000倍液，或12.5%烯唑醇可湿性粉剂1500倍液，或10%苯醚甲环唑水分散颗粒剂1500倍液，10天左右1次，连喷2~3次。

(3) 地老虎　防治方法如下。

① 农业防治：种植前秋翻晒土及冬灌，可杀灭虫卵、幼虫及部分越冬蛹。

② 物理防治：成虫活动期用糖醋液(糖：酒：醋＝1：0.5：2)放在田间1m高处诱杀，每亩放置5~6盆；灯光诱杀

下篇　各论

第九章　根和根茎类

成虫。

③ 药剂防治：可采取毒饵或毒土诱杀幼虫及喷灌药剂防治。毒饵诱杀，每亩用50%辛硫磷乳油0.5kg，加水8~10kg，喷到炒过的40kg棉籽饼或麦麸上制成毒饵，傍晚撒于秧苗周围。毒土诱杀，每亩用90%敌百虫粉剂1.5~2kg，加细土20kg制成，顺垄撒施于幼苗根际附近。喷灌防治，用90%敌百虫晶体或50%辛硫磷乳油1000倍液喷灌防治幼虫。

（4）蝼蛄　防治方法如下。

① 农业防治：使用充分腐熟的有机肥，避免将虫卵带到土壤中去。

② 药剂防治：危害严重时可每亩用5%辛硫磷颗粒剂1~1.5kg与15~30kg细土混匀后撒入地面并耕耙，或于定植前沟施毒土。

（5）甘草叶甲　防治方法如下。

① 农业防治：灌冻水压低越冬虫口基数。

② 化学防治：卵孵化盛期或若虫期及时喷药防治，特别是5~6月份虫口密度增大期，要切实抓好防治，用50%辛硫磷乳油1000倍液，或1%苦参碱水剂500倍液，或4.5%高效氯氰菊酯乳油1000倍液，或2.5%的联苯菊酯乳油2000倍液等喷雾防治。

215. 甘草如何采收与加工？

（1）采收　甘草一般生长1~2年即可收获，在秋季9月下旬至10月初采收以秋季茎叶枯萎后为最好，此时收获的甘草根质坚体重、粉性大、甜味浓。直播法种植的甘草，3~4年为最佳采挖期，育苗移栽和根茎繁殖的2~3年采收为佳。采收时必须深挖，不可刨断或伤根皮，挖出后去掉残茎、泥土，忌用水洗，趁鲜分出主根和侧根，去掉芦头、毛须、支杈，晒至半干，捆成小把，再晒至全干。

(2) 加工 甘草可加工成皮革和粉草。皮革即将挖出的根及根茎去净泥土，趁鲜去掉茎头、须根，晒至大半干时，将条顺直，分级，扎成小把的晒干品。以外皮细紧、有皱沟，红棕色，质坚实，粉性足，断面黄白色者为佳。粉甘草即去皮甘草是以外表平坦、淡黄色、纤维性、有纵皱纹者为佳。

甘草植株　马春英摄

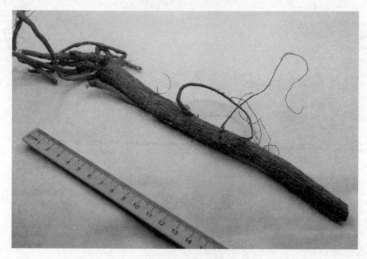

甘草药材　谢晓亮摄

黄芪

216. 黄芪有何药用价值?

黄芪为豆科多年生草本植物蒙古黄芪 [*Astragalus membranaceus*(Fisch.)Bge. var. *mongholicus*(Bge.)Hsiao.]或膜荚黄芪 [*Astragalus membranaceus*(Fisch.)Bge.]的干燥根。具有补气固表、利尿托毒、排脓、敛疮生肌等功效。

217. 如何根据黄芪的生长习性选地、整地?

野生黄芪多见于海拔800~1800m以上向阳山坡,喜凉爽气候,为长日照植物。黄芪系深根系植物,有较强抗旱、耐寒能力及怕热、怕涝的习性。选择土壤深厚、土质疏松、透气性好、pH值为6.5~8的砂质土壤为适宜。每亩施优质农家肥2000~3000kg,复合肥30~50kg,深翻30~40cm,耙细整平,做成30cm高的高畦待播。

218. 如何做好黄芪播前种子处理?

首先选当年采收的无虫蛀或病变、种皮黄褐色或棕黑色、种子饱满、种仁白色的种子,放置于20%食盐水溶液中,将漂浮在表面的秕粒和杂质捞出,将沉于底下的饱满种子做种并进一步进行处理,方法如下。

(1)沸水浸种催芽 将种子放入沸水中不停搅动约1分钟,立即加入冷水,将水温调至40℃,再浸泡2小时,并将水倒出,种子加覆盖物或装入麻袋中闷8~12小时,中间用15℃水滤洗2~3次,待种子膨大或外皮破裂时,可趁雨后播种。

(2)机械处理 可用碾米机放大"流子",机械串碾1~2遍，以不伤种胚为适。

(3)硫酸处理 将老熟硬实的黄芪种子，放入70%~80%浓硫酸溶液中浸泡3~5分钟，取出种子迅速在流水中冲洗30分钟左右，发芽率达90%以上。

219. 如何进行黄芪种子直播？

(1)播种时间 春播选在当地气温稳定在5℃以上；秋播时间在当地气温下降到15℃左右。播后保持土壤湿润，15天左右即可出苗。

(2)播种深度 黄芪种子顶土力弱，一般播深2~3cm。播种方法：条播按行距18~20cm，开3cm的浅沟，将种子均匀撒入沟内，覆土1~1.5cm后镇压，亩用种子1.5~2kg。

220. 黄芪育苗移栽应注意抓好哪些技术？

在种子昂贵或旱地缺水直播难以出苗保苗时可以采用。主要应抓好如下五个技术环节：一是选择土壤深厚、土质疏松、透气性好的砂质土壤；二是施肥做畦，每亩施优质农家肥2000~3000kg，复合肥30~50kg，深翻30~40cm，耙细整平，做成畦面宽120~150cm，垄沟宽40cm，高30cm的高畦；三是适时播种，春播4月或秋播8~9月，将经过处理的种子撒播或条播于床面，覆土厚约1.5cm，每亩用种子8~10kg(育苗田用种量)；四是加强幼苗期管理，出苗后，适时疏苗和拔除杂草，并视具体情况适当浇水和排水；五是移栽管理，9月或第二年4月中旬，选择条长、苗壮、少分枝、无病虫伤斑的幼苗移栽，行株距为25cm×15cm，一般采用斜栽或平栽，沟深根据幼苗大小而定，一般以5~7cm为宜，栽后适时镇压。每亩栽苗1.5万~1.7万株。一亩苗一般可栽4~5亩生产田。

221. 如何进行黄芪田间管理？

（1）播后管理　黄芪种子小，拱土能力弱，播种浅，覆土薄，播种后要适时浇水，以保证出苗。

（2）中耕除草与间定苗　当幼苗出现5片小叶，苗高5~7cm时，按株距3~5cm三角状进行间苗，结合间苗进行一次中耕除草；苗高8~10cm时进行第二次中耕除草，以保持田间无杂草，地表土层不板结；当苗高10~12cm时，条播按株距6~8cm定苗，亩留苗2.4万~2.6万株。

（3）水肥管理　黄芪具有"喜水又怕水"的特性，要适时排灌水；在植株生长旺期，每亩追施复合肥50kg，于行间开沟施入，施肥后浇水。

222. 如何防治黄芪白粉病？

主要为害黄芪叶片，初期叶两面生白粉状斑；严重时，整个叶片被一层白粉所覆盖，叶柄和茎部也有白粉。防治措施如下。

（1）实行轮作　忌连作，不宜选豆科植物和易感白粉病的作物为前茬，前茬以玉米为好。

（2）加强田间管理　适时间定苗，合理密植，以利田间通风透光，可减少发病。施肥时，以有机肥为主，注意氮、磷、钾比例配合适当，不要偏施氮肥，以免徒长，降低植株抗病性。

（3）药剂防治　发病初期，交替使用以下药剂，7~10天喷

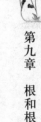

施1次，连续防治2~3次。用25%三唑酮 (粉锈宁) 可湿性粉剂800倍液，或50%多菌灵可湿性粉剂500~800倍液，或12.5%腈菌唑3000倍液，或10%苯醚甲环唑水分散剂1500倍液，或5%烯唑醇微乳剂1000倍液喷雾。

223. 如何防治黄芪根腐病?

植株叶片变黄枯萎，茎基部至主根均变为红褐干腐，上有红色条纹或纵裂，侧根很少或已腐烂，病株极易自土中拔起，主根维管束变褐色，在潮湿环境下，根茎部长出粉霉。植株往往成片枯死。防治措施如下。

① 控制土壤湿度，防止积水。

② 与禾本科作物轮作，实行条播和高畦栽培。

③ 发病初期用99%恶霉灵可湿性粉剂3000倍液或50%多菌灵可湿性粉剂600倍液等灌根。

224. 如何适时进行种子采收与根药采收?

(1) 种子采收 当荚果下垂，果皮变白，果内种子呈褐色时采收。采收时，可用人工采摘或用收割机收割地上部分植株，(地上留7~10cm)，晒干后脱粒，去掉杂质和秕粒，放置通风干燥处贮藏。

(2) 根药采收 直播黄芪一般多以2~3年采收。春季在解冻后进行，秋季在植株枯萎时进行，育苗移栽的黄芪，一般在栽种当年秋季就可采收。采收时，将植株割掉清除田外，人工或用起药机采挖，人工捡净根部，抖净泥土，运至晾晒场晒至七八成干时，捆成小把再晾晒全干即可。

黄芪植株　牛杰摄

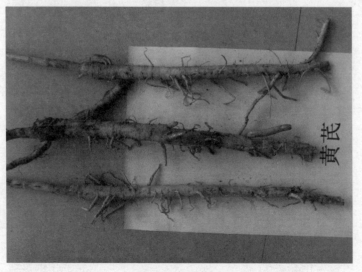

黄芪药材　牛杰摄

苦参

225. 苦参有哪些功效？

苦参，又叫苦骨、牛参、川参，为豆科植物苦参 (*sophora flavescens* Ait.) 的干燥根。具有清热、燥湿、杀虫、利尿之功效，治疗热毒血痢、肠风下血、黄疸尿闭、赤白带下、阴肿阴痒、小儿肺炎、疳积、急性扁桃体炎、痔满、脱肛、湿疹、湿疮、皮肤瘙痒、疥癣麻风、阴疮湿痒、瘰疬、烫伤等。外用可治疗滴虫性阴道炎。

226. 苦参适宜种植在什么样的环境？

苦参野生于山坡草地、丘陵、路旁，喜温暖气候，对土壤要求不严，但苦参为深根性植物，以土层深厚、肥沃、排灌方便的壤土或砂质壤土为宜。

227. 种植苦参如何整地？

每亩施入充分腐熟的有机肥2000~3000kg或三元复合肥100kg，深翻30~40cm，耙平整细，做成2~2.5m宽的畦。

228. 苦参有哪几种繁殖方法？

(1) 种子繁殖　7~9月，当苦参荚果变为深褐色时，采回晒干、脱粒、簸净，置干燥处备用。播种前要进行种子处理。方法：用40~50℃温水浸种10~12小时，取出后稍沥干即可播种；也可用湿沙层积 (种子与湿沙按1∶3混合) 20~30天再播种。于4月下旬至5月上旬，在整好的畦上，按行距50~60cm、株距30~40cm开深2~3cm的穴，每穴播种4~5粒种子，用细土拌草木灰覆盖，保持土壤湿润，15~20天出苗。苗高5~10cm时间苗，每穴留壮苗2株。

（2）分根繁殖　春、秋两季均可。秋栽于落叶后，春栽于萌芽前进行。春、秋栽培均结合苦参收获。把母株挖出，剪下粗根作药用，然后按母株上生芽和生根的多少，用刀切成数株，每株必须具有根和芽2~3个。按行距50~60cm，株距30~40cm栽苗，每穴栽1株。栽后盖土、浇透水。

229. 如何进行苦参的田间管理？

（1）中耕除草　苗期要进行中耕除草和培土，保持田间无杂草和土壤疏松、湿润，以利苦参生长。

（2）追肥　苗高15~20cm时进行，每亩施磷酸铵15kg或复合肥20kg。贫瘠的地块要适当增加追肥数量。

（3）合理排灌　天旱及施肥后要及时灌溉，保持土壤湿润。雨季要注意排涝，防止积水烂根。

（4）摘花　除留种地外，要及时剪去花薹，以免消耗养分。

230. 如何进行苦参病害的综合防治？

（1）叶枯病　8月上旬~9月上旬发病，发病时叶部先出现黄色斑点，继而叶色发黄，严重时植株枯死。防治方法：用50%多菌灵可湿性粉剂600倍液或50%甲基托布津500~800倍液喷洒2~3次，间隔7天一次。

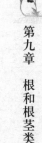

（2）白锈病　发病初期叶面出现黄绿色小斑点，外表有光泽的疱状斑点，病叶枯黄，以后脱落，多在秋末冬初或初春季发生。防治方法如下。

① 清理田园：将残株病叶集中烧毁或深埋；选择禾本科或豆科轮作。

② 合理密植：加强肥水管理，提高植株抗病能力。

③ 药剂防治：发病后可选用10%苯醚甲环唑水分散颗粒剂1500倍液，40%的氟硅唑乳油5000倍液，40%咯菌腈可湿性粉剂3000倍液等，每7~12天喷1次，连续喷雾2~3次。

（3）根腐病　常在高温多雨季节发生，病株先根部腐烂继而全株死亡，发病初期用50%多菌灵500~800倍液，或2.5%咯菌腈FS1000倍液，或30%恶霉灵+25%咪鲜胺按1∶1复配1000倍液灌根，7天喷灌1次，喷灌3次以上。

231. 苦参如何采收加工？

栽种3年后的9~11月或春季萌芽前采挖。刨出全株，按根的自然生长情况，分割成单根，去掉芦头、须根，洗净泥沙，鲜根切成1cm厚的圆片或斜片，晒干或烘干。

苦参植物　牛杰摄

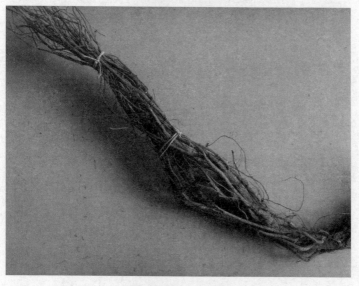

苦参药材　牛杰摄

板蓝根

232. 板蓝根有何药用价值?

板蓝根为十字花科植物菘蓝 (*Isatis indigotica* Fort.) 的干燥根, 具有清热解毒、凉血利咽等功效, 常用于温疫时毒、发热咽痛、温毒发斑、痄腮、烂喉丹痧、大头瘟疫、丹毒、痈肿等症, 是常用的大宗药材之一。菘蓝的干燥叶亦可入药, 即"大青叶", 具有清热解毒、凉血消斑等功效, 常用于温病高热、神昏、发斑发疹等证。

233. 生产上如何选择菘蓝品种?

菘蓝适应性很强, 在我国大部分地区都能种植, 主要产区分布在河北、安徽、内蒙古、甘肃等地。生产上常用的栽培品种有小叶菘蓝和四倍体菘蓝。小叶菘蓝从根的外观质量、药用成分含量、药效等方面均优于四倍体菘蓝, 而四倍体菘蓝叶大、较厚。因此, 以收获板蓝根为主的可以选择小叶菘蓝, 以收割大青叶为主的可以选择种植四倍体菘蓝。

234. 种植菘蓝如何选地整地?

菘蓝适应性较强, 对土壤环境条件要求不严, 适宜在土层深厚、疏松、肥沃的砂质壤土种植, 排水不良的低洼地。容易烂根, 不宜选用。种植基地应选择不受污染源影响或污染物含量限制在允许范围之内, 生态环境良好的农业生产区域, 产地的空气质量符合GB3095二级标准, 灌溉水质量符合

GB5084标准，土壤中铜元素含量低于80mg/kg，铅元素含量低于85mg/kg，其他指标符合土壤质量GB15618二级标准。

选好地后，每亩施腐熟的农家基肥2000kg，复合肥30~50kg，或生物肥料100kg。深耕30cm左右，耙细整平作畦，作畦方式可按当地习惯操作。

235. 菘蓝何时播种？越早播种越好吗？

春播菘蓝随着播种期后延，产量呈下降趋势，但也不是播种越早越好。因为菘蓝是低温春化植物，若播种过早遭遇倒春寒，会引起菘蓝当年开花结果，影响板蓝根的产量和质量。因此，菘蓝春季播种不宜过早，以清明以后播种为宜。此外，菘蓝也可在夏季播种，在6、7月份收完麦子等作物后进行。

播种时，按25cm行距开沟，沟深2~3cm，将种子按粒距3~5cm撒入沟内，播后覆土2cm，稍加镇压。每亩播种量1.5~2kg。

236. 种植菘蓝如何进行田间管理？

（1）间苗、定苗　当苗高4~7cm时，按株距8~10cm定苗，间苗时去弱留强，使行间植株保持三角形分布。

（2）中耕除草　幼苗出土后，做到有草就除，注意苗期应浅锄；植株封垄后，一般不再中耕，可用手拔除。大雨过后，应及时松土。

（3）追肥　6月上旬每亩追施尿素10~15kg，开沟施入行间。8月上旬再进行一次追肥，每亩追施过磷酸钙12kg，硫酸钾18kg，混合开沟施入行间。施肥后及时浇水。

(4)灌水排水　定苗后，视植株生长情况，进行浇水。如遇伏天干旱，可在早晚灌水，切勿在阳光曝晒下进行。多雨地区和雨季，要及时清理排水沟，以利及时排水，避免田间积水、引起烂根。

237. 菘蓝常见的病虫害有哪些？如何防治？

菘蓝的病虫害在营养生长期以白粉病、菜青虫为主，在花期以蚜虫为主。

(1)白粉病　主要危害叶片，以叶背面较多，茎、花上也可发生。叶面最初产生近圆形白色粉状斑，扩展后连成片，呈边缘不明显的大片白粉区，严重时整株被白粉覆盖；后期白粉呈灰白色，叶片枯黄萎蔫。防治方法如下。

① 农业防治：前茬不选用十字花科作物；合理密植，增施磷、钾肥，增强抗病力；排除田间积水，抑制病害的发生；发病初期及时摘除病叶，收获后清除病残枝和落叶，携出田外集中深埋或烧毁。

② 生物防治：用2%农抗120水剂或1%武夷菌素水剂150倍液喷雾，7~10天喷1次，连喷2~3次。

③ 药剂防治：发病初期选用戊唑醇(25%金海可湿性粉剂)或三唑酮(15%粉锈宁可湿性粉剂)1000倍液，或50%多菌灵可湿性粉剂500~800倍液，或甲基硫菌灵(70%甲基托布津可湿性粉剂)800倍液等喷雾防治。

(2)菜青虫(菜粉蝶)　防治方法如下。

① 生物防治：菜粉蝶产卵期，每亩释放广赤眼蜂1万头，隔3~5天释放1次，连续放3~4次。或于卵孵化盛期，用100

亿/克活芽孢Bt可湿性粉剂300~500倍液，或每亩用100~150g的10亿PIB/ml核型多角体病毒悬浮液；或用氟啶脲(5%抑太保)2500倍液，或25%灭幼脲悬浮剂2500倍液，或虫酰肼(24%米满)1000~1500倍液喷雾防治。7天喷1次，连续防治2~3次。

② 药剂防治：用多杀霉素(2.5%菜喜悬浮剂)3000倍液，或高效氯氟氰菊酯(2.5%功夫乳油)4000倍液，或联苯菊酯(10%天王星乳油)1000倍液，或50%辛硫磷乳油1000倍液等喷雾防治。

(3) 蚜虫　防治方法如下。

① 物理防治：黄板诱杀蚜虫，有翅蚜初发期可用市场上出售的商品黄板，每亩挂30~40块。

② 生物防治：前期蚜量少时保护利用瓢虫等天敌，进行自然控制。无翅蚜发生初期，用0.3%苦参碱乳剂800~1000倍液喷雾防治。

③ 药剂防治：用10%吡虫啉可湿性粉剂1000倍液，或3%啶虫脒乳油1500倍液，或2.5%联苯菊酯乳油3000倍液，或4.5%高效氯氰菊酯乳油1500倍液，或50%辟蚜雾可湿性粉剂2000~3000倍液或其他有效药剂，交替喷雾防治。

238. 大青叶、板蓝根何时采收好?

在北方由于种植习惯，一般不收割大青叶。若收割大青叶，以不显著影响板蓝根的产量和药用成分含量为前提。通过试验表明，大青叶第一次收割应在7月底或8月初，若在6月份割叶会引起板蓝根产量显著下降，与不割叶相比降幅达

38.43%，这是因为6月份为板蓝根产量增加的关键时期，割去叶子势必造成板蓝根产量的大幅下降。第二次收割可选择在收获板蓝根时进行，这样不会对板蓝根产量及成分含量产生明显的影响。

板蓝根适宜采收期的选择主要看其产量和药用成分含量。试验表明，板蓝根的产量随生长期延长而增高，10月和11月产量增加不明显，板蓝根药用成分含量随生长期延长先增高后降低，10月中旬达到峰值。因此，板蓝根的适宜采收期在种植当年10月中下旬。平原种植的菘蓝可以选择大型的收割机械，收割深度在35cm即可，这样不仅提高了效率，还大大节约了人工成本；山区种植不能采用收割机械的，应选择晴天从一侧顺垄挖采，抖净泥土晒干即可。

239. 菘蓝繁种需注意哪些问题？

菘蓝当年不开花，若要采收种子需待到第二年。菘蓝属于异花授粉，不同品种种植太近易发生串粉，导致品种不纯。目前，市场上的板蓝根品种的纯度较低，且大部分为非人为的杂交种子，表现为地上部分多分枝、产量低、药用成分含量不稳定等。因此，菘蓝繁种要注意以下几个方面。

首先，选择无病虫害、主根粗壮、不分岔且纯度高的菘蓝作为留种田，并确保周围1km范围内无其他菘蓝品种。其次，第二年返青时，每亩施入基肥1000~2000kg；在花蕾期要保证田间水分充足，否则种子不饱满。第三，待种子完全成熟后(种子呈现紫黑色)进行采收，割下果枝晒干，除去杂质，存放于通风干燥处待用。

菘蓝植株 田伟摄

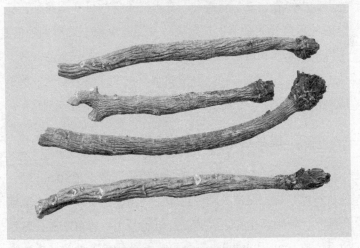

板蓝根药材 谢晓亮摄

远志

240. 远志有何药用价值？

远志为远志科植物远志 (*Polygala tenuifolia* Willd.) 或卵叶远志 (*Polygala sibirica* L.) 的干燥根，具有安神益智、祛痰、消肿等功效，常用于心肾不交引起的失眠多梦、健忘惊悸、神志恍惚等症。卵叶远志多见于野生，很少栽培，现在生产上栽培的主要为远志。

241. 远志如何适期播种？

远志可春、夏、秋播种。有水浇条件的可春季播种，春季播种出苗慢而杂草生长较快，易引起草荒，可适期晚播。旱地多夏末秋初趁雨季播种，此时温度高、水分充足，利于种子萌发，7~15天出苗，且田间杂草也少，便于管理。秋季播种宜在秋分前，否则冬前苗弱抗寒能力差，不能安全越冬。

242. 提高远志产量的关键技术措施有哪些？

(1) 深耕整地，施足底肥　播种前深翻土地30cm以上，秋耕越深越好，以消灭越冬虫卵、病菌，也可以改善土壤理化性状促使根系生长。底肥以有机肥为主，每亩施充分腐熟的农家肥2000~3000kg，尿素33kg，过磷酸钙67kg，硫酸钾10kg，把基肥撒匀，翻入地内，再深耕细耙。

(2) 出苗前切忌浇蒙头水　播种后可采用覆盖稻草等方法

保持土壤湿润，若墒情不好需要浇水时，需选择喷灌而不能用水渠浇灌。

(3) 与玉米等高秆作物合理间作，提高幼苗成活率　遮阴处理对远志保苗具有重要作用，可以与玉米、高粱等高秆作物间作，在远志播种前，按行距约3m种植单行玉米等作物，可显著提高幼苗成活率，增加产量。

(4) 宽幅播种，提高种植密度　采用"宽幅条播"技术，即远志行距30cm、播幅15cm，亩播种量为2.5~3.0kg。此法与传统种植方法相比，二年生远志增产30%以上。

243. 远志常见的病虫害有哪些？如何防治？

远志在生长过程中，常见的病虫害有叶枯病、蚜虫、豆芫菁等，一定要及时防治，以免造成减产。

(1) 叶枯病　主要危害叶片。发病初期，在叶正面中部，沿叶脉出现暗绿色针头大小的斑点，病斑呈梭形或纺锤形；后期病斑中央灰白色，边缘深褐色，干燥时易破裂，严重时地上部分全部枯死。防治方法如下。

① 农业防治：与禾本科作物实行2年以上的轮作。

② 药剂防治：发病初期用50%多菌灵可湿性粉剂或甲基硫菌灵(70%甲基托布津可湿性粉剂)600~800倍液喷雾防治。每隔7天喷1次，连喷2次以上。

(2) 蚜虫　防治方法如下。

① 物理防治：黄板诱杀蚜虫，有翅蚜初发期可用市场上出售的商品黄板；每亩挂30~40块。

② 生物防治：前期蚜量少时保护利用瓢虫等天敌，进行自然控制。无翅蚜发生初期，用0.3％苦参碱乳剂800~1000倍液喷雾防治。

③ 药剂防治：用10％吡虫啉可湿性粉剂1000倍液，或25％吡蚜酮可湿性粉剂1000倍液，或2.5％联苯菊酯乳油3000倍液交替喷雾防治。

(3) 豆芫菁　防治方法如下。

① 农业防治：秋季深翻土地，杀伤越冬害虫。

② 药剂防治：用4.5％高效氯氰菊酯3000倍液，或虫酰肼(24％米满)1000倍液等喷雾防治。

244. 如何在山区进行远志仿野生种植？

选择7、8月份的雨季，在荒山、丘陵地带除去地表杂草，然后将远志种子均匀地撒在土表，之后覆上一薄层蛭石或细土，每亩用种1~1.5kg。苗期及时拔除苗田大草，出苗后基本上不需要人工管理，一般三年即可采收。

245. 如何采收远志种子？

直播远志当年基本不开花，第二年以后开始开花结籽，花期从6月上旬至8月中旬，新的总状花序不断长出，种子随熟随落，种子细小，多落粒后人工从垄间扫取；利用吸尘器原理研制出远志种子采收机械，大大提高了采收效率。采收的种子要及时晒干，通过风选机去除杂质。

246. 远志何时采收和加工？

直播远志宜第三年秋季采收。采挖后除去泥土和杂质，稍加晾晒，至根条柔软时，挑选大且直的根条剪去芦头抽出木心，晒干即为"远志筒"；较小的可以用木棒敲打至皮部与木心分离，去除木心晒干即为"远志肉"，也可直接晒干，即为"远志棍"。

远志植株 谢晓亮摄

远志药材 谢晓亮摄

丹参

247. 丹参有何药用价值?

丹参(*Salvia miltiorrhiza* Bge.)为唇形科鼠尾草属多年生草本药用植物,是河北省大宗、主产药材,主治心血管系统疾病,具活血祛瘀、消肿止痛、养血安神的功能。用于胸痹心痛,脘腹胁痛,癥瘕积聚,热痹疼痛,心烦不眠,月经不调,痛经经闭,疮疡肿痛。以丹参为原料生产的丹参片、复方丹参酊、冠心片、丹参丸、丹参注射液等中成药近百种,生产的剂型有蜜丸、水丸、片剂、酒剂、冲剂、糖浆剂、注射剂等10多种。一系列对重大疾病有疗效的丹参新药的研制开发,使丹参用量不断增加,种植面积不断增大,已成为国内外市场上重要的药材之一。丹参在市场非常畅销,价格也比较稳定。

248. 种植丹参时如何选地整地?

根据丹参的生活习性,应选择光照充足、排水良好、土层深厚,质地疏松的砂质壤土。土质黏重、低洼积水、有物遮光的地块不宜种植。每亩施入充分腐熟的有机肥2000~3000kg作基肥,深翻30~40cm,耙细整平,做畦,地块周围挖排水沟,使其旱能浇、涝能排。

249. 丹参的繁殖方法有哪几种?

丹参有四种繁殖方法,包括种子繁殖、分根繁殖、芦头繁殖和扦插繁殖。生产上多采用种子繁殖和分根繁殖。

（1）种子繁殖　丹参种子发芽率为30%~65%左右。幼苗期间只生基生叶，2龄苗才会进入开花结实阶段，种子千粒重为1.4~1.7g。

① 春播：于3月下旬在畦上开沟播种，播后浇水，畦面上加盖塑料地膜，保持土温18℃~22℃和一定湿度，播后半月左右可出苗。出苗后在地膜上打孔放苗，苗高6~l0cm时间苗，5~6月可定植于大田。

② 秋播：6~9月，种子成熟后，分批采下种子，在畦上按行距25~30cm，开1~2cm深的浅沟，将种子均匀地播入沟内，覆土荡平，以盖住种子为宜，浇水。约半月后便可出苗。

（2）分根繁殖　开5~7cm沟，按株距20~25cm，行距25~30cm将种根撒于沟内，覆土2~3cm，覆土不宜过厚或过薄，否则难以出苗。栽后用地膜覆盖，利于保墒保温，促使早出苗、早生根。每亩用丹参种根60~75kg。

（3）芦头繁殖　按行株距25cm挖窝或开沟，沟深以细根能自然伸直为宜，将芦头栽入窝或沟内，覆土。

（4）扦插繁殖　于7~8月剪取生长健壮的茎枝，截成12~15cm长的插穗，剪除下部叶片，上部保留2~3片叶。在备好的畦上，按行距20cm开斜沟，将插穗按株距10cm斜放入沟中，插穗入土2~3cm，顺沟培土压实，浇水，遮阴，保持土壤湿润。一般20天左右便可生根，成苗率90%以上。待根长3cm时，便可定植于大田。

250. 何时种植丹参？

丹参种植一般分春季、夏季和秋季。春季栽种在3月下旬至4月上旬；秋季栽种在10月下旬至11月上旬；秋季丹参种子成熟后即可播种。低山丘陵区采用仿野生栽培丹参时，可在7~8月雨季播种。

251. 丹参田间管理的技术措施有哪些？

丹参田间管理主要包括中耕除草、追肥、排灌水和摘花等。一般中耕除草 3次，第1次在返青时或苗高约6cm时进行，第2次在6月份，第3次在7、8月份，封垄后不再行中耕除草。丹参以施基肥为主，生长期可结合中耕除草追肥。排灌：雨季注意排水防涝，积水影响丹参根的生长，降低产量、品质，甚至烂根死苗。丹参开花期，除准备收获种子的植株外，必须分次将花序摘除，以利根部生长，提高产量。

252. 脱病毒丹参在生产上应用前景如何？

丹参是河北省主产药材品种，病毒感染已成为丹参药材产量低、质量差的重要原因之一。河北省农林科学院药用植物研究中心经过多年研究，明确了侵染丹参的病毒病原种类，建立了"微细胞团块再生法脱除丹参病毒新技术"，获得了丹参脱病毒植株。脱毒丹参产量比对照提高20%以上。脱毒丹参的推广应用，将对提高丹参产量和质量起到重要作用。

253. 生产上丹参如何施肥？

一般每亩底施腐熟的有机肥2000~3000kg，整个生育期施尿素25~35千克/亩、过磷酸钙35~50千克/亩，硫酸钾20~30千

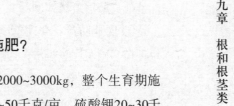

克/亩。其中40%的氮肥、全部的磷肥、70%的钾肥在丹参种植时底施。其余分两次追施，第一次追肥是在花期，60%的氮肥、10%的钾肥，以利于丹参的生殖生长；第二次追肥是在丹参生长的中后期（8月中旬至9月上旬），追施余下的钾肥，以促进根的生长发育。为了满足丹参整个生长期对微量元素的需求，还可底施一定量的微肥，硫酸锌3.0千克/亩、硫酸亚铁15.0千克/亩、硫酸锰4.0千克/亩、硼酸1.0千克/亩、硫酸铜2.0千克/亩。

254. 如何进行丹参主要病害防治？

生产上主要是根腐病和根结线虫病危害严重。贯彻"预防为主，综合防治"的植保方针，通过选用抗性品种，培育壮苗，加强栽培管理，科学施肥等栽培措施，综合采用农业防治、物理防治、生物防治，结合化学防治，将有害生物危害控制在允许范围以内。农药安全使用间隔期遵守GB/T 8321.1~7，没有标明农药安全间隔期的农药品种，收获前30天停止使用。

（1）根腐病 危害植株根部。发病初期须根、支根变褐腐烂，逐渐向主根蔓延，最后导致全根腐烂，外皮变为黑色，随着根部腐烂程度的加剧，地上茎叶自下而上枯萎，最终全株枯死。防治方法如下。

① 农业防治：合理轮作；选择地势高燥、排水良好的地块种植，雨季注意排水；选择健壮无病的种苗。

② 药剂防治：发病初期用50%多菌灵或甲基硫菌灵（70%甲基托布津可湿性粉剂）500~800倍液，或75%代森锰锌络合

物800倍液，或30%恶霉灵+25%咪鲜胺按1∶1复配1000倍液或用10亿活芽孢/克枯草芽孢杆菌500倍液灌根，7天喷灌1次，喷灌3次以上。

（2）根结线虫病　在须根上形成许多瘤状结节，植株地上部矮小萎黄。防治方法：建立无病留种田，并实施检疫，防止带病繁殖材料进入无病区。与禾本科作物轮作，不重茬。

（3）叶斑病　该病7~8月发生。危害叶片，病斑黄色或黄褐色，严重时整个叶片变成灰褐色枯萎死亡。防治方法：发病初期用50%多菌灵可湿性粉剂600倍液，或3%广枯灵（恶霉灵＋甲霜灵）600~800倍液，或75%代森锰锌络合物800倍液，或25%咪鲜胺可湿性粉剂1000倍液等喷雾防治。

255. 丹参药材何时采收和加工？

分根繁殖的丹参，种植当年秋季霜后或第2年春天萌芽前采收。种子繁殖的丹参一年半采收。采收时从垅的一端顺垄挖采；也可采用深耕犁机械采挖，注意尽量保留须根，采挖后晒干或烘干即可，忌用水洗。

丹参植株　温春秀摄

丹参药材　温春秀摄

山药

256. 山药有何药用价值？

山药为薯蓣科植物薯蓣 (*Dioscorea opposita* Thunb.) 的干燥根茎，药材名山药，性平，味甘，归脾、肺、肾经。具有补脾养胃，生津益肺，补肾涩精作用，用于脾虚食少，久泻不止，肺虚咳喘，肾虚遗精，带下，尿频，虚热消渴等症。麸炒山药补脾健胃，用于脾虚食少，泄泻便溏，白带过多。山药含有淀粉、薯蓣皂苷、黏液质、糖蛋白、多酚氧化酶、维生素C、氨基酸、尿囊素及矿质元素等。现代药理研究表明，山药具营养滋补、诱生干扰素、增强机体免疫力、调节内分泌、补气通脉、镇咳祛痰、平喘等作用，能改善冠状动脉及微循环血流，可治疗糖尿病、慢性气管炎、冠心病、心绞痛等。山药始载于《神农本草经》，临床上有许多以山药为主的方剂，如薯蓣丸、六味地黄丸、缩泉丸等。山药还是药食同源的品种之一，根茎肥厚多汁，又甜又绵，且带黏性，生食热食都是美味。作食疗药膳应用时，多制成粥、糕点等保健食品。

257. 山药生产中有哪些品种类型？

山药在我国大部分地区均有栽培，主产于河南、山西、河北和陕西等省，河南省温县、武陟、博爱、沁阳等地所产"怀山药"为著名"四大怀药"之一，河北省安国、蠡县等地所产祁山药为著名"八大祁药"之一。山药在长期栽培过程中形成了较多各具特色的地方性品种类型，如"铁棍山药"、"太谷山药"、"小白嘴山药"、"花子山药"、"白玉山药"、"华州山药"、"安国棒药"等，各品种类型的植物学特征、生物学特性、产量潜力和活性成分含量存在差异，各地种植时应选择适宜的品种类型。

258. 山药的繁殖方法有哪几种？

山药生产中多为无性繁殖。繁殖方法有3种，为芦头繁殖、零余子繁殖和根茎繁殖。

(1) 芦头繁殖　又称顶芽繁殖，芦头即山药根茎上端有芽的一节。秋末挖取山药时，选择根茎短、粗细适中、无分枝、无病虫害的山药，将上端芽头部位长约20cm切下做种 (即芦头)。芦头剪下后，南方放在室内通风处晾6~7天，北方可在室外晾4~5天，使表面水汽蒸发，断面愈合，然后放入地窖内 (北方) 或在干燥的屋角 (南方)，一层芦头一层稍湿润的河沙，约2~3层，上盖草防冻保湿。贮藏期间常检查，及时调节湿度，至第二年春取出栽种。

(2) 零余子繁殖　又称珠芽繁殖，零余子为薯蓣叶腋处着生的珠芽，数量多，繁殖系数高。一般于9~10月间零余子成熟后采摘，或地上茎叶枯萎时拾起落在地上的零余子，晾2~3天后，放在室内竹篓、木桶或麻袋中贮藏，室温控制在5℃左右，第二年春取出后播种。

(3) 根茎繁殖　是将鲜山药切成8~10cm长的段，切口涂上草木灰，晾晒3~5天，至伤口愈合，按照芦头繁殖方法栽种于田间。

259. 山药生产中如何克服品种的种性退化？

山药芦头繁殖是最常用的无性繁殖方法，萌芽迅速，出苗整齐，当年即可收获山药产品，但长期使用芦头繁殖易引起品种的种性退化，主要表现为山药的营养及药用成分含量波动大，抗逆性减弱，食用器官变小或畸形化，肉色发黄，单产低而不稳定等，降低了山药的商品价值。零余子繁殖虽然也属无性繁殖，但零余子为山药叶腋处的变态珠芽，具有种子繁殖相似的特性，能提高山药的生命力，防止种性退化，且具有繁殖系数高和占地少的特点。零余子繁殖的缺点是生长速度慢，繁殖时间长，零余子生长一年只能作为芦头种栽而不能收获山药产品。因此，零余子培育一年获得芦头，芦头作为繁殖材料进行山药生产，前两年产量较高，以后产量逐年降低，零余子种栽的生产使用年限一般不超过3年。

260. 如何选择山药芦头和零余子优质种苗？

山药种植前应选择优质芦头种苗。依照山药芦头的直径、单株重、出苗率和病虫害的有无等将山药芦头划分为两级，低于二级的不能作为商品种苗使用。山药芦头的单株直径≥1.5cm，单株重≥25g，出苗率≥95%，且无机械损伤和检疫性病虫害的为一级种苗；山药芦头的单株直径≥1.0cm，单株重≥15g，出苗率≥80%，且无机械损伤和检疫性病虫害的为二级种苗。

生产中应选择优质零余子做种栽。依照山药零余子的发芽率、百粒重、直径、芽眼数和病虫害的有无等将其划分为三级，低于三级的不能作为商品种苗使用。山药零余子的发芽率

≥95%，百粒重≥210g，单粒直径≥2.2cm，芽眼数≥20 个，且无机械损伤和检疫性病虫害的为一级种苗；山药零余子的发芽率≥85%，百粒重≥150g，单粒直径≥1.7cm，芽眼数≥16个，且无机械损伤和检疫性病虫害的为二级种苗；山药零余子的发芽率≥75%，百粒重≥70g，单粒直径≥1.2cm，芽眼数≥12个，且无机械损伤和检疫性病虫害的为三级种苗。

261. 如何进行山药栽前的选地整地？

山药地下根茎发达，土壤养分消耗大，宜选择地势高燥，土层深厚，疏松肥沃，避风向阳，排水流畅，酸碱度中性的砂质土壤，低洼、黏土、碱地均不宜栽种。山药连作病虫害严重，前作以禾本科、豆科或蔬菜为佳。

山药种植分平畦和高垄种植。高垄种植，冬前或前作收获后，选择种植地灌水，一般亩施腐熟的有机肥3000~4000kg，饼肥100kg和复合肥50~150kg，机械开沟，形成垄宽80cm，深松80~100cm的种植带，于垄上开沟、栽种。平畦种植，选择种植地机械开沟，形成垄宽80cm，深松80~100cm的种植带，灌水塌实，参照高垄种植方法沟内施肥，做成平畦，顺种植带开沟、栽种。试验研究表明：有机肥和化肥配合做底肥施用有良好增产提质效果，亩施用纯氮15kg、五氧化二磷13.5kg、氧化钾13.5kg，可显著提高山药产量和山药多糖、尿囊素及薯蓣皂苷元等活性成分含量。

262. 如何栽种山药芦头和零余子？

当5cm地温稳定在10℃以上栽种山药芦头。华北地区一般在4月中、下旬。取出沙藏的芦头，选择优质芦头种苗放在阳光下晾晒5天，晒至断面干裂，皮呈灰色，能划出绿痕为佳。然后用50%多菌灵300倍液浸种15分钟，晾干后栽种。行距40~60cm，株距15~20cm。栽植时，开8~10cm深沟，将芦头朝同一方向水平放于沟内，株距以两芽头之间的距离为准，覆土6~8cm并踩实，耙平。

零余子繁殖常采用沟播。华北地区4月上、中旬开沟栽种，在做好的畦内按行距20~30cm开沟，沟深3~4cm，将优质零余子种苗按株距10~12cm播于沟内，覆土压实，浇一次透水，15~20天出苗。当年可收获小山药，第二年做种栽。

263. 如何进行山药田间管理?

山药田间管理技术包括中耕除草、设立支架、追肥、排灌水及整枝等。

(1) 中耕除草　5月上、中旬，幼苗出土后浅中耕松土除草，注意勿损伤芦头或种栽；6月中、下旬，茎蔓上架前深锄一遍；茎蔓上架后若不能中耕，则进行人工拔草。

(2) 设立支架　在行间用竹竿或树枝搭设支架，每两行搭设一个支架，架高2m，然后将茎蔓牵引上架。也可用尼龙网做支架，在两个支撑物之间拉一条尼龙网，省工，省时，且不易倒伏。如用上年使用过的支架要消毒处理，避免病菌传播。

(3) 追肥　苗高30cm时结合中耕除草，每亩追施纯氮7kg(尿素15kg)；茎蔓生长旺盛时期，每亩再增施纯氮8kg(尿素15kg)，施后浇水。根茎膨大期，叶面喷施0.3%磷酸二氢钾液2~3次，促进地下根茎迅速膨大。

(4) 排灌水　山药忌涝，雨季要及时疏沟排除积水；干旱时及时灌水，立秋后灌一次透水促山药增粗。

(5) 整枝　山药栽子一般只出一个苗，如有数苗，应于蔓长7~8cm时，选留一条健壮的蔓，将其余的去除。有的品种侧枝发生过多，为避免消耗养分和利于通风透光，应摘去基部侧蔓，保留上部侧蔓。

264. 如何进行山药主要病害的防治？

山药常见病害有炭疽病、白锈病、褐斑病及线虫病等，生产中应采取农业防治、生物防治和化学防治相结合的方法。

(1) 炭疽病　主要为害叶片和藤茎，初发症状为水渍状，叶片发病后扩散为褐色至黑褐色的圆形或椭圆形病斑，病斑中间有褐色轮纹，病斑上带有黑色圆点；茎部为梭形不规则斑。防治方法如下。

① 农业防治：与禾本科作物或十字花科蔬菜轮作三年以上。

② 化学防治：栽前50%多菌灵300倍液浸种；6月上旬用50%多菌灵600倍液，或70%甲基硫菌灵可湿性粉剂800倍液喷雾，连续2~3次，可以起到预防作用；发病期用10%苯醚甲环唑和25%吡唑醚菌酯按2∶1复配2000倍液或30%恶霉灵+25%咪鲜胺按1∶1复配1000倍液喷雾，或50%醚菌酯干悬浮剂3000倍液，7天一次，连续3次以上。

(2) 白锈病　为害茎叶，茎叶上出现白色突起的小疙瘩，破裂，散出白色粉末，造成地上部枯萎。防治方法如下。

① 农业防治：栽培地不能过湿，雨后注意排水，与禾本科作物轮作。

② 生物防治：发病初期或发病前，用2%农抗120水剂或1%武夷菌素水剂150倍液，或1%蛇床子素500倍液喷雾。

③ 化学防治：发病初期用50%多菌灵可湿性粉剂500倍液，或70%甲基硫菌灵可湿性粉剂1000倍液喷雾防治；发病后期用25%戊唑醇可湿性粉剂3000倍液，或15%粉锈宁（三唑酮）可湿性粉剂1000倍液或30%氟硅唑可湿性粉剂2000倍液等喷雾防治。

(3)褐斑病　主要危害叶片，叶柄及茎蔓也可受害。叶面上产生近圆形或不规则形褪绿黄斑，大小不等，边缘褐色，中部灰白色至灰褐色，病斑上出现针尖状小黑粒。防治方法同炭疽病。

(4)线虫病　为害地下根茎。茎的表皮上产生许多大小不等的近似馒头形的瘤状物，瘤状物相互愈合、重叠形成更大的瘤状物，瘤状物上产生少量粗短的白根。发病部位的皮色比正常皮色明显偏暗，呈黄褐色。在茎的细根上有小米粒大小的根结存在，严重影响山药质量和产量。防治方法如下。

① 农业防治：与禾本科作物轮作3年以上。

② 生物防治：亩用淡紫拟青霉素（2亿孢子/克）2kg穴施灌根，7天一次，连续两次。

③ 化学防治：用1.8%阿维菌素1500倍液灌根，或加入1/3量（常规推荐用量）的0.3%苦参碱乳剂，每株灌300~400ml，7天灌一次，连灌2次。或亩用10%噻唑膦颗粒剂1.5kg，或亩用42%威百亩水剂5kg处理土壤，轮换或交替用药。

265. 如何进行山药主要害虫的防治？

危害山药的害虫有蛴螬、叶蜂、盲蝽蟓及地老虎等，应

物理防治、生物防治、农业防治和化学防治相结合。

(1)蛴螬 ① 农业防治：冬前将栽种地块深耕多耙、杀伤虫源，减少幼虫的越冬基数。

② 物理防治：利用成虫的趋光性，采用黑光灯诱杀，一般50亩安装一台。

③ 生物防治：利用白僵菌或乳状菌等生物制剂防治幼虫，乳状菌每亩用1.5kg，卵孢白僵菌每平方米用$2.0×10^9$孢子。

④ 化学防治：可采用毒土和喷灌综合运用。毒土防治每亩用3%辛硫磷颗粒剂3~4kg，混细沙土10kg制成的药土，在播种或栽植时顺沟撒施，施后灌水。喷灌防治用90%敌百虫晶体，或50%辛硫磷乳油800倍液等灌根防治幼虫。

(2)叶蜂 在1~2龄幼虫盛发期，选用50%辛硫磷乳油1000倍液，或2.5%溴氰菊酯乳油3000倍液，或90%晶体敌百虫1000倍液喷雾防治。

(3)盲蝽蟓 发生初期选用10%吡虫啉可湿性粉剂1000倍液，或25%噻虫嗪1000倍液，或5%甲维盐1500倍液，或20%氯虫苯甲酰胺1500倍液等喷雾。

(4)地老虎 ① 人工防治：清晨查苗，发现断苗时，在其附近扒开表土捕捉幼虫。

② 物理防治：成虫活动期用糖醋液(糖：酒：醋=1：0.5：2)放在田间1m高处诱杀，每亩放置5~6盆；灯光诱杀成虫。

③ 化学防治：可采取毒饵或毒土诱杀幼虫及喷灌药剂防治。毒饵诱杀，每亩用50%辛硫磷乳油0.5kg，加水8~10kg，喷到炒过的40kg棉籽饼或麦麸上制成毒饵，傍晚撒于秧苗周

围。毒土诱杀，每亩用90%敌百虫粉剂1.5~2kg，加细土20kg制成的，顺垄撒施于幼苗根际附近。喷灌防治，用90%敌百虫晶体或50%辛硫磷乳油1000倍液喷灌防治幼虫。

266. 如何进行山药的适期采收？

山药在栽种当年的10月底至11月初，地上茎叶干枯后采收。采收过早产量低，含水量高，易折断。先拆除支架并抖落零余子，割去茎蔓，再挖取地下根茎。目前山药生产中有人工采挖和机械收获两种方法。

人工采挖为常用方法。一般从畦的一端开始，顺垄挖采，逐株挖取，避免根茎伤损和折断。机械收获可提高收获效率，减少用工成本，目前已在山药生产中开始应用，也是今后发展方向。

267. 如何进行山药产地初加工？

山药商品有毛山药和光山药2种。毛山药：将采回的山药趁鲜洗净泥土，切去根头，用竹刀等刮去外皮和须根，然后干燥，即为毛山药。光山药：选顺直肥大的干燥山药，置清水中浸至无干心，闷透，用木板搓成圆柱状，切齐两端，晒干，打光，即为光山药。需要说明的是，山药传统加工方法为用硫黄熏蒸，会造成二氧化硫残留和有效成分损失。现代加工技术研究了山药护色液、微波真空冷冻等干燥方法，加工后的商品有山药片和山药粉等。

薯蓣植株　杨太新摄

鲜山药　杨太新摄

北沙参

268. 北沙参有何药用价值?

本品为伞形科植物珊瑚菜 (*Glehnia littoralis* Fr.Schmidt exmiq.) 的干燥根。夏、秋二季采挖,除去须根,洗净,稍晾,置沸水中烫后,除去外皮,干燥;或洗净直接干燥。味甘微苦,微寒,入肝、胃经。有养阴清肺、益胃生津之功效。临床上主要用于治疗肺热燥咳,热病伤津口渴、劳嗽痰血等病症。

北沙参含有挥发油、香豆素、淀粉、生物碱、三萜酸、豆甾醇、谷甾醇,沙参素等成分。实验证明,北沙参能提高T细胞比值,提高淋巴细胞转化率,升高白细胞,增强巨噬细胞功能,延长抗体存在时间,提高B细胞,促进免疫功能。北沙参可增强正气,减少疾病,预防癌症的产生。

269. 如何根据珊瑚菜生长习性进行选地整地?

珊瑚菜在不同的生长发育阶段对气温的要求不同,种子萌发必须通过低温阶段,营养生长期则以温和的气温条件下发育快,气温过高会使植株出现短期休眠,当高温季节一过,休眠解除;而开花结果期则需较高的气温;冬季植株地上部分枯萎,根部能露地越冬。

珊瑚菜喜阳光充足、温暖、潮湿的气候,能耐寒、耐干旱、耐盐碱,但忌水涝、忌连作。适宜珊瑚菜生长的生态地理范围很广,北自辽宁,南至广东、海南,跨越多个气候带,气候条件差异大。年均气温8~24℃,≥0℃积温

4000~9000℃，无霜期150天以上，最冷月平均气温-10℃以上，最热月平均气温25℃以上，年降水量600~2000mm都适合珊瑚菜的生长。

珊瑚菜不能连作，前茬作物以薯类为最好，忌花生及豆科作物，宜选土层深厚、肥沃、排水良好、重金属含量和农药残留不超标的砂土或砂壤土地块种植。珊瑚菜是深根作物，选地后要深翻土壤40cm左右，亩施农家肥4000~6000kg，有条件的还可再施饼肥和磷钾肥50~100kg，翻入土内作基肥，然后充分整细，使土层疏松，耙平后作1.5m宽的高畦或平畦，四周挖好较深的排水沟待播。

270. 珊瑚菜如何进行播前种子处理？

珊瑚菜种子属低温型种子，刚收获的种子胚尚未发育好，长度仅为胚乳的1/7，有胚后熟特征，胚后熟需在5℃以下低温，经4个月左右才能完成，因此播前必须经过低温冷藏处理。未经低温冷藏处理的种子，春季播种后当年不出苗。所以必须在冬季将种子拌3倍左右的湿沙，放在室外潮湿处，埋于土中进行低温沙藏处理，使种胚发育成熟，渡过休眠，正常发芽。

271. 珊瑚菜如何播种？

珊瑚菜春、秋、冬季播种均可，春播宜早，解冻后即播。但以晚秋或初冬土地封冻前播种为好，既不用播前种子沙藏处理，而且出苗整齐一致。较冷凉地区晚秋播种，温暖地区可于初冬播种。播前20多天湿润种子，常翻动检查，至种仁发软。珊瑚菜当年种子发芽率高，出苗齐。隔年种子发芽率显著降低，放到第三年丧失发芽能力。秋冬播的第二年谷雨前后出苗，当年不开花结果，第三年才开花结果。次年春播发芽率显著降低。播种形式分窄幅条播和宽幅条播。窄幅条播，行距12~15cm，沿畦横开4cm深的沟，将种子均匀撒于沟内，播幅4cm，种子与种子相隔4~5cm，开第二行沟的土覆盖前一沟，厚度约3cm，覆土后踩一遍。宽幅条播，按行距25cm，开4cm深的沟，播幅15cm（播幅多少），其他方法同上。一般每亩用种6~7.5kg。

272. 珊瑚菜如何进行田间管理？

珊瑚菜主要田间管理措施如下。

（1）除草　珊瑚菜幼苗叶嫩脆易断，且行株距较小，不宜中耕除草，宜拔除杂草。

（2）间定苗　苗高4~5cm，3~4片叶子时按三角形留苗，株距3cm，留苗过密生长不好，过稀参根粗而质松。

（3）灌水　春季一般不浇水，地面稍干有利于参根下伸。十分干旱时适当浇水，以地透为度。春涝根条短粗，雨季注意排水。秋季土壤干旱要浇透水。

（4）追肥　生长期追肥3次。第一次于苗出齐后进行，每亩追施清淡粪水1500kg；第二次于定苗后，每亩施腐熟人畜粪水2000~2500kg，促进幼苗生长健壮；第三次于7月后，根条膨大生长期，每亩追施粪肥2000kg加磷酸二氢钾10kg，饼肥30公斤，以促根部生长。

（5）摘蕾　植株长出花蕾时，除留种田或留种株外，要及时摘除花蕾，但要注意不伤叶，以使叶片制造的养分集中供给根部，保证北沙参的产量和质量。

273. 如何进行珊瑚菜病害的综合防治？

珊瑚菜的病害主要有锈病、病毒病、根结线虫病和根腐病，应适时加以防治。

（1）锈病 又名黄疸，病原是真菌中一种担子菌。危害叶、叶柄及茎。常于"立秋"前后，在茎叶上产生褐色的病斑，后期病斑表面破裂。严重时使叶片或植株早期枯死。

防治方法：首先应选用抗病品种和加强栽培管理。发病时用25%戊唑醇可湿性粉剂1500倍液，或12.5%的烯唑醇1500倍液，或25%丙环唑乳油2500倍液，或40%氟硅唑乳油5000倍液等喷雾防治。

（2）病毒病 5月开始发生，发病后导致叶片皱缩、扭曲，植株矮小、畸形，发育迟缓，严重死亡。

防治方法：消灭蚜虫等病毒传染源，筛选无病株作种，清除烧毁病残体。在消灭麦田蚜虫的基础上，发病初期用20%病毒A（盐酸吗啉胍+乙酸铜）水剂1000倍液，或1.5%植病灵（三十烷醇+硫酸铜+十二基硫酸钠）水乳剂400倍液，或5%海岛素（氨基寡糖素）水剂1000倍液等喷雾防治。

（3）根结线虫病 是北沙参产区较为严重的一种根部病害，病原是圆形动物的一种根结线虫。参苗刚出土即可发生，线虫侵入植物根端吸取汁液形成根瘤（瘤内有线虫）。主根成畸形，地上叶枯萎，影响植株生长，严重时导致大片死亡。一旦发生受害很大，影响产量和质量。

防治方法：宜与禾本科作物轮作，切忌以花生等豆科作物为前茬。实施植物检疫，建立无病种子田，不从病区调入种子，用35%威百亩用药10~20kg，加细土50~100kg拌种，或10%噻唑磷颗粒剂3kg每亩等进行土壤消毒。也可在整地时亩用生石灰50kg杀死卵和幼虫。发现病株残体，及时消除烧毁。

（4）根腐病　根部腐烂变黑，叶片发黄，逐渐枯死，极易从土中拔出。

防治方法：发病初期用50%多菌灵或甲基硫菌灵（70%甲基托布津可湿性粉剂）500~800倍液，或80%代森锰锌络合物可湿性粉剂800倍液，或30%恶霉灵+25%咪鲜胺按1：1复配1000倍液或用10亿活芽孢/克枯草芽孢杆菌500倍液灌根，7天喷灌1次，喷灌3次以上。

274. 如何进行珊瑚菜害虫的综合防治？

（1）大灰象甲　又名象鼻虫，主要危害刚出土的幼苗，造成缺苗。

防治方法：利用假死性，人工捕杀。早春解冻后，用鲜萝卜条15千克/亩，加90%晶体敌百虫100g制成毒饵撒于地面诱杀；傍晚时，用4.5%高效氯氰菊酯乳油1000倍液，或5%甲维盐乳油2000倍液，或50%辛硫磷乳油1000倍液等喷雾。

（2）钻心虫　幼虫钻入植株各个器官内部，导致中空，不能正常开花结果，每年发生4代，二年生以上田危害严重。

防治方法以防控第四代为主，具体如下。

① 农业防治：收获后及时深耕破坏幼虫和蛹的适生环境，结合农事操作及时摘除受害的蕾和花。

② 物理防治：在成虫发生盛期用黑光灯进行诱杀成虫。

③ 生物防治：幼虫孵化期，用0.3%的苦参碱800倍液，或

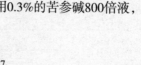

2.5%多杀霉素悬浮剂(菜喜)1000倍液喷雾;

④ 化学防治:用90%敌百虫晶体500倍液,或4.5%高效氯氰菊酯乳油1000倍液,或5%甲维盐乳油2000倍液,或50%辛硫磷乳油1000倍液等喷雾。

(3)蚜虫 ①物理防治:黄板诱杀,有翅蚜初发期可用市场上出售的商品黄板;每亩挂30~40块。

② 生物防治:前期蚜量少时保护利用瓢虫等天敌,进行自然控制。无翅蚜发生初期,用0.3%苦参碱乳剂800~1000倍液喷雾防治。

③ 药剂防治:用10%吡虫啉可湿性粉剂1000倍液,或25%吡蚜酮可湿性粉剂1000倍液,或2.5%联苯菊酯乳油3000倍液,或25%噻虫嗪水分散粒剂3000倍液,或25%噻嗪酮可湿性粉剂2000倍液等喷雾防治,交替轮换用药。

275. 珊瑚菜怎样留种采种和贮存种子?

选育优良品种是提高北沙参产量质量的重要措施。秋天北沙参收获时,另选择排水良好的砂壤土地块作种子田。施足基肥,整平,耙细地面。大田收刨北沙参时选根条细长,株形一致,分枝少,当年不开花,无病虫害的一年生参根做种根。去掉叶子,根头下留5~8cm,置90%敌百虫500倍溶液中浸20分钟,晾干表皮后,按行距25cm开深8~12cm的沟,按株距20cm平放于沟内,覆土3~5cm,压实,视墒情浇水,10天长出新叶。

翌年春天返青抽薹,摘除侧枝上的小果盘,只留主茎上的果盘,集中养分,使种子饱满。6月下旬种子成熟,待果皮变成黄褐色时可分批采收。3年生北沙参每亩可收种子100kg。

采种时连伞梗剪回，堆积于通风良好的地方晾干，过月余伞梗自行脱落，清除枝梗后即为净种。

珊瑚菜种子属于胚后熟低温休眠类型，种子收获时胚长约为胚乳长度的七分之一，胚后熟需要低温湿润条件，土温低于5℃，低温4个月左右，否则会影响种子的萌发。种子贮存期间不要翻动践踏，切忌烟熏。隔年种子不能用。

276. 如何进行北沙参的适期采收？

一年生参根，在第二年"白露"至"秋分"之间，参叶微黄时收获。二年参，在第三年"入伏"前后收获。现在产区药农以种植一年生北沙参为主。晴天收获，从地头开始刨60cm的深沟，使参根稍露，边挖沟，边拔根，边去茎叶。起挖时要防止折断根部，以免降低质量，并随时用湿土或麻袋盖好，保持水分，以利剥皮。一般亩产鲜货600~750kg，高产田可达1000kg，折干率为30%。

277. 北沙参如何进行初加工？

收获时参根不能晒太阳，否则难剥皮降低产量和质量。将参根粗细分开，捆成1.5~2.5kg的把，手拿参根头将参尾先放入沸水中，顺转6~8秒，再把整把参松开，全部撒入水中烫煮不断翻动，水保持沸腾2~3分钟，至参根中部能搂去皮时捞出，摊开放凉去掉外皮，立即曝晒至干，如遇阴雨则烘干。一般干湿比为1：3。出口北沙参在一般加工的基础上挑拣出一等参，蒸至柔软，放在板上搓直，刮去须根痕迹，晒干或烘干，再按大小扎成小捆，区别不同规格装箱。

珊瑚菜植株　谢晓亮摄

北沙参药材　张广明摄

桔梗

278. 桔梗有何药用价值?

桔梗为桔梗科植物桔梗 [*Platycodongrandiflorum* (Jacq.) A.Dc.]的干燥根。又叫苦梗、苦桔梗。味苦、辛,性平,入肺经、胃经。有宣肺祛痰,利咽,排脓之功效。主治咳嗽痰多,咳痰不爽,胸膈痞闷,咽喉肿痛,肺痈咳吐脓血。桔梗茎高20~120cm,通常无毛,不分枝,极少上部分枝。叶全部轮生,叶子卵形或卵状披针形,花暗蓝色或暗紫白色,可作观赏花卉;嫩叶可腌制成咸菜,在中国东北地区称为"狗宝"咸菜。在朝鲜半岛,中国延边地区,桔梗是很有名的泡菜食材。

279. 种植桔梗如何选地和整地?

(1)选地 桔梗为深根性植物,应选向阳、背风的缓坡或平地,要求土层深厚、肥沃、疏松、地下水位低、排灌方便和富含腐殖质的砂质壤土作种植地。前茬作物以豆科、禾本科作物为宜。黏性土壤,低洼盐碱地不宜种植。

(2)整地 秋末深耕25~40cm,使土壤风化。播种前亩施腐熟农家肥2500~3000kg,过磷酸钙50kg,施肥后旋耕,做畦,畦宽120cm。

280. 选购桔梗种子时应该注意哪些事项?

(1)分清是陈种子还是新种子 桔梗种子寿命1~2年,饱满新种子发芽率为70%左右,贮存1年以上的种子发芽率很

低，播种前可测定发芽率。另外，新种子表面油润，有光泽，陈种子表面发干，光泽暗。

(2) 不要买"娃娃种" 一年生植株结的"娃娃种"瘦小而瘪，颜色浅，黄褐色，出苗率低，幼苗细弱。最好选用二年生植株所产的种子，大而饱满，颜色油黑，发亮，播种后出苗率高，单产可比"娃娃种"高30%以上。

281. 种植桔梗如何播种？

桔梗主要用种子繁殖，可春、秋直播，以秋播为好。秋播当年出苗，产量和质量高于春播。秋播于10月中旬以前，春播在4月中下旬，生产上多采用条播，按行距20~25cm开浅沟，沟深1.5~2.0cm，将种子均匀播于沟内。播后覆细土不超过1cm，稍加镇压，在畦面盖草保温保湿。每亩用种子1.0~1.5kg。播后15~20天出苗。

282. 桔梗中耕除草与追肥的技术要点是什么？

(1) 中耕除草 幼苗期宜勤除草松土，苗小时宜用手拔除杂草，以免伤害小苗，也可用小型机械除草，保持土壤疏松无杂草。中耕宜在土壤干湿适宜时进行，封垄后不宜再进行中耕除草。在雨季前结合松土进行清沟培土，防止倒伏。雨季及时排除地内积水，否则易发生根腐病，引起烂根。

(2) 追肥 除在整地时施足基肥外，在生长期还要进行多次追肥，以满足其生长的需要。苗高约15cm时，每亩追施尿素20kg；7~8月开花时，为使植株充分生长，可再追施复合肥30kg；入冬地上植株枯萎后，可结合清沟培土，加施草木灰或土杂肥。第二年返青后，结合浇水追施复合肥30kg。

283. 如何防止桔梗岔根?

一株多茎易出现岔根，苗越茂盛主根的生长就越受到影响。反之一株一苗则无岔根、支根。栽培的桔梗只要做到一株一苗，则无(或少)岔根、支根。因此，管理中应随时剔除多余苗头，尤其是第2年春返青时最易出现多苗，此时要特别注意，把多余的苗头除掉，保持一株一苗。同时多施磷肥，少施氮钾肥，防止地上部分徒长，必要时打顶，减少养分消耗，促使根部正常生长。

284. 种植桔梗如何割除花枝与防倒伏?

桔梗开花结果要消耗大量养分，影响根部生长。除留种田外，桔梗花蕾初期及时割除花枝可提高产量和质量。桔梗花期长，整个花期需割除2~3次。

二年生桔梗植株高达60~90cm，一般在开花前易倒伏，可在入冬后，结合施肥，做好培土工作；翌年春季不宜多施氮肥，以控制茎秆生长。

285. 如何进行桔梗主要病害防治?

(1) 根腐病　是由真菌中半知菌类镰刀菌引起的一种根部病害。发病期6~8月，初期根局部呈黄褐色而腐烂，以后逐渐扩大，发病严重时，地上部分枯萎而死亡。防治方法如下。

① 注意轮作，及时排除积水。在低洼地或多雨地区种植，应作高畦。

② 及时拔除病株，病穴用石灰消毒。

③ 发病初期用50%多菌灵或甲基硫菌灵(70%甲基托布津可湿性粉剂)500~800倍液，或75%代森锰锌络合物800倍液，或30%恶霉灵+25%咪鲜胺按1∶1复配1000倍液或用10亿活芽孢/克枯草芽孢杆菌500倍液灌根，7天喷灌1次，喷灌3次以上。

(2) 轮纹病　是由真菌中的半知菌类壳针孢属菌引起的病害。主要危害叶部，6月开始发病，7~8月发病严重，和密度大、高温多湿有关。受害叶片病斑近圆形，直径5~10mm，褐色，具同心轮纹，上生小黑点，严重时不断扩大成片，使叶片由下而上枯萎。防治方法如下。

① 冬季清园，将田间枯枝、病叶及杂草集中烧毁。

② 夏季高温发病季节，加强田间排水，降低田间湿度，以减轻发病。

③ 发病初期用50%多菌灵可湿性粉剂600倍液，或70%甲基硫菌灵可湿性粉剂800倍液喷雾，连续2~3次，可以起到预防作用；发病期用10%苯醚甲环唑和25%吡唑醚菌酯按2∶1复配2000倍液，或50%醚菌酯干悬浮剂3000倍液喷雾，7天一次，连续3次以上。

(3) 紫纹羽病　是由真菌中的一种担子菌引起的病害。危害根部，先由须根开始发病，再延至主根；病部初呈黄白色，可看到白色菌索，后变为紫褐色，病根由外向内腐烂，外表菌索交织成菌丝膜，破裂时流出糜渣。地上病株自下而上逐渐发黄枯萎，最后死亡。防治方法如下。

① 实行轮作，及时拔除病株烧毁。病区用10%石灰水消毒，控制蔓延。

② 多施基肥，改良土壤，增强植株抗病力，山地每亩施石灰粉50~100kg，可减轻危害。

（4）立枯病　是由真菌中的一种半知菌引起的苗期病害。主要发生在出苗展叶期，幼苗受害后，病苗基部出现黄褐色水渍状条斑，随着病情发展变成暗褐色，最后病部缢缩，幼苗折倒死亡。防治方法如下。

① 农业防治：清理病残体，轮作倒茬。

② 化学防治：6月上中旬开始，为预防发病用50%多菌灵可湿性粉剂500倍液，或80%代森锰锌络合物可湿性粉剂1000倍液喷淋。发病初期用15%恶霉灵水剂500倍液，或20%甲基立枯磷乳油1200倍液喷淋，7~10天一次，连续3次。

（5）炭疽病　主要危害茎秆基部。此病发生后，蔓延迅速，常成片倒伏、死亡。防治方法参照轮纹病防治。

286. 如何进行桔梗主要虫害防治？

（1）蚜虫　① 物理防治：黄板诱杀蚜虫，有翅蚜初发期可用市场上出售的商品黄板；或用60cm×40cm长方形纸板或木板等，涂上黄色油漆，再涂一层机油，挂在行间株间，每亩挂30~40块。

② 药剂防治：用10%吡虫啉可湿性粉剂1000倍液，或25%吡蚜酮可湿性粉剂1000倍液，或2.5%联苯菊酯乳油3000倍液交替喷雾防治。

（2）小地老虎　① 人工防治：清晨查苗，发现断苗时，在其附近扒开表土捕捉幼虫。

② 化学防治：可采取毒土诱杀幼虫及喷灌药剂防治。毒

饵诱杀，每亩用50%辛硫磷乳油0.5kg，加水8~10kg，喷到炒过的40kg棉籽饼或麦麸上制成毒饵，傍晚撒于秧苗周围。毒土诱杀，每亩用90%敌百虫粉剂1.5~2kg，加细土20kg制成的，顺垄撒施于幼苗根际附近。喷灌防治，用90%敌百虫晶体或50%辛硫磷乳油1000倍液喷灌防治幼虫。

287. 桔梗如何进行留种和采种及初加工？

栽培桔梗用二年生植株新产的种子。桔梗花期长，达3个月左右，其先从上部抽薹开花，果实也由上部先成熟。在北方后期开花结果的种子，常因气候影响而不成熟。为了培育优良的种子，可在6~7月剪去小侧枝和顶端部的花序，促使果实成熟，使种子饱满，提高种子质量。9~10月间桔梗蒴果由绿转黄，果柄由青变黑，种子变黑色成熟时，带果梗割下，放通风干燥的室内后熟3~4天，然后晒干，脱粒，除去杂质。

鲜根挖出后，去净泥土、芦头，趁鲜用竹刀、瓷片等刮去栓皮，洗净，及时晒干或烘干，否则易发霉变质和生黄色水锈。加工不完的，可用沙埋起来，防止外皮干燥收缩，不易刮去。刮皮时不要伤破中皮，以免内心黄水流出影响质量。晒干时经常翻动，到近干时堆起来发汗一天，使内部水分转移到体外，再晒至全干。

桔梗植株　张广明摄

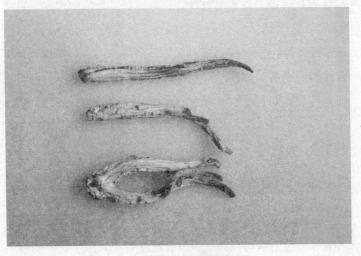

桔梗药材　张广明摄

北苍术

288. 北苍术有何药用价值？

北苍术为菊科多年生草本植物北苍术 [*Atractylodes chinensis* (DC.) Koidz.] 的干燥根茎，收编于《中国药典》2010年版。别名枪头菜 (东北、西北及内蒙古)，华苍术 (宁夏)，山苍术 (陕西、宁夏、甘肃、青海)，山刺儿菜 (河北、陕西、宁夏、青海) 等。商品名称北苍术、关苍术。根状茎含挥发油、淀粉等，油中的主要成分为苍术酮、苍术醇、茅术醇、桉叶醇等。具燥湿健脾、祛风、散寒、明目等功效。用于治疗脘腹胀满，泄泻，水肿，脚气痿躄，风湿痹痛、风寒感冒、雀目夜盲等症。苍术油对食管癌细胞有体外抑制作用，可使细胞脱落，核固缩，染色体质浓缩，细胞无分化或极少分化。苍术浸膏 (含苍术多糖) 有较强的降血糖作用。除药用外，根含淀粉可造酒，挥发油可提取芳香油。苍术粉末作为饲料添加剂可使畜禽健壮，产蛋量高。北苍术主要分布于黑龙江、吉林、辽宁、内蒙古、河北、山西、陕西、甘肃、宁夏、青海等省、自治区。

289. 种植北苍术如何选地、整地？

北苍术喜凉爽气候，野生于山阴坡疏林边、灌木丛及草丛中。一般土壤均可种植，但以疏松肥沃、排水良好的砂质土壤更好。选好地后每亩施用有机肥2000kg作基肥，施匀后深翻20~25cm，耙细整平，做宽1.2m、高15cm，长10~20m的高畦。亦可起60cm垄栽种。

290. 北苍术的主要繁殖方式有哪些?

(1)种子繁殖 一般采用育苗的方法，4月上、中旬育苗，苗床应选向阳地，播种前先浇透水，水渗后播种，条播或撒播，条播行距20~25cm，每亩播种量4~5kg，沟深3cm，均匀播种，播后覆土2~3cm，稍镇压，上盖一层草。经常浇水保持土壤湿度，出苗后去掉盖草，苗高3cm时间除过密苗。苗高10cm时可移栽定植。选择雨天或傍晚按行距25cm，株距10cm，开沟栽种，覆土压紧浇水，移栽成活率高。或秋季植株枯萎后至土壤结冻前移栽。

(2)分株繁殖 于秋季地上部分枯萎时，将老苗连根挖出，抖去泥土，剪去老根加工后作药用，再将根状茎纵切成小块，每小块带1~3个芽，然后栽于大田，行距24cm，株距15cm为好。

291. 北苍术如何进行田间管理?

幼苗期要注意除草，如遇到天气干旱，要适时灌水，最好结合追肥进行，在培土的同时也可以进行追肥。

定植当年夏季要适当追肥或根外追肥，以促进生长、提早长出花茎。以后每年都要追施尿素。

292. 北苍术的病害如何防治?

北苍术常见病害有黑斑病、软腐病和白绢病。

(1)黑斑病 由多种细菌和真菌引起；表现为叶片、叶

柄、幼果等部位出现黑色斑片状病损。常见症状有如下两种类型。

① 发病初期叶表面出现红褐色至紫褐色小点，逐渐扩大成圆形或不定形的暗黑色病斑，病斑周围常有黄色晕圈，边缘呈放射状、病斑直径约3~15mm。后期病斑上散生黑色小粒点，即病菌的分生孢子盘。严重时植株下部叶片枯黄，早期落叶，致个别枝条枯死。

② 叶片上出现褐色至暗褐色近圆形或不规则形的轮纹斑，其上生长黑色霉状物，即病菌的分生孢子。严重时，叶片早落，影响生长。

防治措施：新叶展开时，喷4%氟硅唑或20%硅唑·咪鲜胺800~1000倍液，或75%百菌清500倍液，或80%代森锌500倍液，7~10天1次，连喷3~4次。

(2) 软腐病　由细菌引起的软腐病常因伴随的杂菌分解蛋白胶产生吲哚而发生恶臭；由黑根霉引起的软腐病在病组织表面生有灰黑色霉状物，是病菌的孢囊梗和孢子囊。病斑成片状由叶柄向上扩展，不断腐烂。

防治措施：轻微发病时，用38%恶霜嘧铜菌酯800倍液喷施，5~7天用药1次；病情严重时，用600倍液喷施，3天用药1次，喷药次数视病情而定。

(3) 白绢病　通常发生在植株的根茎部或茎基部。感病根茎部皮层逐渐变成褐色坏死，严重的皮层腐烂。植株受害后，影响水分和养分的吸收，以致生长不良，地上部叶片变小变黄，枝梢节间缩短，严重时枝叶凋萎，当病斑环茎一周后会导致全株枯死。在潮湿条件下，受害的根茎表面或近地面土表覆有白色绢丝状菌丝体。后期在菌丝体内形成很多油菜籽状的小菌核，初为白色，后渐变为淡黄色至黄褐色，以后变茶褐色。菌丝逐渐向下延伸及根部，引起根腐。有时叶片也能感病，在病叶片上出现轮纹状褐色病斑，病斑上长出小菌核。

防治措施：在发病初期可用丰洽根保600~800倍或用1%硫酸铜液浇灌病株根部或用25%萎锈灵可湿性粉剂50g，加水50kg，浇灌病株根部；也可每亩用20%甲基立枯磷乳油50ml，加水50kg，每隔10天左右喷一次。

293. 北苍术的虫害应如何防治？

北苍术的虫害有蚜虫、小地老虎等，应适时加以防治。

（1）蚜虫　①物理防治：黄板诱杀，有翅蚜初发期可用市场上出售的商品黄板；每亩挂30~40块。

②生物防治：前期蚜量少时保护利用瓢虫等天敌，进行自然控制。无翅蚜发生初期，用0.3%苦参碱乳剂800~1000倍液喷雾防治。

③药剂防治：用10%吡虫啉可湿性粉剂1000倍液，或25%吡蚜酮可湿性粉剂1000倍液，或2.5%联苯菊酯乳油3000倍液，或25%噻虫嗪水分散粒剂3000倍液，或25%噻嗪酮可湿性粉剂2000倍液等喷雾防治，交替轮换用药。

（2）小地老虎　①人工防治：清晨查苗，发现断苗时，在其附近扒开表土捕捉幼虫。

②物理防治：成虫活动期用糖醋液（糖：酒：醋=1：0.5：2）放在田间1m高处诱杀，每亩放置5~6盆；或田间放

置黑灯光诱杀。

③ 化学防治：可采取毒饵或毒土诱杀幼虫及喷灌药剂防治。毒饵诱杀，每亩用50%辛硫磷乳油0.5kg，加水8~10kg，喷到炒过的40kg棉籽饼或麦麸上制成毒饵，傍晚撒于秧苗周围。毒土诱杀，每亩用90%敌百虫粉剂1.5~2kg，加细土20kg拌匀，顺垄撒施于幼苗根际附近。喷灌防治，用90%敌百虫晶体或50%辛硫磷乳油1000倍液喷灌防治幼虫。

294. 北苍术如何采收与初加工？

传统上北苍术可在春、秋两季采挖，但以晚秋或春季苗出土前质量较好。挖出后，除去茎、叶及泥土，晒至4~5成干时装入筐内，撞掉须根，即呈褐色；再晒至6~7成干，撞第2次；大部分老皮撞掉后，晒至全干时再撞第3次，直到表皮呈黄褐色为止。

北苍术植株　杨太新摄

北苍术药材　杨太新摄

白术

295. 白术药用价值如何？主要栽培类型有哪些?

白术 (*Atractylodes macrocephala* Koidz.) 为菊科多年生草本植物，又称冬术、冬白术、于术、山精、山连、山姜、山蓟、天蓟等。以干燥根茎入药，药材名白术。具有健脾益气，燥湿利水，止汗，安胎的功效。多用于脾虚食少，腹胀泄泻，痰饮眩悸，水肿，自汗，胎动不安。

目前，生产上可利用的白术栽培类型有7个，分别为大叶单叶型、大叶3裂型、大叶5裂型、中叶3裂型、中叶5裂型、小叶3裂型、小叶5裂型。其中大叶单叶型白术的株高、单叶片、分枝数和花蕾数都低于其他类型，而单个鲜重、一级品率均高于其他类型，农艺性状表现良好。

296. 如何根据白术生长习性进行选地和播前整地?

白术对水分的要求比较严格，既怕旱又怕涝。土壤含水量在30%~50%，空气相对湿度为75%~80%，对生长有利。白术对土壤要求不严，酸性的黏土或碱性砂质壤土都能生长，但以pH 5.5~6，排水良好，疏松肥沃的砂质壤土为宜。忌连作。

白术下种前要翻耕一次，翻耕时要施入基肥。育苗地一般施堆肥或腐熟厩肥1000~1500千克/亩，移栽地2500~4000千克/亩。将肥料撒于土壤表面，耕地时翻入土内。整地要细碎平整。降雨多的地区或地块宜做成宽120cm左右的高畦，畦间留30cm左右的排水沟，畦面呈龟背形，便于排水，畦长可依据地形而定。

297. 白术种子的萌发需要哪些条件？

白术种子在15℃以上开始萌发，20℃左右为发芽适温，35℃以上发芽缓慢，并可能发生霉烂。在18~21℃，有足够湿度，播种后10~15天出苗。出苗后能忍耐短期霜冻。3~10月，在日平均气温低于29℃情况下，植株的生长速度，随着气温升高而逐渐加快；气温在24~26℃时根茎生长较适宜；日平均气温在30℃以上时，生长受抑制。白术种子发芽需要有较多的水分。在一般情况下，吸水量达到种子质量的3~4倍时，才能萌动发芽。

298. 种植白术如何育苗？

种植白术多采用育苗一年，栽植后再生长一年收获药材商品的栽培制度。白术育苗多采用条播，也可撒播。

（1）条播　先在整好的畦面上开横沟，沟心距约为25cm，播幅10cm，播深3~5cm。将种子均匀撒于沟内，再撒一层厚约3cm的细土。播种量4~5千克/亩。

（2）撒播　将种子均匀撒于畦面，覆约3cm厚的细土或焦泥灰。播种量5~8千克/亩。

播种后要经常保持土壤湿润，利于出苗。幼苗期要注意除草，同时适时间苗，间距为4~5cm。苗期分别于6月上中旬、

7月份进行两次追肥，施用稀人畜粪尿或速效氮肥。生长后期，如有抽薹现蕾植株，应及时摘蕾，使养分集中，便于促进根茎生长。

299. 白术如何栽植?

生产上，北方主要有秋栽和春栽两种。秋栽宜在植株地上部分枯黄后至上冻前；春栽多在4月上、中旬。

栽前应选顶芽饱满，根系发达，表皮细嫩，顶端细长，尾部圆大的根茎作种。根茎畸形，顶端木质化，主根粗长，侧根稀少者，栽后生长不良。栽种时按大小分类，分别栽植。种栽大小以200~240株/千克为好。

栽前先用清水淋洗种栽，再将种栽浸入40%多菌灵胶悬剂300~400倍或80%甲基托布津500~600倍液中1小时，然后捞出沥干，如不立即栽种应摊开晾干表面水分。

栽植方法有条栽和穴栽两种，行株距有25cm×20cm、25cm×18cm、25cm×12cm等多种，可根据不同土质和肥力条件因地制宜选用。

300. 白术如何进行田间管理?

(1) 间苗与中耕除草　播种后约15天出苗，齐苗后应进行间苗，拔除弱小或有病的幼苗，苗的间距为4~5cm。幼苗期须勤除草，通常要进行4~5次。

(2) 科学施肥　白术生长期需施用尿素总量为50~60kg、过磷酸钙总量为50~60kg、氯化钾总量为12.5~17.5kg。幼苗基本出齐后，施用人粪尿750千克/亩左右。5月下旬再次追施人粪尿1000~1250千克/亩或硫酸铵10~12千克/亩。摘花蕾后5~7天(7月中旬左右)，施腐熟饼肥75~90千克/亩、人畜粪尿1000~1600千克/亩和过磷酸钙25~35千克/亩。

(3)排水与摘蕾 白术怕涝，土壤湿度过大，容易发病，因此雨季要清理畦沟，排水防涝。8月以后根茎迅速膨大，需要充足水分，若遇天旱要及时浇水，以保证水分供应。7月上、中旬头状花序开放前，非留种田应及时摘除花蕾。

(4)覆盖遮阴 白术有喜凉爽怕高温的特性。因此，根据白术的特性，夏季可在白术的植株行间覆盖一层草，以调节温度、湿度，覆盖厚度一般以5~6cm为宜。

301. 白术病害如何防治?

(1)立枯病 受害苗茎基部初期呈水渍状椭圆形暗褐色斑块，地上部呈现萎蔫状，随后病斑很快延伸绕茎，茎部坏死收缩成线形，状如"铁丝病"，幼苗倒伏死亡。立枯病遇低温、高湿发病严重。防治方法如下。

① 农业防治：避免病土育苗。合理轮作3~5年。适当晚播，促使幼苗快速生长和成活，避免丝核菌的感染。苗期加强管理，及时松土和防止土壤湿度过大；发现病株及时拔除。

② 药剂防治：土壤消毒，用50%多菌灵可湿性粉剂在播种和移栽前处理土壤，2~3千克/亩。发病初期用30%恶霉灵+25%咪鲜胺按1：1复配1000倍液或用10亿活芽孢/克枯草芽孢杆菌500倍液灌根，7天淋灌1次，连续3~4次。

(2)斑枯病 初期叶上生黄绿色小斑点，多自叶尖及叶

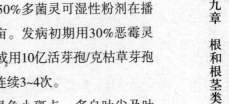

缘向内扩展，常数个病斑连接成一阔斑，因受叶脉限制呈多角形或不规则形，很快布满全叶，使叶呈铁黑色，药农称为"铁叶病"。后期病斑中央呈灰白色，上生小黑点。叶片发病由下向上扩展，植株枯死。茎和苞片也产生近似的褐斑。防治方法如下。

① 农业防治：与非菊科作物3~5年轮作；白术收获后清洁田园，集中处理残株落叶，减少来年侵染菌源；选栽健壮无病种栽，选择地势高燥、排水良好的土地，合理密植，降低田间湿度。在雨水或露水未干前不宜进行中耕除草等农事操作，以防病菌传播。

② 药剂防治：用70%甲基托布津1000倍液浸渍3~5分钟消毒；发病前或初期用1:100波尔多液，或25%咪菌酯悬浮剂1500倍液，或25%咪鲜胺可湿性粉剂1000倍液等喷雾，7~10天喷1次，连续3~4次。

(3) 锈病　受害叶初期生黄褐色略隆起的小点，以后扩大为褐色梭形或近圆形，周围有黄绿色晕圈。叶背病斑处聚生黄色颗粒黏状物，当其破裂时散出大量的黄色粉末，为锈孢子。

防治方法：首先应选用抗病品种和加强栽培管理。发病时用25%戊唑醇可湿性粉剂1500倍液，或12.5%的烯唑醇1500倍液，或25%丙环唑乳油2500倍液，或40%氟硅唑乳油5000倍液等喷雾防治。

(4) 根腐病　发病后，首先是细根变褐、干腐，逐渐蔓延至根状茎，使根茎干腐，并迅速蔓延到主茎，使整个维管束系统褐色病变，呈现褐黑色下陷腐烂斑，后期根茎全部变海绵状黑褐色干腐，地上部萎蔫。

防治方法：与禾本科作物进行3年以上的轮作；发病初期用50%多菌灵或甲基硫菌灵(70%甲基托布津可湿性粉剂)500~800倍液，或80%代森锰锌络合物可湿性粉剂800倍液，或30%恶霉灵+25%咪鲜胺按1：1复配1000倍液或用10亿活芽孢/克枯草芽孢杆菌500倍液灌根，7天喷灌1次，喷灌3次以上。

302. 白术虫害如何防治？

(1)白术蚜虫　又名腻虫、蜜虫，密集于白术嫩叶、新梢上吸取汁液，使白术叶片发黄，植株萎缩，生长不良。防治方法如下。

① 物理防治：黄板诱杀，有翅蚜初发期可用市场上出售的商品黄板；每亩挂30~40块。

② 生物防治：前期蚜量少时保护利用瓢虫等天敌，进行自然控制。无翅蚜发生初期，用0.3%苦参碱乳剂800~1000倍液喷雾防治。

③ 药剂防治：用10%吡虫啉可湿性粉剂1000倍液，或25%吡蚜酮可湿性粉剂1000倍液，或2.5%联苯菊酯乳油3000倍液，或25%噻虫嗪水分散粒剂3000倍液，或25%噻嗪酮可湿性粉剂2000倍液等喷雾防治，交替轮换用药。

(2)白术术籽虫　以幼虫为害白术种子，将术蒲内种子蛀空，影响白术留种。

防治方法：冬季深翻地，消灭越冬虫源；水旱轮作；成虫产卵前，白术初花期喷药保护，可喷0.3%的苦参碱800倍液，或2.5%多杀霉素悬浮剂（菜喜）1000倍液，或用90%敌百虫晶体500倍液，或4.5%高效氯氰菊酯乳油1000倍液，或5%甲维盐乳油2000倍液，或50%辛硫磷乳油1000倍液等喷雾。9~10天喷1次，连续2~3次。

303. 白术如何采收及产地初加工？

采收期在定植当年10月下旬，当茎秆由绿色转枯黄时即可收获。选晴天将植株挖起，抖去泥土，剪去茎叶，及时加工。加工方法有晒干和烘干两种。

(1) 晒干　将白术，抖净泥土，剪去须根、茎叶，必要时用水洗去泥上，置日光下晒干，需15~20天，至干透为止。

(2) 烘干　选晴天，挖掘根部，除去泥土，剪去茎秆，将根茎烘干，烘温开始用100℃，待表皮发热时，温度减至60~70℃，4~6小时上、下翻动一遍，半干时搓去须根，再烘至八成干，取出堆放5~6天，使表皮变软，再烘至全干。

白术植株　谢晓亮摄

白术药材　谢晓亮摄

第九章　根和根茎类

天花粉

304. 天花粉有何药用价值？

天花粉为葫芦科植物栝楼（*Trichosanthes kirilowii* Maxim.）或双边栝楼（*Trichosanthes rosthornii* Harms）的干燥根，秋、冬二季采挖，洗净，除去外皮，切段或纵剖成瓣，干燥。其味甘、微苦，性微寒，归肺、胃经，具有清热泻火、生津止渴，排脓消肿等功效，常用于热病口渴、消渴、黄疸、肺燥咯血、痈肿、痔瘘等症。对于治疗糖尿病，常用它与滋阴药配合使用，以达到标本兼治的作用。

305. 种植栝楼应当如何选地、整地？

栝楼喜温暖湿润、阳光充足的环境，不耐旱，怕涝洼积水，适宜生长于冬暖夏凉的低、中山区。年平均气温在20℃左右，7月均温28℃以下、1月气温在6℃以上时较利于植株的生长发育。对土壤要求不严，但由于植株主根能深入土中1~1.5m之下，故宜选土层深厚的地块。

栝楼生长要求土层深厚、疏松、肥沃、排水良好的砂质壤土。前一年封冻前深翻土地，整平耙细，按行距1.5m、株距50cm，挖种植沟深80cm、宽50cm。结合晒土填土，每亩施入腐熟厩肥、土杂肥、饼肥、过磷酸钙等混合堆沤过的复合肥共3000kg作基肥，施后将土与肥料拌匀，上面再盖一层薄土以待栽植。

306. 栝楼主要的繁殖方式有哪些?

(1) 种子繁殖　生产天花粉以该法为主。因种子中只有极少数是雌性,若不配栽雄株则不结果,有利于块根的形成与丰产。

种子繁殖可进行大田直播和育苗栽移两种方法。

① 直播就是将种子直接种植到大田里,无需经过育苗和移栽。

② 育苗移栽的可作畦,行株距按15cm×9cm或18cm×8cm开沟播种。

播种宜在2月上、中旬至3月上旬进行。下种前将瓜蒌壳剖开取出种子,选取粒大饱满的颗粒放于40~50℃的温水中浸泡24小时,中途换水2~3次,然后取出与湿河沙混匀置室内25~30℃的条件下催芽,当大部分种子裂口时即可播种,每亩用种0.5~1kg。当幼苗长出数片真叶高约30cm左右,且能分辨出雌雄株时,将雄株栽至大田。播种时种子裂口向下,覆土3~5cm,畦面覆盖地膜以保温保湿。一般经13~18天便出苗。

(2) 分根繁殖　在每年冬夏或春季收获时,根据不同的栽培目的要求,选择适宜块根作种苗。采种时要求选择已生长或结果3~5年的健壮栝楼的块根作种。结合冬季采收天花粉,专门选取径粗3~5cm,断面白色无病虫害的新鲜块根留作种,种根可与河沙混合分层置室内贮藏,留至翌春大田栽植。

307. 栝楼的高产田间管理技术有哪些？

(1) 定苗　大田移栽定植后，遇气候干旱应常淋水，保持穴土湿润，促进幼苗快出土。采用种子和种根直播的待苗高10cm以上时，进行间苗，每穴选留壮苗、目的苗2~3株。

(2) 除草、追肥　栝楼生长期通常以勤施薄施人畜粪尿水为主，肥水的比例为15：100，以后适当增大浓度。在立秋前适时追施上述氮肥水，可达到增大植株的冠幅。而生长中后期阶段，应适度地控制水分，同时多施磷、钾肥；利于根系发育。

(3) 搭架、引藤　栝楼是藤本植物，当春季茎蔓长到30cm时就要搭棚或插杆支架，高1.5m左右，还要人工辅助引藤上架；同时要进行摘芽，每株只选留2~3个壮芽作主茎供上棚，其余的芽应及时除去，以控制地上部分过多地消耗根部营养体的养分。待上棚后的主茎长至2~3m时要及时打顶，以促进侧枝生长，使茎(藤)蔓尽早封棚。封棚后可根据收获目的不同，适时进行打顶、疏枝、摘芽或摘蕾，从而保障了植株的通风透光、生长发育。

308. 常见病虫害的防治措施有哪些？

(1) 根结线虫病　前期病株主、侧、须根上全部生有大小不等的根结(虫瘿)，主根上最大的直径在2cm以上，剖开根结后可见白色的雌线虫；后期导致根部腐烂，病株矮小，生长发育缓慢，叶片变小退绿发黄，最后全株茎蔓枯死。防治方法如下。

① 农业防治：秋季至早春整地时深翻土地，曝晒土壤，杀灭病虫；选择无病块根和果实种子作种，减少病源的人为传播；雨季加强田间排水，减少土壤湿度，发现病株及时扒土检查，切除病根或拔除病株，在病穴处撒上石灰粉，覆土压实，防止蔓延。

② 药剂防治：用1.8%阿维菌素1500倍液灌根，或加入1/3量（常规推荐用量）的0.3%苦参碱乳剂，每株灌300~400ml，7天灌一次，连灌2次。或亩用10%噻唑膦颗粒剂1.5kg，或亩用42%威百亩水剂5kg处理土壤，轮换或交替用药。

(2) 黄守瓜成虫　① 农业防治：黄瓜同芹菜、甘蓝、莴苣等蔬菜间作；覆盖地膜或在苗的四周撒草木灰、糠秕、锯末等可防止成虫产卵；早晨进行人工捕杀成虫。

② 药剂防治：可用80%敌百虫可湿性粉剂1000倍液，或50%辛硫磷乳油1000倍液，或烟草水30倍液点灌防治幼虫；用90%敌百虫1000倍液，或用50%辛硫磷乳油1000倍液，或20%杀灭菊酯乳油1500倍液，或2.5%溴氰菊酯乳油（敌杀死）1500倍液等交替喷雾2~3次。

309. 天花粉如何进行初加工？

天花粉传统的产地加工方式，一般是于深秋或初冬季节，采挖其地下块根，刮去栓皮，切为小段，对剖为二，晒至干燥即得。但对直径超过6cm以上的块根再用此法加工，不仅很难晒干，而且时间稍长则极易变色甚至生霉变质。因此，各地目前常用鲜品切片晒干的加工方法。

栝楼植株　谢晓亮摄

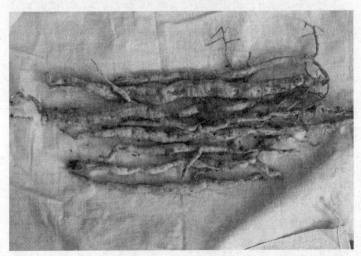

天花粉药材　刘铭摄

半夏

310. 半夏有何药用价值？

半夏为天南星科植物半夏 [*Pinellia ternata* (Thunb.) Breit.] 的干燥块茎，味辛、性温，有毒，归脾、胃、肺经，具有燥湿化痰，降逆止呕，消痞散结的功效，多用于治湿痰冷饮、呕吐、反胃、咳喘痰多、胸膈胀满、痰厥头痛、头晕不眠、外消痈肿等症。

311. 如何根据半夏的生长习性进行选地和整地？

半夏块茎一般于8~10℃萌动生长，13℃开始出苗。随着温度升高出苗加快，并出现珠芽。15~26℃最适宜生长，30℃以上生长缓慢，超过35℃而又缺水时开始出现倒苗，秋后低于13℃以下出现枯叶。

半夏宜选湿润肥沃、保水保肥力较强、质地疏松、排灌良好的砂质壤土或壤土地种植，亦可选择半阴半阳的缓坡山地。前茬选豆科作物为宜，可与玉米地、油菜地、麦地、果木林进行间套种。

地选好后，于10~11月深翻土地20cm左右。结合整地，每亩施农家肥5000kg，饼肥100kg和过磷酸钙60kg，翻入土中作基肥。南方雨水较多的地方宜做成宽1.2~1.5m、高30cm的高畦，畦沟宽40cm，长度不宜超过20m，以利灌排。北方浅耕后可做成宽0.8~1.2m的平畦，畦埂宽、高分别为30cm和15cm。

畦埂要踏实整平，以便进行春播催芽和苗期地膜覆盖栽培。

312. 在半夏在播前处理及播种方式等方面，应注意哪些问题？

（1）播前处理　播种前，要对播种的块茎进行人工筛选。除去有霉变、破损和劣质的半夏种茎或珠芽中的杂质。播种前的块茎要进行消毒处理，用50%多菌灵可湿性粉剂800倍液浸种3~5分钟，沥干后播种。

（2）播种时期、播种量　在雨水至惊蛰期间为最适宜播种期，此时5cm深度地温达8~10℃时最适宜栽种。适宜播种量100~140千克/亩，为防杂草滋生，可适度增加播种量。

（3）播种方式　播种分撒播和点播两种。

① 撒播：在做好的畦上，将选好的种茎均匀散播，芽眼向上，密度约5cm×3cm。

② 点播：按株行距5cm×3cm，在畦面上摆好种茎，不要错行，点第二行的时候要与第一行的种茎在一条直线上。

313. 半夏的主要繁殖方式有哪些？

生产上半夏的繁殖方法以采用块茎和珠芽繁殖为主，亦可用种子繁殖，但种子生产周期长，一般不采用。

（1）块茎繁殖　2月底至3月初，雨水至惊蛰间，当5cm地温达8~10℃时，催芽种茎的芽鞘发白时即可栽种。在整细耙平的畦面上开横沟条播。行距12~15cm，株距5~10cm，沟宽10cm，深5cm左右，沟底要平，在每条沟内交错排列两行，芽向上摆入沟内，并覆土。

(2)珠芽繁殖　夏秋间，当植株倒苗、珠芽成熟时，可收获珠芽进行条播。按行距10cm，株距3cm，条沟深3cm播种。播后覆以厚2~3cm的细土及草木灰，稍加压实。

(3)种子繁殖　当佛焰苞萎黄下垂时，采收种子，夏季采收的种子可随采随播，秋末采收的种子可以沙藏至次年3月播种。但此种方法出苗率较低，生产上一般不采用。

314. 半夏的田间管理措施？

(1)去薹　半夏5月开始抽薹，除留种田外要及时摘除或剪除花薹。

(2)中耕除草　半夏属于浅根系植物，要适当密植，除草时尽量不使用锄头等工具，采用人工除草的方式。一般进行2~3次，重点放在幼苗期未封行前，要求除早、除小、不伤根，深度不超过5cm，并分别在4月苗出齐后、5月下旬至6月上旬、第1代株芽形成时，7月下旬第2代株芽形成时，及时拔除。

(3)追肥、培土　生长期追肥2~3次，第一次于4月中下旬苗齐后，施1：3的人畜粪水1000千克/亩；第二次于5月下旬珠芽形成时，施1：3的人畜粪水2000千克/亩，培土以盖住肥料和珠芽。30天后再看苗情进行施肥培土；收获前30天内不得追施肥。

(4)排灌水　半夏喜湿怕涝。当温度在20℃时，土壤适宜湿度是15%~20%；当超过20℃时，特别达到30℃及以上高温，土壤适宜湿度是20%~30%。灌溉时间应选择日照强度低，水汽蒸发量少为宜，可以在上午9时之前，或者下午3时之后进行灌溉操作。

315. 半夏常见病害的防治措施？

(1) 根腐病　受害症状为块茎部分或全部腐烂，有干腐和湿腐2种表现，在半夏种植和贮藏期都可发生。病菌通过土壤或种茎传染。防治方法如下。

① 农业防治：在采收留种时精选，剔除带病、被虫伤或机械损伤的种茎。

② 药剂防治：播种前可用50%多菌灵可湿性粉剂500倍液浸种20分钟再播种；播种前用石灰对土壤进行消毒，半夏出苗后再用5%的石灰水浇灌植株。发病初期用50%多菌灵或甲基硫菌灵 (70%甲基托布津可湿性粉剂) 500~800倍液，或75%代森锰锌络合物800倍液，或30%恶霉灵+25%咪鲜胺按1：1复配1000倍液或用10亿活芽孢/克枯草芽孢杆菌500倍液灌根，7天喷灌1次，喷灌3次以上。

(2) 叶斑灰霉病　危害叶片，初染病时叶片呈水渍状褪色病斑，有的呈灰白色点状或条状病斑，后多病斑愈合，扩大呈褐色不规则大型病斑，通常造成叶扭曲，或覆盖全叶造成叶过早枯死，叶背面病斑湿度大时形成灰色霉层病原孢子。防治方法如下。

① 农业防治：发病田及时清园消灭病原。

② 药剂防治：发病期用50%甲基硫菌灵可湿性粉剂800倍液，或65%甲霉灵可湿性粉剂1000倍液、50%速克灵可湿性粉剂、50%灭霉灵 (福·异菌脲) 1500~2000倍液，每7~10天1次，交替连喷3~4次。

(3) 缩叶病、花叶病　主要危害症状为叶片皱缩、花叶，植株矮化，甚至整株死亡；并通过昆虫、与病株摩擦和种茎传毒等方式传播。防治方法如下。

① 农业防治：选用无病毒的种茎。

② 药剂防治：发病时可选用磷酸二氢钾或20%毒克星可湿性粉剂500倍液，或0.5%抗毒剂1号水剂250~300倍液，或20%病毒宁水溶性粉剂500倍液等喷洒，隔7天施药1次，连用3次。

316. 半夏常见虫害防治方法？

（1）天蛾　用2.5%功夫乳油1500倍液，或90%敌百虫晶体1000倍液，或50%辛硫磷乳油1000倍液等喷雾，每5~7天喷1次，连续喷2~3次。

（2）蓟马　① 农业防治：清除田间杂草，减少蓟马的迁移危害。

② 药剂防治：选用50%辛硫磷乳油1500倍液，或10%吡虫啉可湿性粉剂1500倍液，或25%噻虫嗪水分散粒剂3000倍液等喷施。

（3）跳甲　① 农业防治：及时清除田间残株落叶，铲除杂草，播前深翻晒土，造成不利于幼虫发育的环境，并消灭部分虫蛹。

② 药剂防治：在发生初期，用50%辛硫磷800倍液喷雾。

317. 半夏的采收时间与产地加工方法？

采挖在白露前后，时间8月中下旬至9月初，采收前至少有1周的晴天。否则，土壤太湿会造成半夏和泥土黏着太紧不易挑出来，影响采收速度。

产地加工的主要技术如下。

(1) 放置　把采挖好的半夏搬运室内或者阴凉处，忌曝晒，进行堆放或者筐内盖好；放置时间不宜过长，否则水分散失量大，块茎不易去皮。

(2) 筛选　用分级筛对半夏进行级筛选，分级标准分为直径大于2.0cm、1.0~2.0cm和小于1.0cm三个等级。除了直径小于1.0cm可留作做种外，其余2种规格均按商品药材来处理。

(3) 去皮　将分级的半夏分装麻袋、编织袋，浸入流水中，穿胶靴在袋上用脚踩揉搓或者用带上橡胶手套的手来揉搓，进行多次去皮。然后倒出漂洗，除去碎皮，表面去皮不尽，继续装入袋中在流水中去皮，直至块茎无表皮残存，颗粒洁白为止。

(4) 干燥　人工干燥有晾晒和烘干两种方法。

① 晾晒：将去皮的半夏块茎，摊放在席子上、水泥地上或者其他便于收集的地方，晒干，并不断翻动，晚上收回平摊室内晾干，反复再取出晒至全干。

② 烘干：烘干温度不宜过高，控制在35~60℃。要微火勤翻，燃烧物气体要用管道排放，避免污染半夏。切忌用急火烘干，造成外干内湿，会致使半夏发霉变质。

半夏植株　谢晓亮摄

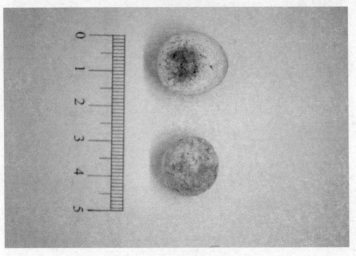

半夏药材　谢晓亮摄

白芷

318. 白芷的主要栽培类型有哪些?

白芷为伞形科植物白芷 [*Angelica dahurica* (Fisch.ex Hoffm.) Benth.et Hook.f.]或杭白芷 [*A. dahurica* (Fisch.ex Hoffm) Benth.et Hook.f.var. *formosana* (Boiss.) Shan et Yuan]的干燥根。我国北方栽培的有祁白芷、兴安白芷、禹白芷。分布于黑龙江、吉林、辽宁、内蒙古、山西、河北等省区;南方地区栽培的有杭白芷、川白芷,主产于浙江、四川等省。

319. 白芷种植应当如何选地整地?

白芷适应性很强,喜温暖湿润气候,怕热,耐寒性强。白芷是深根植物,宜种植在土层深厚、疏松肥沃、排水良好的砂质壤土地,不宜重茬。前茬作物收获后,每亩施腐熟的农家肥2000~3000kg,过磷酸钙50kg做基肥。及时翻耕30cm以上,作畦,耙细整平。

320. 白芷如何播种?

白芷用种子繁殖。成熟种子当年发芽率为80%~86%。隔年种子发芽率很低,甚至不发芽。

播种分春播和秋播,适时播种是白芷高产优质的重要环节,应根据气候和土壤肥力而定。春播于4月上中旬进行,但产量和品质较差。通常采用秋播,秋季气温高则迟播,反之则早播;土壤肥沃可适当迟播,相反则宜稍早。一般在8月下旬至9月初播种。播种时在整好的畦面上，按行距30cm开1.5cm深的浅沟，将种子与细沙土混合，均匀地撒于沟内，覆土盖平稍压实，使种子与土壤紧密接触。播种量为1.5千克/亩。播后15~20天出苗。

321. 白芷主要的田间管理措施有哪些？

（1）间苗、定苗　白芷幼苗生长缓慢，秋播当年一般不疏苗，第二年早春返青后，苗高5~10cm时，开始间苗，间去过密的瘦弱苗，按株距12~15cm定苗，呈三角形错开，以利通风透光。定苗时应将生长过旺，叶柄呈青白色的大苗拔除，以防止提早抽薹开花。

（2）除草、追肥　苗高3cm时进行一次除草，浅松表土，不能过深，否则主根不向下扎，叉根多，影响品质。苗高6~10cm时，中耕稍深一些。封垄前要除尽杂草，封垄后不宜再进行中耕除草。

白芷虽属喜肥植物，但一般春前应少施或不施，以防苗期长势过旺，提前抽薹开花。封垄前结合培土，每亩追施复合肥20~25kg，促使根部粗壮，防止倒伏。追肥次数和数量可依据植株的长势而定。

（3）排灌、抽薹　白芷喜湿，但怕积水。播种后，如土壤干旱应立即浇水，幼苗出土前保持畦面湿润，这样才利于出苗。幼苗越冬前要浇透水一次。次年春季以后可配合追肥灌水。如遇雨季田间积水，应及时开沟排水，避免积水烂根及病害发生。苗播后第二年5月若有植株抽薹开花，应及时拔除。

322. 白芷的主要病虫害应当如何防治？

（1）斑枯病　主要为害叶部，病斑为多角形，病斑部硬脆。初期深绿色，后期为灰白色，上生黑色小点，即病原的分生孢子器。白芷一般5月发病，至收获均可感染，严重时造成叶片枯死。防治方法如下。

① 在无病植株上留种，清除病残组织，集中烧毁，减少越冬菌源。

② 发病初期，摘除病叶，用80％大生（络合态代森锰锌）800倍液，或用70％百菌清可湿性粉剂600倍液，或25％嘧菌酯悬浮剂1500倍液，或40％咯菌腈可湿性粉剂3000倍液等喷雾防治。

（2）根结线虫病　在染病植物的根部，形成大小不等的根结，根结上有许多小根分枝呈球状，根系变密，呈丛簇缠结在一起，在生长季为害根部十分严重。

防治方法：轮作是防治根结线虫病的主要措施之一；用10亿活芽孢/克蜡质芽孢杆菌4千克/亩，或10％噻唑磷颗粒剂3千克/亩处理土壤，或1.8％阿维菌素乳油1000倍液灌根。

（3）黄凤蝶　幼虫咬食叶片成缺刻，仅留叶柄。白天、夜间均取食叶片，6~8月幼虫为害严重。成蛹多依附在植株枝条上过冬。防治方法如下。

① 人工捕捉：在虫害零星发生时，可人工捕捉幼虫或蛹，集中处理。

② 化学防治：尽量选择在低龄幼虫期防治。此时虫口

密度小，危害小，且虫的抗药性相对较弱。可选择Bt乳剂200~300倍喷雾；或用氟啶脲(5%抑太保)2500倍液；或25%灭幼脲悬浮剂2500倍液；或虫酰肼(24%米满)1000~1500倍液。应可轮换用药，以延缓抗性的产生。

③ 植株采收后，及时清除杂草及周围寄主，减少越冬虫源。

(4)蚜虫　属同翅目蚜科。以成虫、若虫危害嫩叶及顶部。白芷开花时，若虫、成蚜密集在花序为害。在叶背刺吸汁液的同时传播白芷病毒。防治方法如下。

① 在蚜虫发生期可选用40%乐果1500~2000倍或50%杀虫螟松1000倍，每5~7天用1次，连续2~3次。

② 黄板诱蚜，利用有翅蚜对金盏黄色有较强趋性特点，选用20cm×30cm的薄板，涂金盏黄，外包透明塑料薄膜，涂凡士林黏捕蚜虫，将板插在田间，距地面1m处，即可捕蚜。

323. 白芷如何采收与加工？

春播白芷当年10月中下旬收获。秋播白芷第二年9月下旬至10月上旬采收。一般在叶片枯黄时开始收获，选晴天采挖，抖去泥土，运至晒场，进行加工。主要的加工方法如下。

(1)晒干　将主根上残留叶柄剪去，摘去侧根另行干燥；晒1~2天，再将主根依大、中、小三等级分别曝晒，反复多次，直至晒干。晒时忌雨淋。

(2)烘干　将主根上残留叶柄剪去，摘去侧根，35℃条件下烘至干燥。

324. 如何贮藏白芷?

应储存于阴凉干燥处，温度不超过30℃，相对湿度70%~75%，商品安全水分12%~14%。贮藏期间应定期检查，发现虫蛀、霉变可用微火烘烤，并筛除虫体碎屑，放凉后密封保藏；或用塑料薄膜封垛，充氮降氧养护。

白芷植株　谢晓亮摄

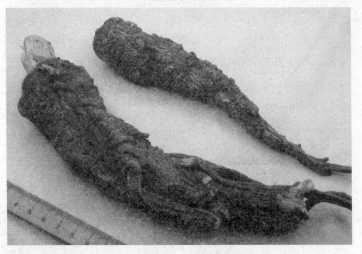

白芷药材　谢晓亮摄

黄芩

325. 黄芩的药用价值如何?

黄芩为唇形科黄芩属植物黄芩(*Scutellaria baicalensis Georgi*)的干燥根,是我国常用中药之一,别名山茶根、土金茶根、黄芩茶、鼠尾芩、条芩、子芩、片芩、枯芩等。黄芩味苦、性寒,归肺、胆、脾、大肠、小肠经,具有清热燥湿、泻火解毒,止血安胎等功效,用于湿温、暑温、胸闷呕恶、湿热痞满、泻痢、黄疸、肺热咳嗽、高热烦渴、血热吐衄、痈肿疮毒、胎动不安等病症。现代药理研究证明,黄芩具有较广的抗菌谱,对痢疾杆菌、白喉杆菌、铜绿假单胞菌、葡萄球菌、链球菌、肺炎双球菌以及脑膜炎球菌具有作用,对多种皮肤真菌和流感病毒亦有一定的抗菌和抑制作用;黄芩具有解热、镇静、降压、利尿、降低血脂、提高血糖、抗炎抗变态以及提高免疫等功能;此外,还能消除超氧自由基、抑制氧化脂质生成以及抑制肿瘤细胞等抗衰老、抗癌等作用。

326. 黄芩适合在河北省哪些地方种植?

黄芩主要野生分布于黑龙江、吉林、辽宁、河北、山西、内蒙古、河南、山东等北方省区,甘肃、陕西、宁夏亦有一定分布。但以河北承德所产质量最佳,是河北省最主要的道地药材之一,向来以其质地坚实,色泽金黄纯正,品质好,疗效高而驰名中外,素有"热河黄芩"之称。黄芩适宜生长在年平均气温4~8℃,年降雨量400~600mm的北方广大地区。

20世纪80年代以来，河北承德、山东、陕西、山西、甘肃等地均以大面积人工种植。河北省南北各地均可栽培，尤以中北部的山区及丘陵地区更为适宜。

327．种植黄芩如何选地和整地？

黄芩对土壤要求不甚严格，但若土壤过于黏重，既不便于整地出苗和保苗，也会影响根的生长和品质，导致根色发黑，烂根增多，产量低，品质差；过砂的土壤，肥力低，保水保肥性差，不易高产；而以阳光充足或较为充足，土层深厚、疏松肥沃、排水渗水良好，中性或近中性的壤土、砂壤土等最为适宜。平地、缓坡地、山坡梯田均可。宜单作种植，也可利用幼龄林果行间，提高退耕还林地的利用效率及其经济效益和生态效益。

黄芩单作地块，一般于前茬作物收获后，及时灭茬施肥深耕，每亩撒施腐熟的农家肥2000~4000kg做底肥，结合施肥适时深耕25cm以上，随后整平耙细，去除石块杂草和根茬，达到土壤细碎、地面平整、上虚下实，水分充足。并视当地降雨及地块特点做成宽2m左右的平畦或高畦，春季采用地膜覆盖种植的，以做成带距100cm，畦面宽65~70cm，畦沟宽30~35cm，高10cm的小高畦更为适宜；山区无水浇条件的地块，亦可不做畦直接种植。间作套种的黄芩，可结合前作物种植进行整地和使用底肥。

328．如何做好黄芩播前种子处理？

一般大田种植，或有水浇条件的地块，直接播黄芩干种

下篇 各论

第九章 根和根茎类

261

子即可。若是无水浇条件的山地，可结合土壤墒情，灵活地进行播前浸种催芽。方法是用800倍的木酢液浸种5小时，或用25mg/L的赤霉素溶液及冷水浸种12小时，或至种子吸水膨胀。然后将吸足水的黄芩种子，置于20℃左右的温度条件下保湿催芽，每天种子要翻1~2遍，并视种子干湿情况适当加水，待少部分种子裂口露白时即可播种。

329. 如何科学地播种黄芩？

春、夏、秋均可播种。黄芩多于春季播种，一般在土壤水分充足或有灌溉条件的情况下，以5cm地温稳定通过15℃时播种为宜。对于春季土壤水分不足，又无灌溉条件的旱地，采用早春地膜覆盖种植较为适宜。无水浇条件的山坡旱地、幼龄果树行间，可在雨季或初秋于大豆和玉米行间套种黄芩，出苗快，易保苗，能充分利用土地和生长季节，节省除草用工，缩短生产年限，提高黄芩产量和种植效益，是一项非常值得推广的适用栽培技术。

黄芩主要用种子繁殖，茎段扦插和分根亦可，但通常生产意义不大。种子繁殖以直播为主，采用大行距、宽播幅的行株距搭配方式，有利于增加留苗密度、便于田间作业管理和生长中后期的通风透光。播种时，按行距40cm，开深3~4cm，宽10cm左右，且沟底平的浅沟，按每亩1.5~2kg种子的播种量，将种子均匀地撒入沟内，随后覆湿土1~2cm，并适时进行镇压。山区退耕还林地的果树行间，雨季播种时也可采用宽带撒播的方式，即带距100cm左右，将整好的地，用耙子趟地拉沟，然后撒种子，再用耙子趟土盖种，最后适时进行镇压即可。平地大面积种植，以采用小粒谷物密植播种机多密一稀的播种方式为宜。

330. 黄芩如何间苗、定苗和补苗？

黄芩齐苗后，应视保苗难易分别采用一次或二次的方式进行间定苗。易保苗的地块，可于苗高5~7cm时，按照株距6~8cm交错定苗，每平方米留苗60株左右。地下害虫严重、难保苗的地块，应于苗高3~5cm时对过密处进行疏苗；苗高8~10cm时定苗。结合间定苗，对严重缺苗部位进行移栽补苗，要带土移栽，栽前或栽后浇水，以确保栽后成活。为了节省间定苗用工和生产成本，应推广宽带撒播和过密处简单疏苗的间定苗方式。

331. 黄芩如何除草？

适时除草，控制杂草蔓延，是确保黄芩正常生长，实现黄芩高产和高效的重要基础。第一年通常要松土除草3~4次。第二年以后，每年春季返青出苗前，耧地松土、清洁田园；返青后视情况中耕除草1~2遍至黄芩封垄即可。规模化种植黄芩，应在国家中药材GAP政策调整的基础上，逐渐探索通过调整播期和结合化学除草的除草方法。

332. 黄芩如何追肥？

一般生长二年收获的黄芩，二年追肥总量以纯氮6~10kg（尿素18kg左右）、五氧化二磷4~6kg（过磷酸钙30kg左右）、氧化钾 6~8kg（硫酸钾14kg左右）为宜，二年分别于定

苗后和返青后各追施一次，其中氮肥两次分别为40%和60%，磷、钾肥两次分别为50%，三肥混合，开沟施入，施后覆土，土壤水分不足时应结合追肥适时灌水。

333. 黄芩如何灌水与排水？

黄芩在出苗前及幼苗初期应保持土壤湿润，定苗后土壤水分含量不宜过高，适当干旱有利于蹲苗和促根深扎，黄芩成株以后，每年春季返青期，或遇严重干旱及追肥时土壤水分不足，应适时适量灌水。黄芩怕涝，雨季应注意及时松土和排水防涝，以减轻病害发生，避免和防止烂根死亡，改善品质，提高产量。

334. 黄芩根腐病如何防治？

黄芩根腐病主要为害根部，病部根皮初为褐色近圆形或椭圆形小斑点，以后病斑扩大成稍凹陷不规则形病斑，最后整个根部全部染病变黑褐色，根内木质部也变黑褐色糟朽，地上茎叶也逐渐变黑褐色枯死。近地面的叶片偶尔也可受害，病斑常自叶缘始发向内扩展成黑或黑褐色不定形的病斑，湿度大时病部产生少量的白霉。防治方法如下。

①选择疏松肥沃、排水渗水良好的地块种植。

②生长期间适时中耕松土，调节土壤水分与通气状况。

③雨季及时排水防涝。

④拔除病株，病穴石灰水消毒。

⑤发病初期30%恶霉灵+25%咪鲜胺按1：1复配1000倍液，

或用10亿活芽孢/克枯草芽孢杆菌500倍液灌根，7天喷灌1次，喷灌3次以上。

335. 黄芩灰霉病如何防治？

黄芩灰霉病可危害黄芩嫩叶、嫩茎、花和嫩荚，形成近圆形或不规则形、褐色或黑褐色病斑，也可危害茎基部，病斑环茎一周，病部有灰色霉层，其上的茎叶随即枯死。防治措施如下。

① 农业防治：生长期间适时中耕除草，降低田间湿度；晚秋及时清除越冬枯枝落叶，消灭越冬病源。

② 药剂防治：喷施70%灰霉速克60克/亩，50%速克灵可湿性粉剂 (腐霉利)，50%灭霉灵 (福·异菌脲) 1500~2000倍液，或60%多菌灵盐酸盐 (防霉宝) 600倍液，80%络合态代森锰锌800倍液，50%凯泽 (啶酰菌胺) 水分散颗粒剂1500倍液喷雾，7天左右一次，连喷2~3次。

336. 黄芩白粉病如何防治？

黄芩白粉病主要为害叶片和果荚，产生白色粉状病斑，后期病斑上产生黑色小粒点，导致叶片和果荚生长不良，提早干枯或结实不良甚至不结实。防治方法如下。

① 选择地势较高，通风良好的地块。

② 雨季注意排水防涝。

③ 发病初期，喷施40%氟硅唑乳油5000倍液，或12.5%烯唑醇可湿性粉剂1500倍液，或10%苯醚甲环唑水分散颗粒剂1500倍液，10天左右1次，连喷2~3次。

337. 黄芩黄翅菜叶蜂如何防治？

是近年来为害黄芩的新害虫，主要以幼虫蛀荚为害，也可食叶为害。是为害黄芩种子生产的最重要的害虫，对黄芩种子生产造成严重威胁。

防治方法：在黄芩结荚初黄翅菜叶蜂开始产卵为害时，及时使用5%甲维盐乳油3000倍液，或4.5%高效氯氰菊酯乳油1500倍液，或50%辛硫磷乳油1000倍液，或25%灭幼脲悬浮剂2000倍液喷雾，均有良好的防治效果。

338. 黄芩地老虎等地下害虫如何防治？

地老虎等地下害虫大多都是杂食性的地下害虫，主要在早春黄芩返青期危害黄芩近地面茎部及根部，导致黄芩地上枯萎死亡。一般年度和多数地块发生较轻，不必药剂防治，人工捕杀即可；发生严重地块，可用鲜菜或青草毒饵防治，方法是鲜蔬菜或青草：熟玉米面：糖：酒：敌百虫，按10：1：0.5：0.3：0.3的比例混拌均匀，晴天傍晚撒与田间即可。

339. 黄芩如何留种采种？

人工种植黄芩，每年可收获一定量的种子，第一年可收3~5kg，第二年、第三年可收10~20kg。应适时采收，以备繁殖。黄芩种子一般于8月上中旬开始成熟，但成熟期很不一致，而且熟后极易脱落。所以，应注意随熟随采，分批采收。一般于整个花枝中下部宿萼变为黑褐色、上部宿萼呈黄色时，手将花枝或将整个花枝剪下，稍晾晒，随后脱粒清选，放阴凉通风干燥处备用。

340. 黄芩半野生栽培应抓好哪些技术?

黄芩半野生栽培是指利用退耕还林地的果林幼树行间和荒坡梯田等非耕地,经过常规的整地,选择雨季套播和宽带撒播、宽幅条播及增加播种量等播种技术,简化田间管理和科学的采收,以最大程度的减少用工、用肥、用药,有效地控制杂草和病虫害发生的栽培技术。生产出的药材质量近于或优于野生黄芩。黄芩半野生栽培主要应抓好如下关键技术环节:一是选择向阳、排水、渗水好的地块;二是施足有机肥做底肥;三是秋翻精细整地;四是因地制宜地做好播前种子处理;五是雨季宽带增量精细播种;六是简化除草、疏苗、追肥等田间管理;七是预防为主,酌情防治病虫害;八是生长3年左右收获,科学的加工晾晒。

341. 黄芩如何采收和产地加工?

生长1年的黄芩,由于根细、产量低,有效成分含量也较低,不宜收刨。温暖地区以生长1.5~2年,冷凉地区以生长2.5~3年收刨为宜。春秋收获均可,但春季收刨易加工、晾晒,更为适宜。黄芩收获分人工和机械两种方法。人工多用镐刨或铁锹挖。机械收获多用犁挑或专用收获机械收获。应尽量深刨细挖,避免主根过度伤断,影响产量和商品质量。刨出后,及时去掉茎叶,抖净泥土,运至晒场晾晒加工。

晾晒加工时,先将黄芩主根按大、中、小分开,选择向

阳、通风、高燥处晾晒。晒至半干时，每隔3~5天，用铁丝筛、竹筛、竹筐或撞皮机撞一遍老皮，连撞2~3遍，至黄芩根形体光滑、外皮黄白色或黄色时为宜。撞下的根尖及细侧根单独收藏，其黄芩苷的含量较粗根更高。晾晒过程中应避免水洗或雨淋，否则，使根变绿变黑，丧失药用价值。一年至一年半生的黄芩由于根外无老皮，所以直接晾晒干燥即可。

黄芩植株　谢晓亮摄

黄芩药材　谢晓亮摄

第十章 花类

金莲花

342. 金莲花有何药用及保健价值？

金莲花为毛茛科金莲花属植物金莲花（*Trollius chinensis* Bunge）的干燥花。别名旱金莲花荷、旱莲花寒荷、陆地莲、旱地莲、金梅草、金疙瘩等；金莲花具有清热解毒、养肝明目和提神的功效；味苦，性寒。主治急、慢性扁桃体炎，急性中耳炎，急性鼓膜炎，急性结膜炎，急性淋巴管炎等。

金莲花其味辛辣，嫩梢、花蕾、新鲜种子可作为食品调味料。绿色种荚可腌制泡菜，脆嫩可口，微辣甘甜。干花可制成金莲花茶供饮用。花和鲜嫩叶可生食。金莲花还具有很高的观赏价值，可作为重要的观赏植物。

343. 种植金莲花如何选地与整地？

金莲花喜冷凉、湿润及阳光充足的环境，耐寒性强。多生长在海拔1800m以上的高山草甸或疏林地带。人工种植金莲花，宜选用富含有机质、微酸性的砂壤土。以较湿润的地块或有水浇条件的平缓地种植为宜。耕地前每亩撒施充分腐熟的农家肥3000kg左右，翻耕20~25cm，耙平整细，做成宽1.4~1.5m的平畦。

344. 金莲花如何育苗？

金莲花主要用种子繁殖，也可用嫩枝扦插。种子繁殖多采用育苗移栽方式。播种期分秋播和春播。秋播于种子采收后及时播种；春播可在土地解冻后及时用经低温沙藏处理的种子播种育苗。播种前先按要求做好畦，并整平耙细，播前畦内先浇透水，水渗后稍晾即可播种。播种时，将种子与3~5倍的细湿沙拌匀，均匀地撒在畦面上，随后盖1cm厚的湿润细砂或细土，上面再盖稻草或薄膜保湿，可保持较长时间表土湿润。每亩播种量1.5~2.5kg。晚秋播种于第二年早春出苗；春播者播后10天左右出苗。

幼苗生长前期应除草松土，保持畦内清洁无杂草。植株封垄后，不再松土。在低海拔地区引种特别要注意遮阴，荫蔽度控制在30%~50%，棚高1m左右，搭棚材料可就地取材。也可采用与高秆作物或果树间套作，达到遮阴目的。

345. 如何规范栽植金莲花？

金莲花作为观赏植物时，在幼苗出齐后，高5~8cm时，便可以选择适合其生长的山间草地、草原、沼泽草甸以及其他拟美化地点，进行带土移植。一般以3~5株幼苗为一墩，一起移植，同时摘除底部1~3片叶，以减少养分的消耗。移植深度宜浅不宜深，并及时浇水。作为药材种植的，下年春季萌芽前移栽定植。先将种苗挖出，然后按行距30cm，株距20cm定植于大田。

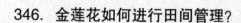

346. 金莲花如何进行田间管理？

（1）中耕除草　植株生长前期应勤松土除草，保持畦内清洁无杂草。植株封垄后，发现大草及时拔除。

（2）追肥　出苗返青后追施氮肥以提苗，每亩可施尿素10kg或人畜粪尿500~800kg。6~7月可追施磷酸铵，每亩追施30~40kg，冬季地冻前应施有机肥，每亩施1500~2000kg。每次施肥都应开沟施入，施后覆土。

（3）灌水与排水　金莲花苗期不耐旱，应常浇水以保持土壤湿润，但不宜太湿以防烂根死亡。7~8月雨季时要注意排涝。

347. 如何防治金莲花的主要病虫害？

（1）病害　常发生的病害有叶斑病和萎蔫病。发病初期用50%多菌灵600倍液，或70%甲基硫菌灵1000倍液，或75%代森锰锌络合物800倍液喷雾防治，每7~10天1次，连续防治2~3次。

（2）虫害　主要有银纹夜蛾、蚜虫以及蛴螬和蝼蛄等地下害虫。银纹夜蛾可于低龄幼虫期用氟啶脲（5%抑太保）2500倍液，或25%灭幼脲悬浮剂2500倍液，或1.8%阿维菌素乳油3000倍液喷雾。7天喷1次，防治2~3次。蚜虫可于发生初期，用0.3%苦参碱乳剂800~1000倍液，或天然除虫菊素2000倍液，或50%辟蚜雾2000~3000倍液喷雾。7天喷1次，防治2~3次。用90%敌百虫原液1000倍喷杀。有粉虱和红蜘蛛危害时，可用40%氧化乐果1500倍液喷杀。蛴螬和蝼蛄等地下害虫，可用

3%辛硫磷颗粒剂3~4kg，混细砂土10kg制成药土，在播种或栽植时撒施，撒后浇水；或用90%敌百虫晶体及50%辛硫磷乳油800倍液等灌根防治。

348. 金莲花如何采收与加工？

采用种子繁殖的植株，播后第二年即有少量植株开花，第三年以后才大量开花；采用分根繁殖者，当年即可开花。开花季节及时将开放的花朵采下放在晒席上，摊开晒干或晾干即可供药用。

金莲花植株　谢晓亮摄

金莲花药材　李世摄

金银花

349. 金银花有哪些药用价值？

金银花又名双花，自古以来就以药用而著名，是常用的大宗药材之一，其花、茎均可利用。《神农本草经》载："金银花性寒味甘，具有清热解毒、凉血化瘀之功效，主治外感风热、瘟病初期、疮疡疔毒、红肿热痛、便脓血"等。《本草纲目》中详细论述了金银花有"久服轻身、延年益寿"的功效。现代药理研究表明，金银花有抗病毒、抗菌、抗生育、护肝、抗肿瘤、消炎、止血(凝血)、降血脂等作用。金银花含有多种人体必需的微量元素和化学成分，同时含有多种对人体有利的活性酶物质，具有抗衰老，防癌变，增强免疫、轻身健体的良好功效。金银花中所含绿原酸能起到抗细胞物质氧化，促进人体新陈代谢，调节人体各部功能的平衡，使体内老化器官恢复功能的作用。

350. 金银花繁殖育苗的主要方法有哪几种？

金银花繁殖育苗的主要方法有扦插育苗、压条育苗两种，大量育苗是以扦插育苗为主，需要苗木数量较少时可用压条育苗法。

351. 扦插育苗中如何选取插条？

在生长开花季节，将那些品种纯正、生长健壮、花蕾肥大的植株做上标记，作为优良母株，于秋末在选取的母株上

选取1~2年生枝作插条，每根至少有4个节位，长度30~40cm，扦条粗度为0.5~1.5cm，将插条下端茎节处剪成平滑斜面，上端在节位以上1.5~2cm处剪平，剪好的插条每50或100根搭成1捆，其下端浸入500mg/kg生根剂5~10分钟，稍凉即可扦插。插条要求：节间短、长势壮、无病虫害。

352. 种植金银花如何选地、整地？

选择背风向阳、光照良好的土层深厚、疏松、肥沃、湿润、排水良好的砂质壤土的缓坡地或平地。入冬前进行一次深耕，耕深30~40cm，结合整地每667m²施腐熟厩肥2500~3000kg，耕后整细耙平。

353. 大田如何栽植金银花？

栽植时间以早春栽植最好，大田栽植一般行距2m，株距1.5m，定植穴30~40cm²，每亩栽220株左右。为了提高土地利用率，提高前期产量，可按行距1m，株距0.75m栽植。之后根据生长情况(行间是否郁闭)，第三年或第四年隔行隔株移出另栽，大田栽植也要先挖坑或条状沟，施足有机肥，浇水后栽植。

354. 金银花生长期如何进行肥水管理？

金银花施肥分基肥、追肥、叶面喷肥，基肥一般在秋末或早春施，以使用有机肥为主，一般幼树每亩施农家肥2000kg，大树每亩3000~5000kg，50kg复合肥。具体方法：在植株树冠投影外围，开宽30cm、深40cm的环状沟(注意勿将主根切断），将肥料与一半坑土掺均，填入沟内，然后填入另一半土。

追肥一年3~4次，在每次花蕾采收修剪后追肥，每亩追肥20kg碳铵或10kg尿素，施肥方法是在树冠周围垂直投影处挖5~6个深15cm的小穴，施入肥料、填土封严。为防烧苗和提高肥效，每次追肥后都要浇水。

叶面喷肥的时期为萌芽后新梢旺盛生长期和每次夏剪新梢出生以后，喷施肥料的浓度：尿素0.3%~0.5%，磷酸二氢钾0.2%~0.3%，硼砂0.3%，叶面喷肥的最佳时间是上午十点以前和下午四点以后，叶背面为喷肥的重点部位。

355. 金银花幼树如何进行整形修剪？

栽后1~3年的幼树以整形为主，栽后一年幼树，春季萌发的新枝，从中选出一粗壮直立枝作为主干培养，当长到25cm时进行摘心，促发侧枝，萌发侧枝后及时掰去下部徒长枝，上部用同样的方法选留主干，通过疏下截上，使其主干逐年增粗，在主干上选留4~5个生长较壮的直立枝作为主枝，疏掉徒长枝内堂弱枝，其他枝当花朵摘后剪截，促发花枝，这样2~3年即可成型，一般主干高60cm左右，树高1.3m左右，以方便采摘为宜。

356. 金银花盛花期怎样进行修剪？

栽后3~4年即进入盛花期，盛花期4~20年，以产花为主，并继续培养主干、主枝，扩大树冠，一般一年修剪3次为宜。盛花期采用重轻剪法。即对弱枝、密枝重剪；2年生枝、强壮

枝轻剪。并实行"四留四剪"就是选留背上枝、背上芽、粗壮芽、饱满芽；剪除向下枝、向下芽、纤弱枝、瘦小芽，同时将基部萌发的嫩芽抹掉，以减少养分的消耗。

357. 金银花植株缺氮、磷、钾的表现有哪些？

(1)缺氮植株表现　地上枝茎生长缓慢、瘦弱、矮小，叶绿素含量低，致使叶片变黄，且小而薄，花蕾少而小，地下根系比正常的色白而细长且数量较少，或出现淡红色。

(2)缺磷植株表现　植株生长较慢，分枝和分蘖较少，植株显得矮小，叶片多易脱落，植株表现为叶色呈暗绿色或灰绿色，有时出现紫红色，严重时叶片枯死。同时，花期向后推延，根系易老化，多呈锈色。缺磷症状金银花早期就能表现出来，容易诊断。

(3)缺钾植株表现　老叶或叶由绿发黄变褐，常呈焦枯烧灼状。叶片上出现褐色斑点或斑块，严重时整个叶片呈红棕色甚至干枯状，坏死脱落。根系较短而且较少，易衰老，严重时根会腐烂。缺钾症状在中后期才表现出来，早期不易发现。

358. 怎样防治金银花上的蚜虫？

金银花上的蚜虫多在4月上、中旬开始发生，主要刺吸植株的汁液，使叶变黄、卷曲、皱缩。4~6月虫情较重，立夏后，特别是阴雨天，蔓延更快，严重时叶片卷缩发黄，花蕾畸形。防治措施如下。

①农业防治：清洁田园，将枯枝、烂叶集中烧毁或埋掉。

② 药剂防治：在植株未发芽前用石硫合剂喷一次，并能兼治多种病虫害；蚜虫发生时用10%的吡虫啉可湿性粉剂1000倍液喷雾，或3%啶虫脒可湿性粉剂1000倍液，或35%噻虫嗪水分散粒剂3000倍液喷雾，7天一次，连喷数次，最后一次用药须在采摘前10~15天进行。

359. 如何防治金银花地下害虫蛴螬？

（1）灯光诱杀　成虫金龟子有较强趋光性，在金银花基地安装杀虫灯，傍晚开灯集中诱杀金龟子成虫。

（2）根据观测灯诱测金龟子情况，在成虫活动高峰期的傍晚进行一次喷药防治，用50%辛硫磷乳油1000倍液，或4.5%高效氯氰菊酯乳油1000倍液均匀地喷洒在银花植株上，或用3%辛硫磷颗粒剂撒于地表并进行浅锄划，防治成虫，控制成虫发生量。

（3）幼虫喷药防治　幼虫危害期可用50%辛硫磷乳油1000倍液，进行田间灌根效果较好。

360. 怎样防治金银花病害？

金银花发生的病害主要是白粉病、褐斑病。白粉病主要危害叶片，有时也危害茎和花，叶上病斑初为白色小点，后扩展为白色粉状斑，后期整片叶布满白粉层，严重时叶发黄变形甚至落叶，茎上病斑褐色，不规则形，上生有白粉，花扭曲，严重时脱落。褐斑病危害叶片，叶上病斑呈圆形或受叶脉所限呈多角形，黄褐色，直径5~20mm，潮湿时背面生有灰色霉状物。防治方法如下。

① 农业措施：发病初期注意摘除病叶，减少病原；雨季及时排水，适当修剪，改善通风透光条件，可增强抗病力；施肥上增施有机肥，控氮，多施磷钾肥，以利于控制病害发生。

② 化学防治：发病初期，用50%多菌灵600倍液，或70%甲基硫菌灵1000倍液，或75%代森锰锌（全络合态）800倍液，或25%三唑酮可湿性粉剂1000倍液，或25%戊唑醇可湿性粉剂2000倍液，或10%苯醚甲环唑可湿性粉剂2000倍液喷雾，每10~15天喷洒1次，一般连喷2~3次。

361. 根据花的发育时期如何掌握金银花采摘期？

金银花的花发育分为花蕾期、三青期、二白期、大白期、银花期及金花期共六个时期。不同时期其有效成分绿原酸的含量也不相同，从三青期到金花期5个不同发育阶段，金银花中的绿原酸含量随其发育阶段的提高而降低，表明采收期不同，其有效成分含量有较大差异。因此适时采收是保证金银花产品质量的关键环节。

最适宜的采摘标准是："花蕾由绿色变白，上白下绿，上部膨胀，尚未开放。"即二白期，这时期采摘的花蕾入药质量最好。一般在5月中、下旬采摘第一茬花，一个月后陆续采摘二、三、四茬花。

362. 目前金银花加工法主要有哪几种？

目前，金银花加工一般采用日晒和现代化烘干机烘烤两种加工法。

(1)日晒　在农户家中自己进行。将采回的鲜花用手均匀地撒在晾盘上，掌握好温度和湿度，温度和湿度适宜，花蕾干缩后基本能保持鲜绿颜色。

(2)利用烘干机烘干　小型烘干机一般烤鲜花100kg左右，中型烘干机一般烤鲜花200~400kg，大型烘干机一般烤鲜花1000kg左右。每平方米放鲜花蕾2.5kg，厚度1cm，共铺架14~18层。花架在烤房中架好后送入热风，此后花蕾的烘干经历塌架、缩身、干燥三个阶段。温度曲线为40℃~50℃~60℃~70℃，温度逐渐升高，此间要利用轴流风机进行强制通风除湿，整个干燥过程历时16~20小时，待烤干后装袋保存。

金银花植株　信兆爽摄

金银花药材　谢晓亮摄

菊花

363. 菊花有何药用价值？

菊花为菊科植物菊（*Chrysanthemum morifolium* Ramat.）的干燥头状花序，性味甘，苦；微寒，归肺，肝经。有养肝明目、疏风清热的功能。主治感冒风热、头痛、耳鸣、目赤、咽喉肿痛等症。菊花作为一种天然保健品，具有极大的开发利用前景，市场上已有的菊花相关食品主要形式为：作为烹调主料或配料直接食用；制成营养保健茶；加工成各种食品或饮料；提炼香精或香油等各类香料。近年来，为了提高菊花的附加价值，有关企业及科研人员进行了提取菊花硒、黄酮类化合物、挥发油等方面的研究，取得了一些进展。但菊花有效营养成分的综合、充分利用方面还是空白，将菊花提取物黄酮类物质和挥发油用于新型保健食品的开发，将有巨大的潜在市场和发展空间。

364. 菊的生物学特性有哪些？

菊为多年生宿根草本，株高60~150cm，全株密被白色绒毛。茎直立，基部木质化，上部多分枝，枝略具棱。单叶互生，具叶柄，叶片卵形或窄长圆形，边缘有短刻锯齿，基部心形。头状花序顶生或腋生，总苞半球形，绿色；舌状花着生花序边缘，舌片白色、淡红色或淡紫色，无雄蕊；雌蕊1；管状花位于花序中央，两性，黄色，先端5裂；聚药雄蕊5；雌蕊1，子房下位。

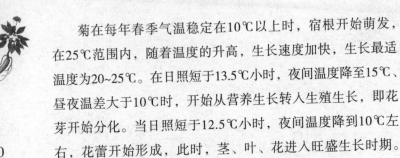

菊在每年春季气温稳定在10℃以上时，宿根开始萌发，在25℃范围内，随着温度的升高，生长速度加快，生长最适温度为20~25℃。在日照短于13.5℃小时，夜间温度降至15℃、昼夜温差大于10℃时，开始从营养生长转入生殖生长，即花芽开始分化。当日照短于12.5℃小时，夜间温度降到10℃左右，花蕾开始形成，此时，茎、叶、花进入旺盛生长时期。9~10月进入花期，花期40~50天，朵花期5~7天。

头状花序由300~600朵小花组成，一朵菊花实际上是由许多无柄的小花聚宿而成的花序，花序被总苞包围，这些小花就着生在托盘上。边缘小花舌状，雄性，中央的盘花管状，两性。从外到内逐层开放，每隔1~2天开放一圈，头状花序花期为15~20天。小花开放后15小时左右，雄蕊花粉最盛，花粉生命力1~2天，雄蕊散粉2~3天后，雌蕊开始展羽，一般上午9时开始展羽，展羽2~3天凋萎。

菊喜光，对土壤要求不严格，旱地和稻田均可栽培。但宜种于阳光充足、排水良好、肥沃的砂质土壤，宜在pH 6~8范围内。过黏的土壤或碱性土中生长发育差，重茬发病重。低洼积水地不宜种植。

365. 菊适合在我国哪些地方种植？在生产中有哪些品种类型？

菊在我国分布面广，主要分布于安徽、浙江、河南、河北、湖南、湖北、四川、山东、陕西、广东、天津、山西、江苏、福建、江西、贵州等省。药材种植时，要考虑花的产量，黄河以北地区宜选择花期早的品种，以免霜期到来时药材还不能采收，造成经济损失。一般来说，东北地区和西北地区不适合种植菊花。菊花喜肥，在疏松肥沃、含腐殖质丰富、排水良好的砂质壤土中生长良好，花多产量高。土壤酸碱度以中性至微酸性或微碱性为宜。凡土壤黏重、地势低洼、排水不良、盐碱性大的地块不宜栽培。忌连作。

药材按产地和加工方法不同，分为贡菊、杭菊、滁菊、亳菊、怀菊、济菊、祁菊、川菊。杭菊主产于浙江省桐乡、海宁、嘉兴和吴兴等地，是著名的浙八味之一；滁菊主产于安徽全椒、滁县和歙县；亳菊主产于安徽亳州、涡阳和河南商丘；怀菊主产于河南省焦作市所辖的泌阳、武涉、温县、博爱等地，是我国著名的四大怀药之一；贡菊主产于安徽省歙县(徽菊)、浙江省德清(德菊)，清代为贡品，故名贡菊花；济菊主产于山东省嘉祥、禹城一带；祁菊主产于河北省安国；川菊主产于四川省绵阳、内江等地，近年来由于产销问题，主产区已很少种植。药用菊花中贡菊、杭菊、滁菊、亳菊为我国四大药用名菊；以长江为界，在长江以南的杭菊、贡菊以做茶用为主，兼顾药用；而长江以北的滁菊、亳菊则以做药用为主，兼顾茶用。

366. 菊如何选地、整地？

宜选地势高燥、排水良好、向阳避风的砂壤土或壤土地栽培。土壤以中性至微酸性为好，忌连作。于前作收获后，施用尿素20千克/亩、氯化钾10千克/亩、过磷酸钙8千克/亩作基肥，深耕2次，耙平做宽1.3m、高30cm的畦，沟宽30cm，以利排水，若前作为小麦、油菜等作物，可少施或不施基肥。

应选地势平坦、排水良好的地块，翻耕、耙细、整平后再掺50%的清洁细河沙，做成高30cm的插床，压实待插。

367. 菊的繁殖方法有哪几种？

可用分株、压条、扦插繁殖。扦插繁殖生长势强，抗病性强，产量高，故目前生产上常用；分株繁殖易成活，劳动强度小。

(1) 分株繁殖　秋季收菊花后，选留健壮植株的根蔸，上盖粪土保暖越冬，翌年3~4月，将土扒开，并浇稀粪水，促进萌枝迅速生长。4~5月，待苗高15~25cm时，选择阴天将根挖起、分株，选择粗壮和须根多的种苗，斩掉菊苗头，留下约20cm长，按行距40cm，株距30cm，开6~10cm深的穴，每穴栽一株，栽后覆土压实，并及时浇水。浙江桐乡由于前茬是榨菜，榨菜清明后即可采收，故多用此法。

(2) 压条繁殖　压条是将枝条压入土中，使其生根，然后分开成为独立植株。菊用压条繁殖，只在下列情况下采用：菊局部枝条有优良性状的突变时；菊枝条伸得过长，欲使其矮化时；繁殖失时，采取补救时。具体方法是：6月底~7月初，将母株枝条引伸弯曲埋入土中，使茎尖外露。在进入土中的节下，刮去部分皮层。不久伤口便能萌发不定根，生根后剪断而成独立植株。在生根过程中得到母株的营养，故成活率高达100%。由压条所得的植株一般花较小，枝茎短缩而分枝多。非特殊情况一般不用此法。

(3) 扦插繁殖　在优良的母株上取下插条，插条长8cm，下部茎粗0.3cm为最佳，插条长度的差别应小于0.5cm。如插条的长度差异太大影响切花菊的整齐度及一级花出产率。将采下的插条去除2/3的下部叶片，将它插入预先做好的基质内(基质应选用透水性、通气性良好的材料)，株行距3cm×3cm。扦插后应保持较高的环境温度，一般白天22~28℃，夜间18~20℃，不能低于15℃。以间歇式喷雾的方法维持空气及基质湿润，在开始的3~4天，每隔3分钟喷雾10秒，以后每隔8~10分钟喷雾10~12秒，至生根发芽。从扦插开始上遮阳网至生根发芽以后撤遮阳网。

368. 如何进行菊移栽?

分株苗于4~5月、扦插苗于5~6月移栽。选阴天或雨后或晴天的傍晚进行，在整好的畦面上，按行珠距各40cm挖穴，穴深6cm，然后，带上挖取幼苗，扦插苗每穴栽1株，分株苗每穴栽1~2株。栽后覆土压紧，浇定根水。

369. 菊田间管理措施有哪些?

(1)土壤管理　一是提倡轮作，连作地种植前要消毒土壤。二是适期适时监测土壤，监测指标包括肥力水平和重金属元素含量等方面，以为进行适宜的土壤改良提供参考。应每2年检测1次。三是完善坡耕地水土保持设施。

(2)摘心打顶　应选择晴天分别在移栽时或移栽后20~25天、6月中旬左右、6月底至7月上旬、后期长势过旺时对分株苗进行摘心打顶。根据不同品种，第1次摘心打顶应在植株离地5~15cm摘(剪)除，以后各次保留5~15cm的芽，摘(剪)除上部顶芽。对于移栽较迟的扦插苗，应减少摘心打顶次数。摘心打顶必须在7月底前完成。摘(剪)下的顶芽应带出地块销毁。

(3)中耕除草　全年中耕除草4~5次。要求第1、2次锄草宜浅，以后各次宜深。后期除草时，均要培土壅根，既能保护根系，又能防倒伏。

(4)搭架　对于易倒伏品种，应在植株旁搭架，以促进通风透光，减轻病虫害发生。

(5)肥水管理　一是科学管水。雨季注意排水；夏秋季节干旱时，要及时浇水；确保孕蕾期不缺水。严格控制灌溉用水质量，使之符合NY 5120规定。二是合理施肥。菊喜肥，施足肥料是菊花增产的关键措施。一般追肥3次。第1次在定植后菊花幼苗开始生长时，施尿素6.67千克/亩；第2次在植株开始分枝时，施用尿素10千克/亩；第3次在孕蕾前，施用尿素10千克/亩、过磷酸钙13.33千克/亩。也可选择磷酸二氢钾800倍液，用喷雾器在无风的下午或傍晚喷施于叶面，能够收到增产的效果。

370.　如何防治菊病害?

菊的常见病害有白粉病、褐斑病、枯萎病、锈病等。

(1)白粉病　初期在叶片上呈现浅黄色小斑点，以叶正面居多，后逐渐扩大，病叶上布满白色粉霉状物，在温湿度适宜时病斑可迅速扩大，并连接成大面积的白色粉状斑，发病后期表面密布黑色颗粒。病情严重的叶片扭曲变形或枯黄脱落，病株发育不良，矮化，甚至出现死亡现象。防治方法如下。

① 农业防治：田间栽植不要过密。科学肥水管理，避免过多施用氮肥，增施磷钾肥，适时灌溉，提高植株抗病力。在栽培上注意剪除过密和枯黄株叶，拔除病株，清扫病残落

叶，集中烧毁或深埋，可减少病原物的传染源。

②药剂防治：发病初期开始喷洒70%甲基硫菌灵悬浮剂800倍液，或50%退菌特可湿性粉剂1000倍液，或20%三唑酮乳油600倍液，隔7~10天/次，连续防治2~3次。

（2）褐斑病　初期在叶上出现圆形、椭圆形或不规则形大小不一的紫褐色病斑，后期变成黑褐色或黑色，直径2~10mm。感病部位与健康部位界限明显，后期病斑中心变浅，呈灰白色，出现细小黑点。病斑多时可相互连接，叶色变黄，进而焦枯。当病叶上有5~6个病斑时，叶片变皱缩，进而叶片由下而上层层变黑，严重时仅留上部2~3张叶片，发黑干枯的病叶悬挂于茎秆上，干枯后一般不能自行脱落。防治方法如下。

①农业防治：加强栽培管理，栽植密度不要过密，人工摘除病叶，发现病叶、病果及时摘除，集中销毁或深埋，发病严重的地区实行轮作，及时排除积水。合理施肥，促进植株健壮生长，提高抗病力。

②药剂防治：在发病初期用70%代森锰锌可湿性粉剂600倍液，75%百菌清可湿性粉剂600倍液，或50%扑海因可湿性粉剂1000倍液。每隔7天喷1次，连续2~3次。

（3）枯萎病　发病初期下部叶片失绿发黄，失去光泽，接着叶片开始萎蔫下垂、变褐、枯死，下部叶片也开始脱落，植株基部茎秆微肿变褐，表皮粗糙，间有裂缝，湿度大时可见白色霉状物；茎秆纵切，可见维管束变褐色或黑褐色。防治方法如下。

①农业防治：选择抗病品种，并从无病植株上采集枝条

繁殖；控制土壤含水量，宜选用排水良好的基质；重病株拔除烧毁；选适宜的植株密度以便于通风。

② 药剂防治：用30%恶霉灵500~600倍液，或30%甲霜恶霉灵800倍液在移栽后缓苗期灌根，或56%代森铵乳剂800倍液淋灌根茎周围连续2~3次。

(4) 菊花锈病　真菌性病害，叶、花、茎都有感染。叶片受害，叶背布满一层黄粉，后叶片焦枯提早凋落；花受害，病初花茎表皮覆盖泡状斑点后表皮破裂散出黄褐色粉状物，花蕾干瘪凋谢脱落；茎部受害初期有淡黄色小点后变褐色隆起小脓疙状（夏孢子堆）破裂后散出黄褐色粉末（夏孢子），后期长出黑褐色椭圆形肿斑（冬孢子堆）破裂后露出栗褐色粉质物（冬孢子）。防治方法如下。

① 农业防治：合理施用氮、磷、钾混合肥，避免偏施氮肥，雨季及时排水，力求通风透光；秋冬及早春发现病枝病叶，及时剪除烧毁。

② 药剂防治：早春发芽前喷一次波美2~3度石硫合剂，发病初期25%粉锈宁可湿性粉剂1000倍液，或25%戊唑醇可湿性粉剂1500倍液，或12.5%烯唑醇乳油1500倍液，或25%丙环唑乳油2500倍液，或40%氟硅唑乳油5000倍液等喷雾防治。

371. 如何防治菊虫害？

菊的虫害主要有天牛、蚜虫、瘿蚊。

(1) 天牛　① 农业防治：菊花茎部见有成虫，人工捕杀；在茎干或枝条找有虫粪排出的虫孔将虫孔虫粪挖出，用铁丝插入孔内，刺死幼虫。

② 药剂防治：在虫孔注射80%敌敌畏乳油50倍液，每虫孔注入1~2ml往后用黏土密封杀死茎内幼虫。

（2）蚜虫　用80%敌敌畏乳油，或10%吡虫啉可湿性粉剂1500倍液等喷雾防治。

（3）菊花瘿蚊　10%吡虫啉可湿性粉剂1000倍液，或4.5%高效氯氰菊酯乳油1000倍液，或20%噻虫嗪乳油2000倍液等喷雾防治。

372. 如何进行菊花的采收？

进行菊花采收时应采用清洁、通风良好的竹编、筐篓等，一般应选择晴天露水干后采收。特殊情况下，如遇雨或露水，则应将湿花晾干，否则容易腐烂、变质，并且后期加工色泽也较差，影响品质。采花时，用两个手指将花向上轻托，不仅省时省力，而且花不带叶，花梗短。采收时应将好花、次花分开放置，并且防止其他杂质混入花内。收花盛放时不能紧压，以免损坏花瓣，并且过紧或过多堆放易因不透气而造成变色、变质，影响品质。

373. 菊花产品加工方法有哪些？

菊花产品加工场所应宽敞、干净、无污染源，加工期间不应存放其他杂物，要有阻止家禽、家畜及宠物出入加工场所的设施。允许使用竹子、藤条、无异味木材等天然材料和不锈钢、铁制材料，食品级塑料制成的器具和工具应清洗干净后使用，烘制时不能用塑料器具。严格加工操作程序。加工干制后的产成品质量符合 NY5119~2002 的要求。干制后的菊花所用包装材料应符合食品包装要求，直接接触菊花的包装用纸应达到GB11680的要求。菊花的加工方法因栽培品种、栽培地点以及传统加工不同而有所差异。

(1)滁菊　主要是安徽滁县一带栽培，是菊中珍品，花瓣细长而浓密，色白，呈绒球状，气味清芳幽郁。其加工方法是：采摘后，将花朵放在竹匾上阴干，不宜曝晒。

(2)贡菊　采下鲜花要摊开薄放，防止积压发热引起变色变质。要立即在烘房内烘焙。先将鲜花摊放在竹帘或竹匾上，要求单层均匀排放不见空隙。烘焙炭火要求盖灰不见明火，温度保持40~50℃。晴天干花第1轮烘焙需2.5~3小时，雨天水花第1轮烘焙需5.5~6小时。待烘焙至九成干后再转入第2轮烘焙，先调节炭火约第1轮的1/3火力，烘房温度低于40℃，时间需1.5~2.5小时，当花烘焙至象牙白色时，即取出干燥阴凉。在整个烘焙过程中，要经常检查火力和温度(可用温度计观察)，温度过高，花易焦黄；温度过低，花易变色降质。

(3)杭菊　主要采用蒸花的方法，蒸花的特点是干燥快，质量佳。具体方法是：将在阳光下晒至半瘪程度的花放在蒸笼内，铺放不宜过厚，花心向两面，中间夹乱花，摆放3cm左右厚之后准备蒸花。蒸花时每次放三只蒸匾，上下搁空，蒸时注意火力，既要猛又要均匀，锅水不能过多，以免水沸到蒸匾下形成"浦汤花"而影响质量，以蒸一次添加一次水为宜，水上面放置一层竹制筛片铺纱布，可防沸水上窜。每锅以蒸汽直冲约4分钟为宜，如过久则使香味减弱而影响质量，并且不易晒干。没有蒸透心者，则花色不白，易腐变质。将蒸好的菊花放在竹制的晒具内，进行曝晒，对放在竹匾里的菊花不能翻动。晚上菊花收进室内也不能挤压。待晒3~4天后可翻动一次，再晒3~4天后基本干燥，收贮起来几天，待"还性"后再晒1~2天，晒到菊花花心(花盘)完全变硬，便可贮藏。

(4)黄菊花　烘菊花通常以黄菊花为主，将鲜花置烘架上，用炭火烘焙，并不时翻动，烘至七八成干时停止烘焙，放室内几天后再烘干或晒干。蒸花后若遇雨天多，产量大，也可以用此法烘花。此法的缺点是成本大，易散瓣。

(5)亳菊　主产于安徽亳县一带，是主要的药用菊花之一，其加工方法是：将茎连花叶一齐割下，倒挂在房檐下，阴晾干，也可搭架阴干。阴干时间约30~70天，干后分档采花。

祁菊、济菊的加工方法同亳菊。

(6)怀菊　主产在河南温县、武涉一带，是药用菊花的类型之一。其加工方法是：将整个菊花植株割下，打成捆倒挂在屋里阴晾，去一些水分后，剪下花头放在席上晒干。晒干后的菊花再喷少量水(每百公斤干花用水2~5kg)，这样花朵不易散碎。

菊花植株　谢晓亮摄

菊花药材　谢晓亮摄

款冬花

374. 款冬花有哪些药用价值？

款冬花为菊科植物为款冬 (*Tussilago farfara* L.) 的干燥花蕾，别名冬花、蜂斗菜、艾冬花、九九花等。款冬花性味辛温，具有润肺下气、化痰止嗽的作用。主治新久咳嗽、气喘、劳嗽咯血等。

375. 如何根据款冬生长习性进行选地和整地？

款冬喜凉爽潮湿环境，耐严寒，较耐荫蔽，忌高温干旱，宜栽培于海拔800m以上的山区半阴坡地。在气温9℃以上就能出苗，适宜生长温度16~24℃，超过36℃就会枯萎死亡，3~8月营养生长，款冬花蕾从9月开始分化，10月后花蕾形成，翌年2月花茎出土，开花结实。种植款冬宜选择半阴半阳、湿润、含腐殖质丰富的微酸性的砂质壤土。前作物收获后，每亩撒施堆肥或土杂肥1500kg，随后深翻，耙细整平，作宽1.3m、高20cm的高畦，四周开好排水沟。

376. 款冬如何进行繁殖？

栽培款冬多采用无性繁殖方法，有性繁殖因种子成熟度差和生长时间长，故生产上很少采用。

(1) 无性繁殖　用根状茎繁殖。于秋末冬初，选择粗壮多花、颜色较白的没有病虫害的根状茎做种栽，老根状茎及白嫩细长的根状茎不宜做繁殖材料。栽种时期分春栽、冬栽两种。春栽的种苗可于上年冬季收花时，将作种栽的根状茎就地埋于土中贮藏，也可在室内堆藏或窖藏，堆藏应于地面上先铺一层湿润的细砂，然后放一层根状茎再铺一层细砂，如此堆放至33cm高，其上盖草席或茅草即可，窖藏时要窖口高出地面；冬栽则结合收花挖取根状茎，随挖随栽种。春栽于2月上旬至3月下旬，冬栽于10月上旬至11月上旬进行。栽前将选好的根状茎剪成10~13cm小段，每段保留2~3个芽苞。在整好的畦面上，按行距33cm，穴距23~27cm，开8~10cm深的穴，每穴栽3段，摆成三角形，然后覆土填平，适当镇压。每亩种栽量30~40kg。

(2)有性繁殖　采种：于款冬种子成熟时，将果实带座摘下，用纸包上，置于阳光下晒干，搓去冠毛，待作种用。育苗：将春季收获的成熟种子，均匀撒播于已整好的畦面上，然后覆一层薄薄的细土，上面再覆盖一层蒿草。约一周后陆续出苗。移栽：于秋末冬初或第二年早春土壤解冻后进行移栽。

生产上款冬多采用地下根状茎繁殖。于秋末冬初采收花蕾后，挖起地下根茎，选择生长粗壮、色白、无病虫害的新生根状茎，剪成10~12cm长的根段，每段至少具有2~3个芽。若初冬栽种可随挖随栽，若在翌年早春栽种，必须将种根置室内堆藏或室外窖藏。其方法是：先在底层铺1层湿润的清洁河砂，其上铺1层种根，如此相间堆放数层；堆高30cm左右，上面覆盖稻草和草帘。层积贮藏期间要经常检查，发现堆内发热或过早发芽，要及时翻堆处理。

377. 款冬如何进行栽种?

款冬多于初冬或翌年早春解冻后栽种。

(1)穴栽　在整好的畦面上,按行距25~30cm、株距15~20cm挖穴,深8~10cm,每穴栽种苗3节,摆成三角形,栽后随即覆土盖平。

(2)沟栽　按行距25cm开沟,深8~10cm,每隔10~15cm(株距)平放入种根1节,随即覆土压紧与畦面齐平。若天气干旱,应浇1次水。款冬的适宜栽培密度为4500~5000株/亩。

378. 如何进行款冬的田间管理?

(1)中期除草　8月以前中耕不宜太深,同时在6~8月中耕时,结合进行根部培土,以防花蕾分化后长出土表变色,影响质量。

(2)肥、水管理　生长前期一般不追肥,以免生长过旺。生长后期要加强肥水管理,9月上旬,每亩追施堆肥1000kg;10月上旬,每亩追施复合肥15~20kg,于株旁开沟或挖穴施入,施后用畦沟土盖肥,并进行培土,以保持肥效,避免花蕾长出地面,影响款冬花质量。款冬花喜湿、怕积水,所以春季干旱,连续浇水2~3次,经常保持湿润以保证全苗。雨季到来之前做好排水准备,防止田间积水。

(3)植株调整　6~7月叶片生长旺盛,叶片过密时,可去除基部老叶、病叶,以利通风;9月上、中旬可割去老叶,只留3~4片心叶,以促进花蕾生长。

379. 款冬病虫害如何防治?

(1) 褐斑病　危害叶片,病斑圆形或近圆形,中央褐色,边缘紫红色,严重时叶片枯死。高温高湿时发病严重。防治方法如下。

① 农业防治:采收后清洁田园,集中烧毁残株病叶;雨季及时疏沟排水,降低田间湿度。

② 药剂防治:发病初期用40%咯菌腈可湿性粉剂3000倍液,或25%咪菌酯悬浮剂1500倍液,或65%代森锌500倍液等喷雾,每7~10天1次,连喷2~3次。

(2) 叶枯病　雨季发病严重,病叶由叶缘向内延伸,形成黑褐色、不规则的病斑,致使叶片发脆干枯,最后萎蔫而死。防治方法如下。

① 农业防治:发现后及时剪除病叶,集中烧毁深埋。

② 药剂防治:发病初期或发病前,用30%苯醚甲环唑+丙环唑(爱苗)乳油2000倍液,或65%代森锌500倍液,每7~10天1次,连喷2~3次。

(3) 蚜虫　夏季干旱时,发生较为严重。以刺吸式口器刺入叶片吸取汁液,受害苗株叶片发黄,叶缘向背面卷曲萎缩,严重时全株枯死。防治方法如下。

① 收获后清除杂草和残株病叶,消灭越冬虫口。

② 发生时,用10%吡虫啉可湿性粉剂1000倍液,或50%吡蚜酮可湿性粉剂2000倍液,或25%噻嗪酮可湿性粉剂2000倍液等连喷数次。

380. 款冬花如何采收加工?

于栽种的当年立冬前后，当花蕾尚未出土，苞片呈现紫红色时采收。过早，因花蕾还在土内或贴近地面生长，不易寻找；过迟花蕾已出土开放，质量降低。采时，从茎基上连花梗一起摘下花蕾，放入竹筐内，不能重压，不要水洗，否则花蕾干后变黑，影响药材质量。

花蕾采后立即薄摊于通风干燥处晾干，经3~4天，水气干后，取出筛去泥土，除净花梗，再晾至全干即成。遇阴雨天气，用木炭或无烟煤以文火烘干，温度控制在40~50℃之间。烘时，花蕾摊放不宜太厚，约5~7cm即可；时间也不宜太长，而且要少翻动，以免破损外层苞片，影响药材质量。以蕾大、肥壮、色紫红鲜艳、花梗短者为佳。

款冬植株　牛杰摄

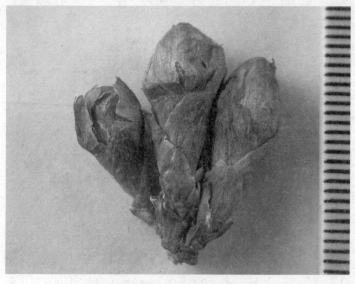

款冬花药材　谢晓亮摄

红花

381. 红花有何药用价值?

红花为菊科植物红花 (*Carthamus tinctorius* L.) 的干燥花冠。红花主要含有二氢黄酮衍生物，如红花苷，红花醌苷及新红花苷等，具有活血通经、散瘀止痛的功效，常用于闭经、痛经、恶露不行、癥瘕痞块、胸痹心痛、瘀滞腹痛、胸胁刺痛、跌打损伤、疮疡肿痛等症。除药用外，红花也是一种很好的油料作物，种子中的不饱和亚油酸的含量高达73%~85%，对心血管疾病等有很好的预防作用。红花中还含有大量天然红色素和黄色素，是提取染料、食用色素和化妆品配色的重要原料。

382. 红花生产中有哪些栽培品种，各具有什么特点?

红花在世界各地均有栽培，品种类型较多，按其应用一般分为花用、油用及花油兼用三种类型。我国栽培红花主要以采花入药为主，其主要品种如下。

(1) 杜红花　主要集中分布于江苏、浙江一带，株高80~120cm；分枝27~30个；花球30~120个；花瓣长；叶片狭小，刺多硬而尖锐，干花品质好，呈金黄色。

(2) 怀红花　主要分布于河南一带，株高80~120cm；分枝6~10个；花球7~30个；花瓣短；花头大；叶片缺刻浅，刺少不尖锐。

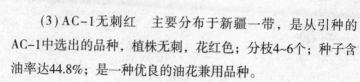

（3）AC-1无刺红　主要分布于新疆一带，是从引种的AC-1中选出的品种，植株无刺，花红色；分枝4~6个；种子含油率达44.8%；是一种优良的油花兼用品种。

（4）大红袍　为河南省延津县品种，株高近90cm；叶缘无刺；花鲜红色，该品种具有分枝能力强、花蕾多、抗性强等特点，含油率达25.4%，是一种优良的油花兼用品种。

（5）UC-26　由北京植物园1978从美国引进，该品种特点是分枝与主茎形成的角度很小，适宜密植；叶缘无刺，该品种单位面积花球数较多，每花球小花数也较多，因此花的产量较高，其缺点是种子含油率低，主要以采花为主。

（6）川红1号　四川中药研究所选育出的高产品种，特点是株高约124cm，植株有刺，分枝低而多，花色橘红。

花用红花中，大红袍、川红1号、AC-1无刺红和UC-26为优良品种。

油用红花以榨油为主，国外应用较多，目前主要分布在印度、墨西哥和美国，我国产油红花主要分布在新疆地区。特点是种子含油率高。其主要品种如下。

（1）UC-1　该品种的特点是早熟，植株有刺；花黄色；千粒重45g，含油率可达36.72%，同时具有一定的抗涝性。该品种中油酸、亚油酸、硬脂酸和软脂酸比例与一般红花不同，与橄榄油相似，分别为15.2%、78.3%、1.2%和5.3%。

（2）AC-1　该品种为早熟品种，为中国科学院植物研究所北京植物园筛选出的高含油率品种，出油率高达42%，油中亚油酸含量82.2%。此品种株高100cm左右，有刺，花初开黄色，后变橘红色，适合我国西北地区栽培。其缺点是抗逆性较差，容易发生根腐病。

(3) 犹特　该品种是1977年从美国引进的，其特点是分枝多，花球和种子较小，花初开黄色，后来变为橙色，千粒重31.5g，含油率35.8%，产量较高，对锈病、根腐病抵抗力较强。

(4) 李德　该品种是在1977年从美国引进的，其特点是花色橘红，千粒重40g，含油率可达35.79%，产量较"犹特"等要高。同时具有较强的抗锈病和根腐病的能力。

(5) 墨西哥矮　该品种1978年引入我国，其特点是无刺，花球小，种子大，千粒重69g，含油率26.31%，对日照长短反应不敏感，适合于我国南方特别是三熟地区。缺点是种子含油率低。

383. 种植红花如何选地、整地？

红花抗旱怕涝，应选地势高燥，排水良好，土层深厚，中等肥沃，pH值为7~8的壤土和砂质壤土为好，地下水位高、土壤黏重的地区不适宜栽培红花。红花病虫害严重，忌连作，可以与玉米、大豆、马铃薯实行2~3年的轮作。红花的根系可达2m以上，整地时必须深耕，达到25cm以上，结合深耕，每亩施用农家肥2000kg，配加过磷酸钙20kg作基肥。雨水多的地区做1.3~1.5m宽的高畦，四周开好排水沟，以利于排水。

384. 如何确定红花的播种时期？

红花主要采用种子繁殖。红花种子在平均气温达到3℃和5cm地温达到5℃以上时就可以萌发，一般我国北方3月中旬

下篇　各论

第十章　花类

解冻后即可播种，最晚不能迟于4月上旬。早播可使红花有一个较长的营养生长时期，为生殖生长作好物质储备，为提高产量奠定基础。另外，红花生长对水分很敏感，尤其是在分枝阶段，孕蕾以后，若遇长期阴雨，会加重病害，降低产量，因此春季早播可使红花的花期避开雨季，提高产量。南方则适宜在10月中旬至11月上旬播种，播种过早，幼苗生长过旺，来年开花早，植株高，产量低。秋季晚播有利于提高产量，还可使开花期躲过雨季。因此，红花播期的选择应坚持"北方春播宜早，南方秋播宜晚"的原则。

385. 种植红花如何选种、种子处理和播种？

首先在果熟期选择无病、丰产、种性一致的植株留种，成熟时采收，播种时再进行精选。在苗期和根部虫害严重的地区，播前可用50%辛硫磷可湿性粉剂按种子量0.2%的用量拌种，堆闷24小时后播种。也可用50℃温水浸种10分钟，放入冷水中冷却晾干后待播，可加快出苗。

红花播期应坚持北方春播宜早的原则。播种方法主要有条播和穴播，条播行距为30~50cm，开沟深5~6cm，覆土2~3cm。穴播行距同条播，穴距20~30cm，穴深6cm，穴径15cm，穴底平坦，每穴播种4~6粒。每亩用种量：条播3~4kg，穴播2~3kg。每亩密度应保持在1.5~2.5万株。

386. 种植红花如何进行田间管理？

根据红花的生长发育阶段适时科学地进行田间管理是红花获得优质高产的重要保证。

(1)追肥 追肥2~3次，第一次在定苗后，以人粪尿稀施为主；秋播于12月结合浇冻水进行第二次追肥；第三次在孕蕾期，重施为宜，一般可施用人畜粪水3000千克/亩左右，配加过磷酸钙20kg，促进茎秆健壮、多分枝、花球大，并可防止植株倒伏，避免根腐病的发生，还可进行根外喷施0.2%磷酸二氢钾溶液1~2次，以促使蕾多蕾大。

(2)灌溉 红花根系强大，较耐旱，但在分枝期至开花期需水较多，需水高峰期在盛花期，此阶段灌水有利于提高产量。

(3)打顶、培土 土壤条件好的地块在红花抽茎后摘去顶芽，以促使其多分枝，增加花蕾数，但密植或土壤条件差的地块一般不进行打顶，以免枝条过密，影响通风，降低产量。红花分枝多，容易发生倒伏，因此可以结合最后一次追肥进行中耕培土，以利于防止倒伏。

(4)安全越冬 秋播红花在12月下旬要培土，结冻前浇一次冻水，保持田间湿润，不致干冻，以利安全越冬。

387. 红花有哪些易发病害，如何防治？

红花病害较多，发病后严重影响产量和花的品质，现将常见病害介绍如下。

(1)锈病 其危害主要是叶片，高温高湿或多雨季节容易发生，连作地发病重，主要危害叶片和苞叶。苗期染病子叶、下胚轴及根部密生黄色病斑，其中密生针头状黄色颗粒状物，即病菌性子器。后期在锈子器边缘产生栗褐色近圆形斑点，即锈子器，表皮破裂后散出锈孢子。成株叶片染病叶背散生栗褐色至锈褐色或暗褐色稍隆起的小疱状物，即病菌的夏孢子堆。疱斑表皮破裂后，孢子堆周围表皮向上翻卷，逸出大量棕褐色夏孢子，有时叶片正面也可产生夏孢子堆。进入发病后期，夏孢子堆处生出暗褐色至黑褐色疱状物，即病菌的冬孢子堆。严重时叶面上孢子堆满布，叶片枯黄，病株常较健株提早15天枯死。

防治方法：选地势高燥、排水良好的地块或高垄种植；不使用带菌的种子，采用轮作栽培；增施磷钾肥；播种前用2.5%适乐时悬浮种衣剂药种比1∶125拌种；发病初期，用15%粉锈宁可湿性粉剂500倍液，或用40%福星乳油3000倍液喷施。

（2）炭疽病　红花的重要病害，该病主要危害叶片、叶柄、嫩梢和茎，以嫩梢和顶端分枝受害最为严重。感病后，嫩茎上出现水渍状斑点，后逐渐扩大为梭形，病斑褐色或暗褐色，多发生在叶片边缘。天气潮湿时，病斑上出现橙红色的点状黏稠物，严重时造成植株烂梢、烂茎、折倒甚至死亡。防治方法如下。

①　农业防治：选用抗病品种，建立无病留种田，提供无病良种；选地势高燥，排水良好的地块种植；忌连作；发现病株，集中烧毁；氮肥施用不宜过多或过晚。

②　药剂防治：发病初期用70%甲基硫菌灵可湿性粉剂800倍液喷雾起到预防作用；发病期用10%苯醚甲环唑和25%吡唑醚菌酯按2∶1复配2000倍液或30%恶霉灵+25%咪鲜胺按1∶1复配1000倍液，或50%醚菌酯干悬浮剂3000倍液等喷雾，每隔7~10天喷雾1次，连续2~3次。

（3）根腐病　主要发生在根部和茎基部，以幼苗期和开花期症状明显。发病早期组织及根的鲜重减少，随后变成黑色，严重时茎基部皮层腐烂，枝叶变黄枯死。高温高湿利于发病。防治方法如下。

① 农业防治：选用抗病品种，无病株留种，合理施肥，提高植株抗病力；注意排水，并选择地势高燥的地块种植。合理轮作，与禾本科作物实行3~5年轮作。发现病株应及时剔除，并携出田外处理。

② 药剂防治：发病初期用50%多菌灵或甲基硫菌灵(70%甲基托布津可湿性粉剂)500~800倍液，或80%代森锰锌络合物可湿性粉剂800倍液，或30%恶霉灵+25%咪鲜胺按1∶1复配1000倍液或用10亿活芽孢/克枯草芽孢杆菌500倍液，40%氟硅唑(福星)乳油5000倍液等灌根，7天喷灌1次，喷灌3次以上。

388. 如何防治红花的红花实蝇和油菜潜叶蝇？

红花实蝇幼虫在寄主花絮内取食嫩茎苞叶、管状小花及幼嫩种子，1个花絮内可有多条幼虫，造成花絮枯萎，不能正常开花结果。

防治方法：在栽培过程中注意避免与蓟属、矢车菊属植物轮作或间套作；选育利用抗虫品种，清洁田园。在红花花蕾现白期，用90%敌百虫晶体800倍液，或用2.5%溴氟氰聚酯(功夫)乳油1000倍液，或用50%辛硫磷乳油1000倍液，或用75%灭蝇胺可湿性粉剂3000倍液喷施。

389. 如何适时采收红花？

春播红花当年、秋播红花第二年4~6月花朵开放，红花初开花冠顶端为黄色，后逐渐变成橘黄色或橘红色，最后变成暗红色，采花标准以花冠顶端金黄色、中部橘红色为宜，过早成品颜色发黄，过迟成品发黑、发干且无油性。红花开花时间短，一般开花2~3天便进入盛花期，要在盛花期抓紧采收，一般10~15天采收完。根据红花干物质积累规律以及有效成分的动态变化规律，红花每朵花的适宜采收期应为开花后第3天早晨6点至8点半。每个头状花序可连续采收2~3次，每隔2天采收1次。采收时注意不要弄伤基部的子房，以便继续结籽。一般每亩产干花15~30kg，折干率20%~30%。

红花植株　刘晓清摄

红花药材　刘晓清摄

第十一章　果实及种子类

薏苡仁

390. 薏苡仁有何药用价值？适合在河北哪些地方种植？

薏苡仁为禾本科 (*Gramineae*) 薏苡属 (*Coix* Linn.)，一年生或多年生草本植物薏苡 [*Coix lacryma-jobi* L.var. *ma-yuen* (Roman.) Stafp]的种仁，又名薏仁、薏米，为常用中药，有利水渗湿、健脾止泻、清热排脓的功能。薏苡仁是药食两用的重要药材品种之一，也是著名的食疗佳品。主产于河北、山东、辽宁、江苏、安徽、福建等地。我国南方各省均有栽培。河北省安国市生产的薏苡是河北省的道地药材，冠以"祁"字称祁薏米。河北省大部分地区均可种植。尤以河北省中南部地区更为适宜。

391. 根据薏苡的生长习性如何选地整地施肥？

薏苡的适应性强，水田和旱田均可种植，但以向阳肥沃的壤土或黏壤土有利于薏苡的生长，可选向阳有流水的渠边、河边、溪边、田边等零星地段或山岙平地和山冈坡地种植，也可选排灌方便，潮湿的水稻田种植。前作收获后及时进行耕翻；耕深20~25cm，整平耙细；第二年播种前每亩施有机肥2000~2500kg，氮、磷、钾含量各17的复合肥50kg，撒施均匀后耕翻入土，耙平，做1.5~2m宽的平畦，畦长依地势而定，整好地后待播。

392. 如何做好薏苡种子播前处理？

薏苡用种子繁殖，一般情况下黑穗病发生较重，所以播种前要进行种子处理。首先通过种子清选将病粒、秕粒、青粒去掉后，再把饱满无病种子进行以下处理。

(1)药剂浸种　种子装入布袋，用5%石灰乳或1：1：120倍波尔多液浸种24~48小时，用清水冲洗2遍后播种。

(2)药物拌种　用50%多菌灵、20%粉锈宁或70%甲基硫菌灵等农药，按种子重量的0.4%~0.5%进行拌种。

(3)开水烫种　将种子装入筐内，先用冷水浸泡12小时，再转入沸水中烫8~10秒，立即取出摊晾散热，晾干种子表面水分后播种。

393. 如何科学地播种薏苡？

薏苡种子繁殖以直播为主，也可以育苗移栽；薏苡播种时间以土壤5cm地温稳定在15℃以上为宜，河北省中南部一般在4月中下旬播种。

直播一般采用条播或穴播，以穴播通风透光、不宜倒伏为好；穴播方法：按行距50cm，穴（株）距40~45cm，穴播时两人协作，一人用大铁锨在畦内平铲3~5cm深，将土端起，另一人在穴内撒种，每穴6~10粒，然后将土放到原处盖严种子；气温在20℃左右时，15天出苗，出苗前不浇水。穴播每亩用种子5kg。目前大面积种植可以用播种机进行机械化播种。

394. 薏苡如何进行田间管理?

(1) 中耕除草及间苗定苗　出苗后多松土,勤中耕除草少浇水;如太旱可适当浇水,以利蹲苗;薏苡封行前进行2~3次中耕除草。第3次结合中耕除草进行培土防治倒伏。薏苡齐苗后,当苗高长到7~10cm或长有3~4片真叶时进行间苗,去弱留强,去小留大,去密留匀;每穴留苗4~6株,遇缺苗及时补栽。

(2) 追肥和灌排水　在施足基肥的基础上,科学追肥是实现薏苡高产优质的重要物质基础。一般一年生薏苡追肥一次即可。追肥量以三元素复合肥或复混肥(含量三个17的)亩用40~50kg即可,在薏苡封行前开沟施入,施后覆土,土壤水分不足时应结合追肥及时浇水。追肥后适当增加浇水次数,尤其在花期应浇大水,否则瘪粒多,产量低。雨后要浇井水,以降低地温,果实将成熟时停止浇水。

(3) 适时摘脚叶和人工辅助授粉　薏苡茎基部的叶片称脚叶,在薏苡拔节停止后,摘去第一分枝下的脚叶和分蘖;有利于株间通风透光和散热,促进茎秆粗壮,防止植株倒伏,提高产量。

薏苡是雌雄同株异穗风媒花植物,同一花序中雄小花先成熟,往往需要异株花粉授精。花期如雌花授粉不良,易形成白粒或空壳。辅助授粉是提高薏苡结实率并增产的主要措施。选在薏苡开花盛期的晴天上午10~12时进行。两人相隔数垄,横拉绳,顺垄沟同向走动,使其茎秆振荡,花粉飞扬。在花期每隔3~5天可进行一次人工辅助授粉,进行多次。

395. 如何防治薏苡病害?

薏苡主要病害有黑穗病和叶枯病,其发生及防治如下。

(1)黑穗病　主要为害穗部,也可侵害叶片及叶鞘。病株苗期不表现症状,10片叶以后在上部嫩叶和叶鞘上出现单个或成串的紫红色瘤状突起,严重时叶片扭曲,瘤状突起干瘪后呈褐色,内有黑粉。受害子房膨大,最初紫红色,后变为暗褐色,比正常果实大,子房壁不易破裂,内部充满黑粉。病株主茎及分蘖茎的每个生长点都变成一个黑粉病疱,籽粒变成菌瘿。防治方法如下。

① 农业防治:建立无病留种田并经常检查,发现病株立即拔除烧掉;施用充分腐熟的堆肥和厩肥;忌连作和不与禾本科轮作,对重病地块实行3年以上轮作;选种时先株选后粒选,剔除黑穗病侵染的种子。

② 药剂防治:种子进行播前药剂拌种处理,可用3.5%满适金(1%精甲双灵+2.5%咯菌腈)种衣剂(药种比1∶1000),或10%苯醚甲环唑(药种比1∶800)等拌种。

(2)叶枯病　主要为害叶片。病斑椭圆形、梭形或长条形,浅褐色,边缘颜色较深,后期病部生黑色霉层。通常下部老叶先发病,逐步向上部叶片蔓延。叶片病斑多时可相互汇合导致叶片枯死。防治方法如下。

① 农业防治:薏苡收获后将病残株集中烧掉;与非禾本科作物轮作;选择抗病的矮秆品种,并统一播种期;采取合理密植,注意通风透光;加强田间管理,多施有机肥,增强抗病力。

② 药剂防治:用50%多菌灵可湿性粉剂600倍液,或12.5%

的烯唑醇可湿性粉剂1500倍液，或用70%甲基硫菌灵可湿性粉剂1000倍液喷雾防治。每7~10天喷一次，连续喷施2~3次。

396. 如何防治薏苡虫害？

薏苡的主要虫害有玉米螟和黏虫。

(1) 玉米螟　① 农业防治：在早春玉米螟羽化前，把上一年的玉米秆和薏苡秆集中沤肥处理，以消灭越冬虫源；加强植株心叶部位的虫情检查，及时拔除钻心苗子。

② 物理防治：利用黑光灯诱杀成虫。

③ 药剂防治：心叶展开时和抽穗前后喷10亿孢子/克 Bt 300~500倍液；用90%敌百虫1000倍液，或4.5%高效氯氰菊酯乳油1000倍液防治。

(2) 黏虫　在低龄幼虫期，用50%辛硫磷乳油1000倍液或2.5%敌杀死(溴氰菊酯)乳油2500倍液等喷雾防治。

397. 薏苡如何采收和产地加工？

9月底至10月，当茎叶变枯黄，80%果实呈浅褐色或黄色时，选择晴天割下带果穗的茎秆，收割的茎秆集中立放3~4天后再脱粒，使未完全成熟的种子继续灌浆。

采用打谷机脱粒，用孔径比薏苡大的筛网和风车除去碎叶和杂质，并扬去空壳、瘪粒。选择晴朗天气，在干净的晒场上摊晒薏苡。摊晒时将薏苡耙成波浪形，厚度不超过5cm，1~2小时翻动一次，用风车扇去碎壳屑、瘪壳等杂质。用脱壳机碾去外壳，碾压3次可得白色光亮的米仁，用风车扇去壳皮、黄色种皮、粉尘及碎屑。

薏苡植株　叩根来摄

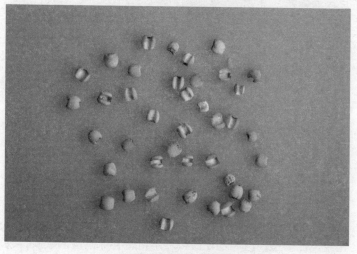

薏苡仁药材　叩根来摄

王不留行

398. 王不留行有何药用价值?

王不留行为石竹科植物麦蓝菜 [*Vaccaria segetalis* (Neck.) Garcke]的干燥成熟种子,性平;味苦,归肝、胃经。王不留行具活血通经,下乳消肿,利尿通淋之功效,用于经闭,痛经,乳汁不下,乳痈肿痛,淋证涩痛等症。现代药理研究表明,王不留行有降低胆固醇、收缩血管平滑肌、抗肿瘤、抗早孕、兴奋子宫、促进乳汁分泌等作用。临床用于治疗乳腺癌、乳难不下,产后缺乳、痈疮疔肿、睾丸炎肿、针入疼痛、带状疱疹、流行性腮腺炎等,王不留行方剂有复方王不留行片、消癥丸、涌泉散、胜金散、王不留行散、王不留行汤等。此外,王不留行作为饲料添加剂用量较大,兽药催奶灵散以王不留行为主要原料,主要用于奶牛、母猪气血不足、产后体虚、食欲不振或气滞血瘀造成的乳汁不下等。除华南外,全国各地均有王不留行分布,主产于河北、河南、黑龙江、辽宁、山东、甘肃等省,目前以河北省内丘县人工栽培面积和产量最大。

399. 种植王不留行如何选地和整地?

王不留行对土壤要求不严,土层较浅、地力较低的山地、丘陵也能种植,但产量较低;王不留行喜凉爽湿润气候,较耐旱和耐寒,但过于干旱植株生长矮小,产量低;王不留行忌涝,低洼积水地或土壤湿度过大时根部易腐烂,地上枝叶枯黄直至死亡。因此，王不留行适宜种植于疏松肥沃、排水良好的砂壤土或壤土。播前结合整地，每亩底施腐熟有机肥2000kg或复合肥100kg，然后用旋耕机旋耕15~20cm，整平，做畦。

400. 如何选择合格的王不留行种子?

王不留行用种子繁殖，目前生产中尚未选育出优良品种，但在生产中应提高播种材料的种子质量。合格的王不留行种子，应去除杂质和破损、霉变及不饱满籽粒，依据发芽率、净度、千粒重和水分等指标将其分级，选色黑饱满的一、二级种子作种。一级种子发芽率应不低于85%，净度不低于98.5%，千粒重不低于4.5g，水分不高于10.0%；二级种子发芽率不低于65%，净度不低于96.0%，千粒重不低于4.0g，水分不高于11.0%。达不到上述要求者为不合格种子，不能作为播种材料使用。

401. 王不留行应如何播种?

王不留行种植以大行距、小株距种植为宜，可人工点播、撒播或机械播种。

(1) 点播　按行穴距30cm×20cm挖穴，穴深3~5cm，将种子与草木灰混合拌匀，制成种子灰，每穴均匀地撒入一小撮，种子约8~10粒，覆土1~2cm，亩用种量0.5kg。

(2) 条播　按行距30~40cm开浅沟，沟深3cm左右，将种子与2~3倍的细沙拌匀，均匀地撒入沟内，覆土1.5~2cm，亩用种量1.5kg左右。

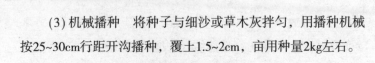

（3）机械播种　将种子与细沙或草木灰拌匀，用播种机械按25~30cm行距开沟播种，覆土1.5~2cm，亩用种量2kg左右。

402. 如何进行王不留行田间管理？

王不留行田间管理主要包括定苗、追肥、中耕除草及灌排水等。

（1）定苗　苗高7~10cm时及时定苗，株距15cm左右。

（2）追肥　春季中耕除草后，亩追施尿素5kg，过磷酸钙20kg；4月上旬植株开始现蕾时，亩追施复合肥25~35kg，也可用0.3%磷酸二氢钾溶液叶面喷施，间隔7天连喷2~3次，以促进果实饱满。

（3）中耕除草　结合定苗进行第一次中耕除草，以后视杂草滋生情况进行1~2次，保持土壤疏松和田间无杂草。除草应在晴天露水干后或孕蕾前进行，生长后期不宜除草，以免损伤花蕾。

（4）灌排水　早春萌芽期间和初冬季节，适当浇水；雨季注意排水，王不留行忌涝，低洼地及降水量大时注意排水。追肥后及时灌水，提高水肥耦合效应。

403. 如何防治王不留行病虫害？

（1）黑斑病　危害叶片，叶尖或叶缘先发病，使叶尖或叶缘褪绿，呈黄褐色，并逐渐向叶基部扩散，后期病斑为灰褐色或白灰色。湿度大时，病斑上产生黑色雾状物。防治方法如下。

① 农业防治：清除病枝落叶；及时排出积水；增施有机

肥料，增强植株自身抗病能力。

②化学防治：播种前用3.5%满适金种衣剂(药种比1∶1000)拌种。发病初期用70%甲基硫菌灵可湿性粉1000倍液或50%多菌灵可湿性粉600倍液，或58%甲霜灵·锰锌500倍液，或50%扑海因(异菌脲)可湿性粉1000倍液，或80%代森锰锌络合物可湿粉剂800倍液，或30%嘧菌酯悬浮剂1500倍液等喷雾防治，一般10天左右1次，连续2~3次，喷药时避开中午高温。

(2)蚜虫　①物理防治：于有翅蚜发生初期，及时于田间运用黄板诱杀，每亩挂30~40块。

②生物防治：前期蚜虫少时保护利用瓢虫等天敌，进行自然控制。无翅蚜发生初期，用0.3%苦参碱乳剂800~1000倍液，或50%辟蚜雾可湿性粉剂2000~3000倍液等植物源药剂进行喷雾防治。

③化学防治：在蚜虫发生初期，用10%吡虫啉可湿性粉剂1000倍液，或3%啶虫脒乳油1000倍液，或2.5%联苯菊酯乳油3000倍液，或4.5%高效氯氰菊酯乳油1000倍液，或50%吡蚜酮可湿性粉2000倍液，或25%噻虫嗪可湿性粉5000倍液，或50%烯啶虫胺可溶粒剂4000倍液，或其他有效药剂，交替喷雾防治。

(3)棉小造桥虫　①物理防治：灯光诱杀成虫。

②生物防治：卵孵化盛期，用100亿活芽孢/克苏云金杆菌可湿性粉剂600倍液，或用氟啶脲(5%抑太保)或25%灭幼脲悬浮剂2500倍液，或25%除虫脲悬浮剂3000倍液，或氟虫脲(5%卡死克)乳油2500~3000倍液，或在低龄幼虫期用0.36%苦参碱水剂800倍液，或用烟碱(1.1%绿浪)1000倍液，或

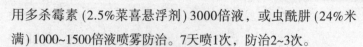

用多杀霉素(2.5%菜喜悬浮剂)3000倍液，或虫酰肼(24%米满)1000~1500倍液喷雾防治。7天喷1次，防治2~3次。

③ 化学防治：在幼虫孵化盛末期到3龄以前，用1.8%阿维菌素乳油3000倍液，或1%甲氨基阿维菌素苯甲酸盐乳油3000倍液，或4.5%高效氯氰菊酯1000倍液，或联苯菊酯(10%天王星乳油)1000倍液，或20%氯虫苯甲酰胺4000倍液，或50%辛硫磷乳油1000倍液喷雾防治。7天喷1次，连续防治2~4次。交替使用。

(4)红蜘蛛　初发期可用1.8%阿维菌素乳油1000倍液，或73%克螨特乳油1000倍液，或57%哒螨灵可湿性粉剂2000倍液，或20%双甲脒乳油1000倍液等喷施防治。

404. 王不留行如何采收和加工？

王不留行秋播于第二年5月下旬至6月上旬，春播于当年秋季，当果皮尚未开裂，种子多数变黄褐色，少数已变黑时收获。于早晨露水未干时，将地上部分齐地面割下，扎把，置通风干燥处后熟干燥5~7天，待种子全部变黑时，脱粒，扬去杂质，再晒至种子含水量10%以下即成商品。采用联合收割机械，可一次完成王不留行收割、脱粒，然后再晒干、清选去杂，省工省时。

王不留行植株　杨太新摄

王不留行药材　杨太新摄

山楂

405. 山楂有何药用价值？

山楂为蔷薇科山楂属植物山里红（*Crataegus pinnatifida* Bge.var.*major* N.E.Br.）或山楂（*Crataegus pinnatifida* Bge.）的干燥成熟果实，其味酸、甘，性微温；归脾、胃、肝经，具有消食健胃，行气散淤，化浊降脂等功效，常用于肉食积滞、胃脘胀满、泻痢腹痛、瘀血经闭、产后瘀阻、心腹刺痛、胸痹心痛、疝气疼痛、高脂血症等。现代药理研究认为，山楂具有降血脂、降血压、强心、抗心律不齐等作用。山楂内的黄酮类化合物牡荆素，是一种抗癌作用较强的成分，山楂提取物对癌细胞体内生长、增殖和浸润转移均有一定的抑制作用。山楂又是重要的药、果兼用树种。果实可生吃或作果脯、果糕、果汁等，具有很高的药用及食用保健价值。

406. 种植山楂如何选地与整地？

山楂对土壤质地、土层厚度、土壤肥力的要求不严，虽根系不深，但分布广远可以弥补根浅不足。要使山楂生长发育良好，以选择地势较为平坦、土层深厚、土质疏松肥沃、排水良好、光照充足、空气流通、坡度不超过15度的中性或微酸性砂壤土为最适宜。黏壤土在通气状况不良时，由于山楂根系分布较浅，易造成树势发育不良；山岭薄地，根系不发达，树体矮小，枝条纤细，结果少；涝洼地易积水，易发生涝害、病害，根系也浅；盐碱地易发生黄叶病等缺素症。

整地作畦，以南北畦为好，畦宽1m，施足量农家肥，灌一次透水，待地皮稍干即可播种。

407. 山楂如何育苗？

用山楂种子培育的苗木，称为实生砧木苗。实生砧木苗一般均需嫁接才能成为供栽培的山楂苗。山楂种子壳厚而坚硬，种子不易吸水膨胀或开裂。另外，种仁休眠期长，出苗困难。因此，山楂在播种前，种子一定要在秋季进行沙藏层积处理，才能保证其发芽。山楂播种主要采取条播和点播两种方法，每畦播四行，采用大小垄种植。带内行距15cm，带间距离50cm，边行距畦埂10cm。畦内开沟，沟深1.5~2cm；撒入少量复合肥和土壤混合。沟内坐水播种。条播将种子均匀撒播于沟内，点播按株距10cm，每点播3粒发芽种子。覆土0.5~1cm，地面再覆盖地膜。播种后一般7~10天出苗。幼苗长出2~3片真叶时揭去地膜，3~4片真叶时，按10cm的株距定苗，保证每亩留苗2万株以上。

408. 山楂如何嫁接？

嫁接时间一般在7月中旬至8月中旬。主要采用芽接。先在山楂接穗上取芽片，在接芽上方0.5cm处横切一刀，深达木质部，在芽系两侧呈三角形切开，掰下芽片；在砧木距地面3~6cm处选光滑的一面横切一刀。长约1cm，在横口中间向下切1cm的竖口，成"丁"字形。用刀尖左右一拨。撬起两边皮层，随即插入芽片，使芽片上切口与砧木横切口密接，用塑料条绑好即可。

409. 如何规范栽植山楂？

山楂栽植，春、秋季均可。秋栽在秋季落叶后到土壤封冻前进行。秋末、冬初栽植时期较长，此时苗木贮存营养多，伤根容易愈和，立春解冻后，就能吸收水分和营养供苗木生长之需，栽植成活率高。春季栽植，以土壤解冻后至山楂萌芽前为宜。

山楂一般是按行距4~5m，株距3~4m栽植，因土壤肥力状况而异。栽植时，先将栽植坑内挖出的部分表土与肥料拌均匀，将另一部分表土填入坑内，边填边踩实。填至近一半时，再把拌有肥料的表土填入。然后，将山楂苗放在中央，使其根系舒展，继续填入残留的表土，同时将苗木轻轻上提，使根系与土密切接触，并用脚踩实，表土用尽后，再填生土。苗木栽植深度以根茎部分比地面稍高为度。避免栽后灌水，苗木下沉造成栽植过深现象。栽好后，在苗木周围培土埂，浇水，水渗后封土保墒。在春季多风地区，避免苗木被风吹摇晃使根系透风，在根颈部可培土30cm高的土畦。

410. 山楂如何整形修剪？

山楂是喜光树种，树冠郁闭，如光照通风不良，会造成果实小、果面不光洁、上色差，并且病虫害严重。山楂整形要因树制宜，以纺锤形、疏层形和开心形为主。主枝分布要合理，同方向的主枝间距在40cm以上，要去掉重叠、交叉、密挤枝。山楂极性强，控制不好结果部位易外移，导致下部枝条细弱，甚至枯死。所以在修剪时，要抑前促后，外围少留枝，做到外稀内密，对结果枝和结果枝组要及时回缩，使之变紧凑。疏除过密枝、衰弱枝。主枝下部光秃的部位，可在发芽前每隔15~20cm用刀环割至木质部，促使潜伏芽萌发，萌发后的新梢长到30~40cm时，留20~30cm摘心，促发分枝和花芽形成，培养成结果枝组。

山楂修剪按照时期可分为冬季修剪和夏季修剪。

(1) 冬季修剪　采用疏、缩、截相结合的原则，进行改造和更新复壮，疏去轮生骨干枝和外围密生大枝及竞争枝、徒长枝、病虫枝，缩剪衰弱的主侧枝，选留适当部位的芽进行小更新，培养健壮枝组。山楂修剪中应少用短截的方法，以保护花芽。要及时进行枝条更新，以恢复树势。

(2) 夏季修剪　及早疏除位置不当及过旺的发育枝。对花序下部侧芽萌发的枝一律去除，克服各级大枝的中下部裸秃，防止结果部位外移。

411. 种植山楂如何进行田间管理？

(1) 追肥　每年追施3次肥。第一次在树液开始流动时，每株追施尿素0.5~1kg；第二次在谢花后，每株追施尿素0.5kg。第三次在花芽分化前每株施尿素0.5kg、过磷酸钙1.5kg、草木灰5kg。

(2) 灌水与排水　每年浇4次水，春季在追肥后浇1次水，以促进肥料的吸收利用。花后结合追肥浇水，以提高坐果率。在麦收后浇1次水，以促进花芽分化及果实的快速生长。浇封冻水，以利树体安全越冬。

下篇 各 论

第十一章 果实及种子类

412. 如何防治山楂的主要病虫害?

为害山楂的病虫害主要有山楂白粉病、桃小食心虫和山楂红蜘蛛等。

(1) 山楂白粉病　主要危害叶片、新梢和果实。叶片发病,病部布白粉,呈绒毯状,即分生孢子梗和分生孢子,新梢受害,除出现白粉外,还会造成生长瘦弱,节间缩短,叶片细长,卷缩扭曲,严重时干枯死亡。防治方法如下。

① 农业防治:清洁果园,清除病枝、病叶、病果,集中烧毁。

② 药剂防治:发芽前喷5度石硫合剂;发病初期喷1%蛇床子素500倍液,或80%代森锰锌可湿性粉剂800倍液;发病后喷三唑酮(15%粉锈宁可湿性粉剂)1000倍液,或40%福星(氟硅唑)乳油5000倍夜,或12.5%腈菌唑可湿性粉剂1500倍液等喷雾。一般7~10天喷1次,连喷2~3次。

(2) 桃小食心虫　① 农业防治:土壤结冻前,翻开距树干约50cm,深10cm的表土,使虫茧受冻而亡;幼虫出土前在冠下挖捡越冬茧,集中杀死;捡拾蛀虫落果,深埋或煮熟作饲料。

② 生物防治:用桃小食心虫性诱剂进行诱杀。

③ 药剂防治:用90%敌百虫晶体500倍液,或4.5%高效氯氰菊酯乳油1000倍液,或5%甲维盐乳油2000倍液,或50%辛硫磷乳油1000倍液等喷雾。

(3) 山楂红蜘蛛　① 农业防治:早春刮除树上老皮、翘皮烧毁,消灭越冬成虫。

② 药剂防治：点片发生初期，用1.8%阿维菌素乳油2000倍液，或0.36%苦参碱水剂800倍液，或天然除虫菊素2000倍液，或73%克螨特乳油1000倍液，或噻螨酮(5%尼索朗乳油)1500~2000倍液喷雾防治。

413. 山楂如何采收与加工？

9月下旬至10月下旬相继成熟，应注意适时采收。采收方法为剪摘法、摇晃、敲打三种。剪摘，就是用剪子剪断果柄或用手摘下果实，这种方法能保证果品质量，有利贮藏，但费时费工。往往采用地下铺塑料薄膜，用手摇晃树或用竹竿敲打，将果实击落的采收方法。

鲜食山楂，采收后装入聚乙烯薄膜袋中，每袋装5~7.5kg，放在阴凉处单层摆放，5~7天后扎口(山楂呼吸强度高，膜厚的袋口不要扎紧)，前期注意夜间揭去覆盖物散热，白天覆盖，待最低温度降至-7℃时，上面盖覆盖物防冻，此法贮至春节后，果实腐烂率在5%之内。

药用者采收后将山楂切片，放在干净的席箔上，在强日下暴晒。初起要摊薄些，晒至半干后，可稍摊厚些。另外，暴晒时要经常翻动，要日晒夜收。晒到用手紧握，松开立即散开为度。制成品可用干净麻袋包装，置于干燥凉爽处保存。

山楂植株 李世摄

山楂药材 李世摄

枸杞子

414. 枸杞子药用价值有哪些？

枸杞子味甘、性平，具有滋阴补血、益精明目等作用。中医常用于治疗因肝肾阴虚或精血不足而引起的头昏、目眩、腰膝酸软、阳痿早泄、遗精、白带过多及糖尿病等症。

枸杞子对特异性、非特异性免疫功能均有增强作用，还有免疫调节作用，枸杞子也有抗肿瘤、抗氧化、抗衰老、保肝及抗脂肪肝、刺激机体的生长的作用，对某些遗传毒物所诱发的遗传损伤具有明显的保护作用。枸杞子对造血功能有促进作用，并且能影响下丘-垂体-性腺轴功能，并有较好降血糖作用。枸杞子可增强生殖系统功能，加强离体子宫的收缩频率、张力及强度；另外枸杞子可增加小鼠皮肤羟脯氨的含量，显著增强小鼠的耐缺氧能力，延长其游泳时间，抗疲劳。除此之外，枸杞子还有一定的降压作用。

415. 枸杞如何进行育苗？

枸杞育苗首先要选地整地，育苗地应选灌溉方便，地势平坦，阳光充足，土层深厚，排水良好的砂壤土处。在播种前一年的秋末冬初深翻地25~30cm，结合整地每667m²，施入厩肥2500~3000kg，灌冬水，待翌年春土壤解冻10cm时，再整地耙细，起120~130cm高畦，整平打碎畦面土，以待播种或扦插育苗。

巨鹿种植的枸杞多是"中华枸杞"，"中华枸杞"俗称二

果，其育苗以插条育苗为主，春、夏、秋季插条均可，但以夏季为主，夏果采摘后结合夏剪剪育苗枝条，剪无病虫害一年生健壮枝条，条长16~18cm，上口平，下口呈马蹄形，剪口距第一芽1cm，插前用100mg/L 的ABT1号生根粉溶液浸泡12小时，以促进生根，铲沟深20cm缝，顺缝插进，按照株行距为8cm×50cm扦插，条顶与地面平，用脚踩实，浇足水。苗期注意追肥浇水，促苗生长。

416. 枸杞怎样进行大田栽植？

栽植前要选地整地，大田种植地宜选择排灌方便的、土层深厚的砂壤土、轻壤土、壤土，含盐量在0.3%以下。在头年冬进行翻耕，使土壤风化。到第2年种植前翻耕1次，再按株行距100cm×200cm挖穴，深宽各40cm，每穴施下腐熟厩肥5kg，回土与肥拌匀，上覆细土10cm，以待栽植。

种植以春栽最好，巨鹿县以三月中下旬萌芽期为宜，亩栽330株，株行距1m×2m，挖30cm见方坑，每坑施腐熟农家肥1kg、N 40g，P_2O_5 50g、K_2O 75g和锌肥 10g与表土混合均匀，先往坑内填一部分约10cm，用脚踩实，而后把苗放在坑中心，继续填表土，将根埋实，浇水，栽深度超过原土印3~6cm，最后围树干培一堆土，再浇一次"保命水"。

417. 枸杞田间管理技术？

田间管理包括耕翻、施肥、浇水、中耕除草等。耕翻以春季为主，解冻立即进行，越早越好，结合春季耕翻施基肥，亩施基肥1m³，复合肥30kg，并浇第一水，追肥一般每年2次，在每次开花盛期追，以尿素、复合肥为主，亩追尿素15kg或亩追复合肥30kg，每追一次肥后浇一次水，每次浇水或下雨后，及时中耕除草。

在结果盛期，喷叶面肥补充对肥料的需要，尿素0.5%，磷酸二氢钾0.3%，亩喷50~60kg肥液。

418. 枸杞整形修剪技术？

(1)幼树整形　第一年于苗高50~60cm处截顶定干，在截口下选4~5个在主干周围分布均匀的健壮枝做主枝，在主干上部选1个直立徒长枝，于高于冠面20cm处摘心，待其发出分枝后选留4~5个分枝，培养第2层树冠。第3~4年仿照第2年的做法，对徒长枝进行摘心利用，培养3层、4层、5层树冠，一般4年基本成型。

(2)休眠期修剪　一般在2~3月份进行。

①剪：剪除植株、根茎、主干、膛内、冠顶着生的无用徒长枝及冠层病、虫、残枝和结果枝组上过密的细弱枝、老结果枝。

②截：短截树冠中、上部交叉枝和强壮结果枝。

(3)夏季修剪　在夏果采摘后，剪除主干、根茎、膛内、树冠顶部的徒长枝和冠顶内部过密枝组。对结果母枝留10~20cm短截，促发分枝结秋果。

419. 如何防治枸杞主要病害？

枸杞主要发生的病害有枸杞白粉病、炭疽病。

(1)白粉病　枸杞白粉病发生时，叶面覆盖白色霉斑和

粉斑，严重时枸杞植株外呈现一片白色，病株光合作用受阻，叶片逐渐变黄脱落。防治方法如下。

① 农业防治：秋末春初，结合修剪、耕翻、施基肥等田间管理措施，彻底清除园区落叶、杂草、病残体，集中深埋或烧毁；增施磷、钾肥，增强抗病力；生长期及时疏除过密枝条，保证园内通风透光，减少发病概率。

② 药剂防治：发病期用80%代森锰锌可湿性粉剂500倍液，或75%百菌清可湿性粉剂600倍液，或20%三唑酮乳油1000倍液等喷雾，每隔7~10天喷1次，根据病情可连续喷2~3次，果实采收前7天停止用药，以保证果品质量。

(2) 炭疽病　俗称黑果病，是枸杞种植上的重要病害，严重影响枸杞产量和品质。主要危害青果、嫩枝、叶、蕾、花等。青果染病初在果面上生小黑点或不规则褐斑，遇连日阴雨病斑不断扩大，半果或整果变黑，干燥时果实皱缩；湿度大时，病果上长出很多橘红色胶状小点；嫩枝、叶尖、叶缘染病产生褐色半圆形病斑，扩大后变黑，湿度大呈湿腐状，病部表面出现橘红色小点。防治方法如下。

① 农业防治：秋末春初，结合修剪、耕翻、施基肥等田间管理措施，彻底清除园区落叶、杂草、病残体，集中深埋或烧毁；增施磷、钾肥，增强抗病力；生长期及时疏除过密枝条，保证园内通风透光，减少发病概率。

② 药剂防治：发病期可喷洒75%百菌清可湿性粉剂600倍液或80%代森锰锌可湿性粉剂500倍液，或25%炭特灵可湿性粉剂500倍液，或58%甲霜灵锰锌可湿性粉剂500倍液等喷雾防治。隔10天左右1次，连续防治2~3次。

420. 如何防治枸杞主要害虫？

枸杞主要发生的虫害有枸杞瘿螨(叶瘤)、枸杞负泥虫等，近两年来枸杞上蜗牛、木虱个别地点发生也很严重。

(1)枸杞瘿螨　①农业防治：在开春修剪时剪去带病的枝梢，集中深埋或烧毁；扦插育苗时选用无病枝条，以减少虫源。

②药剂防治：用1.5%阿维菌素1000倍液，或4%阿维·哒螨灵1000倍液喷雾，7~10天喷施1次，连续防治3~4次。

(2)枸杞负泥虫　①农业防治：每年春季结合修剪清洁枸杞园，尤其是田边、路边的枸杞根蘖苗、杂草，要干净彻底地清除一次。

②药剂防治：用4.5%高效氯氰菊酯乳油1000倍液，或20%杀灭菊酯乳油2000倍液，或2.5%敌杀死乳油1500倍液等喷雾防治。

(3)枸杞蜗牛　①农业防治：清洁田园、铲除杂草、及时中耕、排干积水等措施，破坏蜗牛栖息和产卵场所；秋后及时耕翻土壤，可使部分越冬成贝、幼贝暴露于地面冻死，卵被晒爆裂；人工诱集捕杀，用树叶、杂草等在枸杞田做诱集堆，白天蜗牛躲在其中，可集中捕杀；撒施生石灰，在地头或枸杞行间撒10cm左右的生石灰带，每亩用生石灰5~7.5kg，蜗牛从石灰带爬过沾上生石灰后会失水死亡。

②药剂防治：毒饵诱杀，用蜗牛敌(聚乙醛)配制成含2.5%~6%有效成分的豆饼(磨碎)或玉米粉等毒饵，在傍晚时，均匀撒施在枸杞垄上进行诱杀；撒颗粒剂，用8%灭蛭灵颗粒

剂或10%聚乙醛颗粒剂，每亩用2kg，均匀撒于田间进行防治；喷洒药液，当清晨蜗牛未潜入土中时，可用灭蛭灵800~1000倍液喷洒，隔7~10天喷1次，连喷2~3次。

(4)枸杞木虱　①农业防治：结合夏剪剪掉虫害枝集中焚烧销毁。

②药剂防治：用1.8%阿维菌素2000~3000倍液喷雾，或1%7051杀虫素2000~3000倍液等喷雾防治。

421. 枸杞的采收和加工技术

在果实八九成熟，即果实变成红色或橙红色，果肉稍软，果蒂疏松时，立即采摘，先摘外围上部，后摘内堂和下部。采摘后轻轻倒在果盘上，厚度不超过2cm，盘装好后先在阴凉通风干燥处放半天至一天，等果实萎缩后，再在阳光下晾晒，3~5天即可晒干。果实未晒硬前不要翻动，可用棍从盘底轻轻敲打，使果松开。果实晒干后，去杂、分级、包装。

枸杞植株　信兆爽摄

枸杞药材　信兆爽摄

瓜蒌

422. 瓜蒌有何药用价值？

瓜蒌为葫芦科植物栝楼 (*Trichosanthes kirilowii* Maxim.) 或双边栝楼 (*Trichosanthes rosthornii* Harms) 的干燥成熟果实。其味甘、微苦，性寒；归肺、胃、大肠经。具有清热涤痰，宽胸散结，润燥滑肠的功效。用于肺热咳嗽，痰浊黄稠，胸痹心痛，结胸痞满，乳痈，肺痈，肠痈，大便秘结等症。现代药理研究表明全瓜蒌、瓜蒌仁有抑制癌细胞作用和抑菌作用。

423. 栝楼生产中有哪些种质类型？

栝楼为葫芦科栝楼属多年生攀缘草本，其果实 (瓜蒌) 和根 (天花粉) 入药。在我国大部分地区均有栽培，主产区有山东、河南、河北、安徽、江苏、湖北、四川、广西和贵州等省区。山东肥城、长清为瓜蒌道地产区，河南安阳、河北安国为天花粉道地产区。栝楼在长期的栽培过程中形成了较多各具特色的地方性种质类型，如海市栝楼、八棱栝楼、尖瓜蒌、糖栝楼、铁皮栝楼、短脖1号、皖蒌系列等，各种质类型的植物学特征、生物学特性、产量潜力和活性成分含量存在差异，各地在种植时应选择适宜的种质类型。

424. 如何进行栝楼栽前的选地整地及底肥施用？

栝楼地下根可作为天花粉药用，生产过程中根的生长较发达，土壤养分消耗大。因此选地以土层深厚、土质疏松、肥力充足、排灌方便不积水的砂壤土为好。同时，要选择阳光充足、通气条件好、无污染的环境。大田栽培，秋收后每亩施腐熟农家肥3000kg均匀撒于地表，深翻25cm，耙细整平。如黏性重的土壤，可在翻耕前撒施一些河砂改良土壤。

425. 栝楼有几种繁殖方法？

生产上栝楼一般采用种子繁殖和分根繁殖。

(1) 种子繁殖　选粒大饱满的种子，在40℃左右温水中浸泡一昼夜，捞出沥干播种。播种期在4月中旬。在准备好的田地里，按行距70cm，株距50cm穴播，每穴播种2~3粒，覆土后浇水，每亩需种子2kg左右。用种子繁殖，开花结果晚，且难于控制雌雄株，故生产天花粉适宜采用此法。

(2) 分根繁殖　春季4月上中旬，选直径2~3cm的新鲜无病地下根，掰成5~7cm小段，放置一晚，然后用多菌灵或托布津浸种1小时，晾干水分备用。在准备好的田地里，按行距70cm，株距50cm，挖5cm浅坑，每坑放1段种根，覆土踩实即可。栽种时科学搭配雄株：按照雌雄株10：1左右的比例配置。1个月左右幼苗即可长出。每亩需种根60kg左右。

426. 栝楼生长期管理技术要点有哪些？

栝楼生长期田间管理技术措施有扶苗上架、适时追肥、水分管理等。

(1) 扶苗上架　当栝楼主茎长到0.3~0.5m时，插好竹竿等攀缘物，用软质带绳将苗固定在攀缘物上，促其向上生长，使之尽早到达架面。

(2) 适时追肥　早施轻施提苗肥，定植活棵后，追1~2次速效氮肥，一般每次追稀释腐熟的人畜粪250~300千克/亩。重施花果肥，6~8月份，栝楼营养生长与生殖生长进入并盛时期，需要吸收大量的养分。此期追有机肥与钾肥为主，重施2~3次花果肥，一般每次每亩用腐熟人畜粪1000kg，硫酸钾15kg，在距离根部20cm外开环状或放射状浅沟施下，然后培土，严防伤根烧根。果实膨大期，结合喷药，加入0.2%磷酸二氢钾和0.3%尿素溶液，进行根外追肥。

(3) 水分管理　多年生栝楼根系发达，较耐旱，但在生长盛期和果实膨大期，如遇干旱，应及时浇水防旱，遇涝要随即排水。

427. 种植栝楼可以采取哪些种植模式？

目前生产上栝楼的种植模式有多种：平地种植、搭人字形架、搭棚架、麦茬种植模式等。采用合理的种植模式是提高瓜蒌产量的有效措施。

(1) 平地种植　采用合适密度进行种植，茎蔓铺地生长。

(2) 搭人字形架　3~4株为一组，在根部起用竹竿或其他材料搭成人字形架，顶端固定。使栝楼茎蔓匍匐在架上生长。

(3) 搭棚架　搭棚应本着棚架要牢固，尽可能降低棚架成本，方便人工架下作业，提高架面覆盖率的原则进行搭建。具体方法：地面按3.5m×3.5m标准立柱，柱上端选用10号不锈钢丝拉成3.5m×3.5m的方格，再用10号钢丝拉对角线，然后在上面放上泥龙网固定住。搭架要在移栽前或出苗前结束，避免搭架操作伤苗。

(4) 麦茬模式　① 麦田准备：秋季在整好的地块上播种小麦。

② 种植栝楼：春季4月上中旬按照分根繁殖方法在麦地套种栝楼，一般5月中旬陆续出苗，麦收时苗高10~20cm，不影响小麦机收。

③ 收麦：于6月份正常机收小麦，留麦茬高度25~30cm，收麦后栝楼秧迅速生长，以麦茬作为支架，枝叶爬伏于麦茬上。

④ 种麦：收获瓜蒌后可按正常方法旋耕土地、施肥、种植小麦，对栝楼无影响；翌年麦苗返青，栝楼地下根5月份出土发芽，小麦收割后，栝楼可继续生长。一般4~5年挖栝楼根(天花粉)一次。

428. 如何进行栝楼各种病虫害的综合防治？

栝楼常见病虫害有线虫病、根腐病及蚜虫等，生产中应农业防治、生物防治和化学防治相结合。

(1) 根结线虫　① 农业防治：与禾本科作物轮作。

② 药剂防治：用1.8%阿维菌素2000倍液灌根，7天灌1次，连续防治2次。或将48%毒死蜱乳油和1.8%阿维菌素乳油按1∶1混合兑水浇灌或喷淋，或穴施亩用淡紫拟青霉菌(2亿孢子/克)2kg，或沟施亩用威百亩有效成分2kg。要轮换和交替用药。

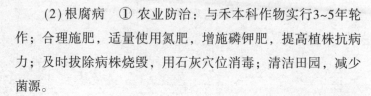

(2) 根腐病 ① 农业防治：与禾本科作物实行3~5年轮作；合理施肥，适量使用氮肥，增施磷钾肥，提高植株抗病力；及时拔除病株烧毁，用石灰穴位消毒；清洁田园，减少菌源。

② 药剂防治：发病初期用50%的多菌灵600倍液或甲基硫菌灵(70%甲基托布津可湿粉剂)1000倍液，或用50%琥胶肥酸铜(DT杀菌剂)可湿性粉剂350倍液灌根，或3%广枯灵(恶霉灵＋甲霜灵)600~800倍液，或75%代森锰锌络合物800倍液，或20%灭锈胺乳油150~200倍液喷淋穴或浇灌病株根部，7天喷灌1次，操作3次以上。

(3) 蚜虫 6~8月发生，危害嫩叶及顶部，使叶卷曲，影响植株生长，严重时全株萎缩死亡。防治方法如下。

① 物理防治：黄板诱杀蚜虫，有翅蚜初发期可用市场上出售的商品黄板；或用60cm×40cm长方形纸板或木板等，涂上黄色油漆，再涂上一层机油，挂在行间或株间，每亩挂30~40块，当黄板沾满蚜虫时，再涂一层机油。

② 生物防治：前期蚜虫少时保护利用瓢虫等天敌，进行自然控制。无翅蚜发生初期，用0.3%苦参碱乳剂800~1000倍，或天然除虫菊素2000倍液喷雾防止。

③ 药剂防治：用10%吡虫啉可湿性粉剂1000倍液，或3%啶虫脒乳油1500倍液，或2.5%联苯菊酯乳油3000倍液，或4.5%高效氯氰菊酯乳油1500倍液，或50%辟蚜雾2000~3000倍液，或50%辟蚜雾2000~3000倍液，或50%吡蚜酮2000倍液，或25%噻虫嗪5000倍液，或其他有效药剂，交替喷雾防治。

429. 如何进行栝楼的适期采收？

果实于9~11月先后成熟，当果皮表面开始有白粉、蜡被较明显，并稍变为淡黄色时表示果实成熟，便可分批采摘。采摘过早，果实不成熟，糖分少，质量差，种子亦不成熟；如果过晚，水分大，难干燥，果皮变薄，产量减少。

430. 瓜蒌如何进行产地加工？

将果实带30cm左右茎蔓割下来，均匀编成辫子，不要让两个果实靠在一起，以防霉烂。编好的辫子将栝楼蒂向下倒挂于室内阴凉干燥通风处，阴凉10余天至半干，发现底部瓜皮产生皱缩时，再将栝楼向上并用原藤蔓吊起阴干即成。这样干燥可使栝楼不发霉或腐烂，切开时瓜瓤柔软成新鲜状态。不可在烈日下暴晒，日光晒干的色泽深暗，晾干的色鲜红。如果采摘适时，晾干得当，两个多月可干。若需瓜蒌皮、瓜蒌仁，可在果柄处成"十"字形剪开，掏出瓜瓤，外皮干后即可做中药栝楼壳。把瓤在水中冲出种子，晒干即为栝楼仁。全瓜蒌的加工，将吊挂干燥的瓜蒌清水洗一遍(防止外果皮在后边加工中破碎，同时使瓜蒌进一步洁净)。将洗好的瓜蒌码放在大的蒸笼内，锅底加适量的水，盖上笼盖，武火加热至大气出，像蒸馒头一样，30~40分钟后停火。开盖晾凉，然后用特制机械将其压扁压实，使瓜蒌皮和内瓤紧密地粘在一块，于切药机上切成一致的瓜蒌条，将切好的瓜蒌条晾晒至干。

栝楼植株　谢晓亮摄

瓜蒌药材　谢晓亮摄

酸枣仁

431. 酸枣药材发展现状如何？

酸枣自然野生于干旱山坡、沟边路旁，长期以来无人管理，人们随意采摘，有些地方砍割酸枣摘取果实，资源破坏十分严重。随着人们对野生酸枣营养成分、药用成分、药理作用的认识深入，以酸枣为原料开发的保健品、饮品等不断问世，酸枣用量大幅攀升，酸枣和枣仁价格不断上涨，酸枣抢青采收现象普遍，造成酸枣仁质量明显下降，甚至一些以酸枣肉为原料制作酸枣饮品的企业，难以收到成熟酸枣。

随着酸枣收益提高以及对酸枣质量的要求，一些地方出现酸枣人工栽培，河北邢台县人工种植酸枣2000多亩，河北阜平等地开始进行酸枣野生抚育和人工管护。酸枣实生繁殖，类型较多，据调查从不同产区调查收集的不同性状的酸枣类型达115个。江苏省沂源县选育出了4个小枣新品种，邢台学院选育出邢州1号、邢州4号、邢州6号、邢州9号四个品种，酸枣人工栽培出现品种化。2013年7月份河北省质量技术监督局颁布实施了《酸枣仁》(DB13/T 1738-2013)质量标准，对酸枣仁水分、色泽、杂质、千粒重，以及酸枣仁皂苷含量等有了明确质量要求。

河南、山西、陕西、山东等省酸枣生产仍以采集野生酸枣为主，基本没有人工栽培的报道。

432. 酸枣资源分布如何？

根据历代本草和史料记载，今河北、山西、陕西、甘肃、河南、辽宁、内蒙古、山东、安徽等地都曾是酸枣仁的道地产区。酸枣在我国分布较为普遍，集中产区分布在河北、陕西、山西、山东、辽宁等省，在宁夏、新疆、湖北、四川等地也有分布。辽宁省主要分布在西北及南部，约有酸枣40多万亩；陕西酸枣主要分布在陕北黄河沿岸及无定河、渭河、洛河、泾河流域；山西酸枣主要分布在太行山南部山区；山东酸枣主要分布在蒙阴、平邑、青州、莱芜、淄博等地。

酸枣仁是河北省道地药材，主产地为邢台、邯郸、保定的西部山区各县，尤其邢台枣仁粒大、仁饱、色红、鲜亮，名满全国，称为"邢枣仁"。邢枣仁的加工集中在邢台内丘县柳林乡，多以散户加工。除了当地产的酸枣外，主要从山西、陕西、辽宁三省购进大量酸枣进行枣仁加工。目前，内丘县已经成为全国最大枣仁生产、加工、销售集散地。年加工酸枣6万吨，酸枣仁5000吨左右，销售到河南安阳、安徽亳州、河北安国等药材市场，且出口韩国、日本及东南亚各国。

河北太行山区野生酸枣资源丰富，从水平分布看，酸枣在太行山的分布以中南部偏多，北部偏少。大量酸枣集中在邢台地区的沙河、邢台、内丘、临城四县，酸枣产量占全区40%左右，达290多万公斤。除此之外，赞皇、平山、阜平、易县的酸枣资源量大，年产均在50万公斤以上。其次是涉县、武安、井陉、唐县、灵寿等县，酸枣的分布也较多，河北的燕山山区迁安、迁西、遵化等也有大量分布。

433. 酸枣生产中有哪些种质类型？

（1）种质1　树势极强，干性较强，骨干枝角度较小，结果后逐渐开张。果实圆形，平均纵径1.69cm、横径1.74cm，平均果重3.0g，最大果重3.9g，整齐度0.64。果皮较薄，紫红色，果肉黄白色，质地致密，较脆，汁液适中，味酸甜，鲜酸枣可溶性固形物含量32%，可食率81.2%，含仁率100%，种仁饱满。树体较小，树势开张，树形柱形，在一般山区均能正常生长。早果早丰，酸枣树高接换头当年可结果，2~3年进入丰产期，栽后3~5年即可丰产，连续结果能力强。该品种在邢台地区花期4~5月，果实9~10月成熟。该品种适应性强，耐瘠薄，抗干旱。抗病能力强，很少发生各种病害，是比较理想的制汁、生产枣仁的品种。

（2）种质2　树势极强，干性较强，骨干枝角度较小，结果后逐渐开张。果实圆形，平均纵径1.86cm、横径1.87cm，平均果重3.7g，最大果重4.8g，整齐度0.52。果皮较薄，深枣红色，果肉黄白色，质地致密，较脆，汁液适中，味酸甜，鲜枣可溶性固形物含量31%，可食率89.3%，含仁率80%，种仁饱满。树体较小，树势开张，树形柱形，在一般山区均能正常生长。早果早丰，酸枣树高接换头当年可结果，2~3年进入丰产期，栽后3~5年即可丰产，连续结果能力强。该品种在邢台地区花期4~5月，果实9~10月成熟。该品种适应性强，耐瘠薄，抗干旱。抗病能力强，很少发生各种病害，是比较理想的制汁、生产枣仁的品种。

（3）种质3　树势极强，骨干枝角度较小，结果后逐渐开张。果实椭圆形，平均纵径2.51cm、横径2.12cm，平均果重5.3g，最大果重6.8g，整齐度0.67。果皮较薄，枣红色，果肉黄白色，质地致密，较脆，汁液适中，味甜，鲜枣可溶性固形物含量28.7%，可食率88.2%，含仁率100%，种仁饱满。树体较小，树势开张，树形开心形，在一般山区均能正常生长。早果早丰，酸枣树高接换头当年可结果，2~3年进入丰产期，栽后3~5年即可丰产，连续结果能力强。该品种在邢台地区花期4~5月，果实9~10月成熟。该品种适应性强，耐瘠薄，抗干旱。抗病能力强，很少发生各种病害，是比较理想的生食、生产枣仁的品种。

(4)种质4　树势极强，干性较强，骨干枝角度较小，结果后逐渐开张。果实圆形，平均纵径1.77cm、横径1.77cm，平均果重2.9g，最大果重3.4g，整齐度0.86。果皮较薄，枣红色，果肉黄白色，质地致密，较脆，汁液适中，味酸甜，鲜枣可溶性固形物含量27.5%，可食率84.4%，含仁率93%，种仁饱满。树体较小，树势开张，树形柱形，在一般山区均能正常生长。早果早丰，酸枣树高接换头当年可结果，2~3年进入丰产期，栽后3~5年即可丰产，连续结果能力强。该品种在邢台地区花期4~5月，果实9~10月成熟。该品种适应性强，耐瘠薄，抗干旱。抗病能力强，很少发生各种病害，是比较理想的制汁、生产枣仁的品种。

434. 酸枣的繁殖方法有哪几种？

酸枣的繁殖方式以种子繁殖和分株繁殖为主。

(1)种子繁殖　9月采收成熟果实，堆积，沤烂果肉，洗净。春播的种子须沙藏处理，在解冻后进行。秋播在10月中、下旬进行。按行距30cm开沟，撒入种子，覆土2~3cm，浇水保湿。育苗1~2年即可定植，按行株距(2~3)m×1m开穴，穴深宽各30cm，每穴1株，培土一半时，边踩边提苗，再培土踩实、浇水。

(2)分株繁殖　在春季发芽前和秋季落叶后，将老珠根部发出的新株连根劈下栽种，方法同定植。

435. 如何进行酸枣种子育苗？

(1)选地整地　酸枣喜温暖干旱气候，耐寒、耐旱、耐碱，不宜在低洼水涝地种植。苗圃地应选择稍有些坡度的平肥地，地下水位应在1.5m以下，在一年中水位升降变化不大，且容易排水的地方。苗圃地土壤应以砂壤土或壤土为宜。选择育苗地时要有灌溉条件，因枣树幼苗生长期间根系浅，耐寒能力弱，对水分的要求特别强。10月中下旬，每亩施腐熟农家肥2000~3000kg，湮地后，进行土壤耕翻、精细整地，然后耙平做畦。

(2)种子采集　采集母树充分成熟呈深褐色的果实，除去果肉、杂质，用清水洗净并阴干，机械脱壳后晾干备用，要求种仁净度达95%以上，发芽率达80%以上。

(3)播前种子处理　播种前用清水浸泡种子24小时，中间换水1次，使种子充分吸水。然后用40~50℃温水浸种48小时，中间可换水1~2次。

(4)播种、定苗　土壤解冻后进行，播种时期一般以3月下旬~4月下旬为宜，每亩播种量3~4kg。播种采用宽窄行沟播法，宽行行距60cm，窄行行距30cm，沟深2~3cm，播种后覆土、耙平，用扑草净封闭土壤(扑草净用量为0.2g/m²)，然后

覆膜。定苗：幼苗出土后，顺沟向割膜，幼苗长出5~7片真叶时定苗，每亩留苗量6000~8000株。

(5)灌水和中耕除草　定苗后，去膜浇水灌苗，中耕除草。

(6)追肥　定苗后结合浇水追肥，每亩施尿素7.5~10kg，第二次追肥在6月下旬，每亩施复合肥15~20kg。

出圃标准：酸枣种苗高度50cm以上。

436. 酸枣如何进行建园？

(1)园地选择　园地适宜海拔高度1300m以下，年平均气温8~14℃。选择土层深厚，土壤肥沃，pH 6.5~8.5，排水良好的砂壤土或壤土建园，山地建园坡度应在25°以下。周围没有严重污染源。

(2)土壤整理　定植前，平原建园应进行土地平整，沙荒地应进行土壤改良，山区或丘陵地应修筑水平梯田。

(3)栽植时间　春、夏、秋季均可栽植。以4月初栽植为宜。

(4)栽植密度　宽窄行1m×2m和1m×1m。

(5)栽植方法　采取沟栽或坑栽方法，沟深或坑深50~60cm，下部20~30cm施腐熟有机肥，覆土后踩实，栽植深度高于原地痕3~5cm，栽后立即灌水并扶正培土。

437. 酸枣林间管理的技术措施有哪些？

(1)中耕除草　每年雨季之前和初冬各进行土壤深翻1次，深度15~20cm，翻后耙平。树盘内或行间进行作物秸秆覆盖，厚度15~20cm。对质地不良的土壤进行改良，黏重土壤应掺砂土，山区枣园扩穴改土。栽后1~2年，每年中耕2~3次，除草5

次，保持土壤疏松无杂草。

（2）追肥　每年追肥2~3次，以农家肥为主。于早春在根冠外围挖沟施有机肥，施后培土，生长期采用环状施肥，环状沟的位置由树冠大小决定，沟深15~20cm。野生枣林可撒施有机肥。6月上旬和7月中旬果实膨大期喷施尿素或磷酸二氢钾，间隔7~10天再喷一次，可提高坐果率。野生枣林主要采取叶面喷肥方法。

（3）灌水　发芽前、开花前、果实膨大期和果实成熟期各灌水一次。一般采用畦灌或沟灌。干旱缺水和丘陵山区采用穴贮肥水方法，有条件的地区，提倡采用滴灌、喷灌等节水灌溉方法。

（4）花果管理　当开花量达50%时，喷施300倍硼砂和300倍尿素，以提高坐果率，减少不利天气对花期的影响。

（5）整形修剪　落叶后至萌芽前进行修剪。人工建园栽培定植后第一年修剪时上部留5~6个分枝，离地面30cm以下的分枝不再保留。定植后第二年修剪时上部留7~8个分枝，离地面60cm以下不应留分枝。三年后增加树冠体积。初始时下部可适当多留枝，多结果，以后上部树枝结果多后可逐渐去掉下部主枝。十年后老树高头换接，及时更新复壮，培育新的结果枝。稀植可修剪成开心型树形，密植可修剪成中心干型树形。野生枣林剪去过密枝、病虫枝，培养树势。去除酸枣树底部树丛，清理树盘，使之有一定株距。

438. 如何进行酸枣各种病虫害的综合防治？

酸枣常见病虫害有星室木虱、蓑蛾、桃小食心虫、枣疯

病、枣锈病等，生产中应农业防治、生物防治和化学防治相结合。

(1) 星室木虱　防治适期为早春，防治方法如下。

① 农业防治：及时疏除带虫的枝梢并集中烧毁；结合修剪剪除虫枝。

② 化学防治：建议使用烟碱类药剂，如吡虫啉可湿性粉剂。或昆虫生长调节剂类药剂，如扑虱灵可湿性粉剂。

(2) 蓑蛾　防治适期为春、秋季，防治方法如下。

① 农业防治：人工摘除虫苞以减少虫源。

② 化学防治：建议使用拟除虫菊酯类仿生物农药药剂，如高效氯氰菊酯乳油或氟氯氰菊酯乳油。

(3) 桃小食心虫　防治适期为秋末、早春，防治方法如下。

① 农业防治：土壤结冻前，翻开距树干约50cm，深10cm的表土，撒于地表，使虫茧受冻而亡；幼虫出土前在冠下挖检越冬茧，集中烧毁；捡拾蛀虫落果，深埋或煮熟作饲料；用桃小性诱剂进行诱杀。

② 化学防治：建议使用拟除虫菊酯类仿生物农药药剂，如氟氯氰菊酯乳油或甲氰菊酯乳油。

(4) 枣疯病　防治适期为生长季，防治方法为农业防治，即加强栽培管理，提高树势；发现病株，连根刨除销毁；树穴用5%石灰水浇灌。

(5) 枣锈病　防治适期为生长季，防治方法如下。

① 农业防治：搞好枣园卫生，清理病源；发现病情，及时剪除。

② 化学防治：建议使用治疗真菌类药剂，如三唑酮可湿

性粉剂或粉锈宁可湿性粉剂。

439. 如何进行酸枣的适期采收？

不同地理条件、不同种类的酸枣成熟期存在差异。在采收过程中，因酸枣加工利用的目的不同，采收适宜期也不相同。如以加工酸枣仁和酸枣面为目的，则以完熟期采收为宜，此时果实充分成熟，果肉内养分积累最多，不仅制干率高，而且制成品质量也最好，同时酸枣仁籽粒饱满，色泽最佳，不仅出仁率高，而且药用效果也最好。而过晚采收，酸枣不仅容易造成浆包烂枣和鸟兽危害的现象，也会减少产量和降低枣肉的质量。以生食为主要目的的酸枣，以脆熟期采摘为宜。

目前采收酸枣的方法大多数是待酸枣成熟后，用枣杆震枝，使枣果落地，再捡拾。近几年来，由于酸枣的加工利用途径逐渐增多，而要求也越来越严，所以采收的方法也在逐步改进，利用乙烯利催落采收酸枣。此方法比用枣杆打枣提高工效10倍左右，在适当剂量处理下，喷施第2天即有效果，第3天进入落果高峰，5、6天便能完全催落成熟的果实。

440. 酸枣仁如何进行加工？

传统的加工方法是将洗好晒干的酸枣核平铺于石碾上反复滚压，注意酸枣核要适量，太少时容易压碎枣仁。待酸枣核破碎后，用簸箕、筛子或是用手扬法筛选出部分酸枣核壳和酸枣仁，然后将剩下的较难分离的核壳与仁的混合物上碾再进一步破碎，最后放在水中用水选法筛选出酸枣仁。水选后的酸枣仁必须摊于席上晾晒，使之充分干燥。

酸枣植株　谢晓亮摄

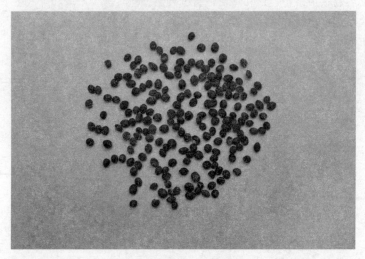

酸枣仁药材　田伟摄

连翘

441. 连翘有何药用价值？

连翘为木犀科植物连翘 [*Forsythia suspensa* (Thunb.) Vahl]的干燥果实。其味苦，微寒；归肺、心、小肠经。具有清热解毒，消肿散结，疏散风热功效。用于痈疽，瘰疬，乳痈，丹毒，风热感冒，温病初起，温热入营，高热烦渴，神昏发斑，热淋涩痛等症。研究表明，连翘叶对高血压、痢疾、咽喉痛等有很好的治疗效果。

442. 连翘就是迎春吗？

连翘为木犀科连翘属落叶灌木，果实入药。迎春花 (*Jasminum nudiflorum* Lindl.) 为木犀科素馨属落叶灌木。连翘与迎春花的主要区别如下。

(1) 连翘植株外形呈灌木或类乔木状，较高大，枝条不易下垂；迎春花植株外形呈灌木丛状，较矮小，枝条呈拱形、易下垂。

(2) 连翘的小枝颜色较深，一般为浅褐色；迎春花的小枝为绿色。

(3) 连翘枝条中空无髓；迎春花的枝条是充实的。

(4) 连翘是单叶或三叶对生；迎春花是三小复叶。

(5) 连翘叶卵形、宽卵形或椭圆状卵形，叶片较大，边缘除基部以外有整齐的粗锯齿；迎春花叶全呈十字形对称生长，叶片较小，卵状椭圆形，全缘，先端狭而突尖。

(6) 连翘只有四个花瓣，而迎春花则有六个花瓣。

(7) 连翘结实，迎春花很少结实。

443. 连翘的繁殖方法有哪几种?

连翘的繁殖方法为种子繁殖、扦插繁殖、压条繁殖和分株繁殖四种方法，一般大面积生产主要采用播种育苗，其次是扦插育苗，零星栽培也有用压条或分株育苗繁殖者。

(1) 种子繁殖育苗 选择生长健壮、枝条节间短而粗壮、花果着生密而饱满、无病虫害的优良单株作为采种母株。于9~10月采集成熟的果实，薄摊于通风阴凉处后熟几天，阴干后脱粒，选取籽粒饱满的种子，沙藏备作种用。

春播在清明前后，冬播在封冻前进行 (冬播种子不用处理，第2年出苗)。在畦面上按行距30cm开浅沟，沟深3.5~5cm，再将用凉水浸泡1~2天后稍晾干的种子均匀撒于沟内，覆薄细土1~2cm，略加镇压，再盖草，适当浇水，保持土壤湿润，15~20天左右出苗，齐苗后揭去盖草。在苗高15~20cm时，追施尿素，促使旺盛生长，当年秋季或第二年早春即可定植于大田。

(2) 扦插繁殖育苗 ① 嫩枝扦插：苗床准备，挖深40cm，宽1~1.3m的池，选用普通塑料袋做成长20cm，直径10cm桶状，装满土，紧密排列于苗床内，浇水。插穗选择，6月份开始从生长健壮的3~4年生母株上剪取当年生的嫩枝，截成15cm左右长的插穗，下切口距离底芽侧下方0.5~1cm，切口平滑。节间长的留2片叶，短的留3~4片叶。插穗处理，将选择好的插穗在配制的200mg/ml的NAA溶液中浸泡1~2分钟。扦插，将处理好的插穗在整好的苗床上一个营养袋内插入一棵，插入深度4cm左右，插完后浇水。覆膜，把竹片做成拱形，间距20cm左右固定于苗床上，覆膜，四周用土密封，遮阴，一个月之内不可掀开塑料膜。炼苗，一个月后，在插穗生根后，揭去塑料膜，减少喷水次数，减小苗床相对湿度进行炼苗。

②硬枝扦插：插条选择，冬季封冻前从母株上剪取芽饱满的枝条，截成10cm长的插穗。沙藏，将剪成的插穗50~100枝捆成1捆，埋入沙或土中，覆土5~6cm，翌年春天刨出。苗床准备，挖深40cm，宽1~1.3m的池，选用普通塑料袋做成长20cm，直径10cm桶状，装满土，紧密排列于苗床内，浇水。插穗处理，将选择好的插穗在配制的200mg/ml的NAA溶液中浸泡1~2分钟。扦插，将处理好的插穗在整好的苗床上一个营养袋内插入一棵，插入深度4cm左右，插完后浇水。覆膜，把竹片做成拱形，间距20cm左右固定于苗床上，覆膜，四周用土密封，遮阴，一个月之内不可掀开塑料膜。炼苗，一个月后，在插穗生根后，揭去塑料膜，减少喷水次数，减小苗床相对湿度进行炼苗。

(3)压条繁殖　用连翘母株下垂的枝条，在春季将其弯曲并刻伤后压入土中，地上部分可用竹竿或木杈固定，覆上细肥土，踏实，使其在刻伤处生根而成为新株。当年冬季至第二年春季，将幼苗与母株截断，连根挖取，移栽定植。

(4)分株繁殖　连翘萌发力极强，在秋季落叶后或春季萌芽前，可在连翘树旁萌发的幼苗(根蘖苗)，带根挖出，另行定植。成活率达99.5%。

444. 如何进行连翘栽前的选地整地及底肥施用?

种子育苗地最好选择土层深厚、疏松肥沃、排水良好的壤土或砂壤土地;扦插育苗地,最好采用砂壤土地,靠近水源,便于灌溉。种植地要选择背风向阳的山地或者缓坡地成片栽培,利于异株异花授粉,提高连翘结实率,一般只挖穴种植。亦可利用荒地、路旁、田边、地角、房前屋后、庭院空隙地零星种植。

播前或定植前,深翻土地,施足基肥,每亩施厩肥3000kg,均匀撒到地面上。深翻30cm左右。若为丘陵地成片造林,可沿等高线作梯田栽植;山地采用梯田、鱼鳞坑等方式栽培。栽植穴要提前挖好,施足基肥后栽植。

445. 连翘林间管理的技术措施有哪些?

(1)定植 苗床深耕20~30cm,耙细整平,作宽1.2m的畦,于冬季落叶后到早春萌发前均可进行。先在选好的定植地块上,按行株距2m×1.5m挖穴。然后,每穴栽苗1株,分层填土踩实,使其根系舒展。栽后浇水。

连翘属于同株自花不孕植物,自花授粉结实率极低,只有4%,如果单独栽植长花柱或者短花柱连翘,均不结实。因此,定植时要将长、短花柱的植株相间种植,这是增产的关键措施。

(2)中耕除草 苗期要经常松土除草,定植后于每年冬季中耕除草1次,植株周围的杂草可铲除或用手拔除。

(3) 施肥　苗期勤施少量肥，在行间开沟，每亩施硫酸铵10~15kg，以促进茎、叶生长。定植后，每年冬季结合松土除草施入腐熟厩肥、饼肥或土杂肥，幼树每株用量2kg，结果树每株10kg，采用在连翘株旁挖穴或开沟施入，施后覆土，壅根培土，以促进幼树生长健壮，多开花结果。有条件的地方，春季开花前可增加施肥1次。在连翘树修剪后，每株施入火土灰2kg、过磷酸钙200g、饼肥250g、尿素100g。于树冠下开环状沟施入，施后盖土、培土保墒。

446. 如何提高连翘坐果率?

连翘的花芽全部在1年生以上枝上分化着生，花有两种：一种花柱长，称长花柱花；一种花柱短，称短花柱花，这两种不同类型的花生长在不同植株上。

研究表明：短花柱型连翘花粉发芽率较高，长花柱型连翘型花粉发芽率较低。两种连翘花粉均在15%蔗糖+400mg/L硼酸的培养基上萌发率最高，花粉管长度最长。因此，在连翘盛花期时喷施15%蔗糖+400mg/L硼酸溶液能够有效地提高坐果率。

447. 人工种植连翘如何进行修剪?

连翘每年春、夏，秋抽生三次新梢，而且生长速度快。春梢营养枝能生长150cm，夏梢营养枝生长60~80cm，秋梢营养枝生长近20cm。因此，连翘定植后2~3年，整形修剪是连翘综合管理过程中不可缺少的一项重要技术措施。通过整形修剪调整树体结构，改善通风透光条件，调节养分和水分运输，

减少病虫危害，提高开花量和坐果率。

"修剪"是指对连翘植株的某些器官，如茎、枝、叶、花、果、芽、根等部分进行剪截或剪除的措施。一年之中应进行三次修剪，即春剪、夏剪和冬剪。春剪：及时打顶，适当短截，去除根部周围丛生出的竞争枝。夏剪：于花谢后进行。为了保持树形低矮，对强壮老枝和徒长枝可以短截1/3~1/2。短截后，剪口下易发并生枝、丛生枝，在冬剪时应把并生枝、交叉枝、细弱枝进行疏剪整理。冬剪：幼树定植后，幼龄树高达1m时，于冬季落叶后，在主干离地面70~80cm处剪去顶梢，第二年选择3~4个发育充实、分布均匀的侧枝，将其培养成主枝。以后在主枝上再选留3~4个壮枝，培养成副主枝。在副主枝上放出侧枝，通过几年的整枝修剪，使其形成矮干低冠、通风透光的自然开心形树形，从而能够早结果、多结果。在每年冬季，将枯枝、重叠枝、交叉枝、纤弱枝和病虫枝剪除。对已经开花结果多年、开始衰老的结果枝，也要截短或重剪，即剪去枝条的2/3，可促使剪口以下抽出壮枝，恢复树势，提高结果枝。

"整形"是指对连翘植株施行一定的修剪措施而形成某种树体结构形态。在生产实践中，整形方式和修剪方法是多种多样的，以树冠外形来说，常见的有圆头形、圆锥形、卵圆形、倒卵圆形、杯状形、自然开心形等。常用的整形方法有短剪、疏剪、缩剪，用以处理主干或枝条；在造型过程中也常用曲、盘、拉、吊、札、压等办法限制生长，改变树形，培植有利于多开花、多结果的植株树形。

448. 野生连翘生长有哪些特点？

连翘的萌生能力强。平茬后的根桩或干支均能繁殖萌生，较快地增加分株的数量，增大分布幅度。连翘枝条更替比较快，但随树龄增加，萌生枝以及萌生枝上发出的短枝，其生长均逐年减少，并且短枝由斜向生长转为水平生长。据调查，8~12年生植株，4年萌生枝上的一年生短枝是最多的，以后逐渐减少。连翘的丛高和枝展幅度不同年龄阶段变化不大。连翘枝条更替快，萌生枝长出新枝后，逐渐向外侧弯斜，所以尽管植株不断抽生新的短枝，但是高度基本维持在一个水平上。

449. 野生连翘结果特性如何？

野生连翘为蔓生落叶灌木，高约1~3m，3~5月份花先于叶开放，4~5月开始萌发生长出新枝叶，花开放后10~20天逐渐凋落，20天左右幼果出现，9~10月果实成熟。连翘实生苗，一般当年可长至60~80cm，生长4~5年后开花结果。连翘枝一般分营养枝和结果枝。连翘株丛一般为6~10个萌生枝组成一个灌丛，高为1.5m左右，个别株丛达到2.5~3m高。新发营养枝条一般由根部或老枝上抽出，长1.5~2.1m之间，二小叶对生或三小叶轮生。新萌生的营养枝条为来年植株骨架，由萌生枝上发生的短枝形成结果枝。小短枝长20~40cm不等，每一萌生枝上形成结果枝数量2~9个不等，组成结果枝串；连翘结果多少和结果短枝的数量和生长长短有关。结果短枝在萌生枝上最多可达15~17个，每个结果短枝上结果数量2~19个不等，结果多的每个小果枝上有25~30个果实，稀的1~2个甚至无果。

450. 野生连翘结果与树龄的关系如何？

连翘从实生苗开始，4~5年后可以开花结果，但7~8年以上的植株结果量才高，此时整个植株一般有十几条营养生长骨架，每年均会在枝条上长出结果短枝，并且每个结果短枝上的叶腋处会形成1~2个花芽，并在第二年春天开花结果。在自然状态下15年以上的植株生长势逐渐衰弱，结果量逐渐减少。

野生连翘种群是由不同株龄的个体组成，属于异龄级种群类型。不同年龄时期的连翘个体，对环境的要求和反应各不一样，在种群中的地位和作用也不相同。连翘植株个体根据其生长发育状态，可分为：幼龄期(1~4年)、壮龄期(5~15年)、老年期(15年以上)。连翘的结果繁殖能力与其年龄有着密切的关系，据调查，幼龄期、壮龄期和老年期植株的结果率分别为48.65%、47.53%和17.09%。幼龄期植株虽然结果率高，但树势较小结果数少，所以产量低。

451. 如何进行野生连翘的人工抚育？

连翘结果早，5~12年为结果盛期，12年后产量明显下降，需采取更新复壮措施。连翘枝条的结果龄期较短，其产量主要集中在3~5年生枝条上，5龄以后每个短枝上的平均坐果数逐年降低，产量明显下降。树冠的不同部位结果量也是不同的。树冠上部多于中部，树冠下部几乎没有果实，树冠的阳面多于阴面，树冠的内侧多于外侧。针对野生连翘的分布特点和生境，应该分别建立多个野生老连翘更新复壮抚育区、人工补植抚育区、连翘优势群落抚育区，并加强管理，通过野生抚育措施的实施，使连翘的产量和质量得到提高。

452. 如何进行连翘各种虫害的综合防治？

连翘常见虫害有钻心虫、蜗牛、蝼蛄等，生产中应农业防治、生物防治和化学防治相结合。

(1) 钻心虫　以幼虫钻入茎秆木质部髓心危害，严重时被害枝不能开花结果，甚至整枝枯死。防治方法为用80%敌敌畏原液药棉堵塞蛀孔毒杀，亦可将受害枝剪除。

(2) 蜗牛　主要危害花及幼果。4月下旬至5月中旬转入药材田，为害幼芽、叶及嫩茎，叶片被吃成缺口或孔洞，直到7月底。若9月以后潮湿多雨，仍可大量活动为害，10月转入越冬状态。上年虫口基数大、当年苗期多雨、土壤湿润，蜗牛可能大发生。防治方法如下。

① 农业防治：于傍晚、早晨或阴天蜗牛活动时，捕杀植株上的蜗牛；或用树枝、杂草、蔬菜叶等诱集堆，使蜗牛潜伏于诱集堆内，集中捕杀；彻底清除田间杂草、石块等可供蜗牛栖息的场所并撒上生石灰，减少蜗牛活动范围。并可在地头或行间撒10cm左右的生石灰带，阻止蜗牛扩散危害并杀死沾上生石灰的蜗牛；适时中耕，翻地松土，使卵及成贝暴露于土壤表面提高死亡率。

② 药剂防治：以下三种防治方法任选其一或配套使用。毒饵诱杀：在蜗牛产卵前或有小蜗牛时，每亩用6%蜗克星

(甲萘威·四聚乙醛)颗粒剂0.5kg或10%蜗牛敌(聚乙醛)颗粒剂2kg，与麦麸(或饼肥研细)5kg混合成毒饵，傍晚时均匀撒施在田垄或田间进行诱杀。撒施毒土或颗粒剂：每亩用8%灭蛭灵颗粒剂(硫特普+敌敌畏混合制成)或10%聚乙醛颗粒剂或6%蜗克星颗粒剂(甲萘威·四聚乙醛)2kg拌细(沙)土5kg，或用6%密达(四聚乙醛)杀螺颗粒剂每亩0.5~0.6kg，制成毒土，于天气温暖、土表干燥的傍晚均匀撒在作物附近的根部行间。喷药防治：用50%辛硫磷乳油和80%敌敌畏乳油按1：1混合，稀释成500倍液，或用1%甲氨基阿维菌素苯甲酸盐2000倍液与30%食盐水混合加入适量中性洗衣粉喷雾防治，或当清晨蜗牛未潜入土中时，用灭蛭灵(10%硫特普+30%敌敌畏混合制成)800~1000倍液喷洒，或用30%四聚乙醛·甲萘威650倍液喷雾防治，隔7~10天喷1次，视发生情况掌握喷药次数，一般连喷2次左右。

(3)蝼蛄　播种育苗的主要害虫，无论是在出苗期还是幼苗期，如果不彻底防治，将会降低育苗成活率。以成虫、幼虫咬食刚播下或者正在萌芽的种子或者嫩茎、根茎等，咬食根茎呈麻丝状，造成受害株发育不良或者枯萎死亡。有时也在土表钻成隧道，造成幼苗吊死，严重的也出现缺苗断垄。

防治方法：可采用常规的毒谷或毒饵法。另外可用40%甲基异柳磷乳油50毫升或者50%辛硫磷乳油100ml，兑水2~3kg，拌麦种50kg，拌后堆闷2~3小时进行诱杀。

(4)吉丁虫　成虫咬食叶片造成缺刻，幼虫蛀食枝干皮层，被害处有流胶，危害严重时树皮爆裂，甚至造成整株枯死。防治方法如下。

① 农业防治：在成虫羽化前剪除虫枝集中处理，杀伤幼虫和蛹。

② 药剂防治：成虫发生期和幼虫孵化期用80%的敌敌畏或50%辛硫磷乳油1000倍液，或用1%甲氨基阿维菌素苯甲酸盐2000倍液，或5%氯虫苯甲酰胺悬浮剂1500倍液，或5%甲氨基阿维菌素苯甲酸盐3000倍液喷雾防治。

453. 如何进行连翘的适期采收？

青翘在果皮呈青色尚未老熟时采摘。老翘在果实熟透变黄，果壳开裂或将要开裂时采摘。研究表明野生老树开花、坐果、果实成熟均早于人工栽培小树，因此，生产上优先采收连翘果实；连翘果实7月底千果重达到峰值，7月底至9月底千果重和连翘苷含量变化均较小，连翘苷含量均能达到药典标准，考虑到连翘大规模生产时采摘周期较长，所以7月底至9月底是青翘的最佳采收期；9月底之后，青翘逐渐成熟成为老翘，此时果实的千果重和连翘苷含量都急剧下降，所以老翘应在青翘转入老翘初时及时采收。

454. 如何进行连翘初加工？

(1) 青翘　将采收的青色果实，用蒸笼蒸15分钟后，取出晒干即成。青翘以身干、不开裂、色较绿者为佳。

(2) 老翘　将采摘熟透的黄色果实，晒干或烘干即成。老翘以身干、瓣大、壳厚、色较黄者为佳。

(3) 连翘芯　将老翘果壳内种子筛出，晒干即为连翘芯。

连翘　谢晓亮摄

老翘　谢晓亮摄

青翘　谢晓亮摄

第十二章　皮类

牡丹皮

455. 牡丹皮有何药用价值?

牡丹皮为毛茛科植物牡丹 (*Paeonia suffruticosa* Andr.) 的干燥根皮。牡丹皮味苦、辛，性微寒，归心、肝、肾经；具有清热凉血，活血散瘀之功效，用于温毒发斑、吐血衄血、夜热早凉、无汗骨蒸、经闭痛经、痈肿疮毒、跌扑伤痛等症。现代研究表明牡丹具有多种用途。

(1) 作药用　牡丹皮不仅供中医临床配方使用，同时还可为200多种中成药提供原料，牡丹皮对心血管系统、血液系统、中枢神经系统、免疫系统、消化系统、泌尿系统均有一定的影响，并有较好的抗菌、抗病毒、抗炎、降血糖作用。

(2) 用于化妆品领域　首先牡丹可提取香精，其次牡丹花粉中含有多种营养成分，开发美容保健制品有很大发展潜力。

(3) 开发保健食品　牡丹种子含油率较高，牡丹子油是一种高档食用油，牡丹花用蜜浸可制成牡丹蜜，还可用酒浸制成牡丹酒。

(4) 用作观赏　牡丹花是一种名贵花卉，有很强的观赏价值。

456. 种植牡丹如何选地整地？

牡丹属于典型的温带型植物，喜温暖、湿润、凉爽、阳光充足的环境，较耐寒、耐旱，稍耐半阴，怕高温、水涝。适宜在土层较深厚、肥沃、疏松、通透性好的中性、微酸性土壤中生长，忌黏性土。因此种植基地应选择土层深厚、土壤肥沃的砂性土壤，忌连作，前作以芝麻、花生、黄豆为佳。地势选向阳缓坡地，以15°~20°为宜。栽种前1~2个月，每亩施腐熟的农家肥3000kg和饼肥100~200kg；撒匀，翻地30~50cm深，然后，耙细整平作畦。

457. 牡丹的繁殖方式有哪几种？

牡丹的繁殖方式有种子繁殖、分株繁殖、扦插繁殖三种。

(1) 种子繁殖 ① 种子采集：选4~5年生，选无病害健壮植株，8月中下旬至9月上旬，当蓇果陆续成熟，果实呈现蟹黄色，腹部开始破裂时分批摘下，摊放室内阴凉潮湿地上，经常翻动，待大部分果壳开裂，筛出种子，选粒大饱满的作种立即播种。若不能及时播种，要用湿沙土分层堆积在阴凉处。贮藏时间不能超过9个月，时间过长种子会在沙中生根。每亩用种量30~35kg。

② 种子处理：播种前进行水选，去掉浮水杂质及不成熟的种子，取沉在底部的大粒饱满种子用50℃温水浸种24小时，或用250mg/kg赤霉素溶液浸泡3~4小时，有利于提高发芽率。

③ 播种期：牡丹种子一般在8~10月播种。

④ 播种方法：条播或穴播。条播，按行距25cm开沟，沟

深5cm，播幅约10cm，将拌有湿草木灰的种子播入沟内，然后覆细土3cm，最后盖草。每亩用种30~50kg。穴播，行株距30cm×20cm，挖圆穴，穴深4~6cm，每穴均匀播4~5粒种子，覆细土约4cm，再盖草厚4cm左右，以防寒保湿。每亩播种量约12~15kg。如遇干旱应注意浇水。一般幼苗于第2年9~10月移栽，大小苗要分别栽种便于管理。

(2) 分株繁殖　无性繁殖多采用分株方法，种株以3年生的为好。在采收时将牡丹全株挖起，抖落泥土，顺着自然生长的形状，用刀从根茎处分开。分株数目视全株分蘖多少而定，每株留芽2~3个。栽植时宜选小雨后进行，按行株距各40~50cm打穴，每亩3000穴左右，栽法同育苗移栽。

(3) 扦插育苗　9月间选1~2年生粗壮枝条，于秋分前后，剪成带2~3个芽10~15cm长的插穗，两端斜面，用萘乙酸 (NAA) 500mg/kg或吲哚乙酸 (IBA) 300mg/kg溶液处理插穗下部，按株行距6cm×10cm将插穗2/3插入土中，压紧，土壤保持湿度，20~30天产生不定根，2个月后形成6~10cm长根系时，可以移栽定植。当年生健壮萌芽枝更容易产生不定根。扦插至移栽前，如遇天气干旱，及时浇水保持土壤湿润。

458. 如何进行牡丹的移栽定植？

牡丹移栽定植一般以9月中旬至10月下旬为宜。移栽前先选苗，选根系发达，植株健壮、伤根较少，叶无病斑或变黑、芽饱满无损伤、根部无黑斑或白绢菌丝的种苗。然后将大苗、小苗分开，分别移栽，以免混栽植株生长不齐。

移栽时按行距50cm、株距40cm挖穴，一般穴深15~20cm、长20~25cm，穴底先施入腐熟的菜籽饼肥，使其与底土混合，每穴栽1~2株。栽时将芽头靠紧穴壁上部，理直根茎，深度以根茎低于地面2cm左右为宜，向穴中填土至半穴时轻轻提苗并左右摇晃，再继续填土，使根部舒展，覆土压紧，浇透水，一周后视土壤干湿情况再浇1次水。每亩可栽苗3000~5000穴。在牡丹幼苗期和移栽后第一年可间作少量芝麻，以遮阴防旱。

459. 牡丹田间管理的技术要点有哪些？

（1）中耕除草　牡丹萌芽出土和在生长期间，应经常松土除草，尤其是雨后初晴要及时中耕松土，保持表土不板结。自栽后第2年起，每年中耕除草3~4次，中耕要浅，以免伤根。秋后封冻前的最后一次中耕除草时，同时培土，防寒过冬。

（2）施肥　牡丹喜肥，每年开春化冻、开花以后和入冬前各施肥一次，每亩施人粪1500~2000kg，或施腐熟的土杂肥、厩肥3000~4000kg，也可施腐熟的饼肥150~200kg，肥料可施在植株行间的浅沟中，施后盖上土，及时浇水。在追肥时，不论饼肥还是粪肥，均不宜直接浇到根部茎叶，一般在距苗20cm处挖3~4cm深的小穴将肥施入，然后盖上薄土。

（3）灌溉排水　牡丹育苗期和生长期遇干旱，可在早、晚进行沟灌，待水渗足后，应及时排除余水。对刚种植一年的苗地也可铺草防止水分蒸发。牡丹怕涝，积水时间过长易烂根，故雨季要做好排涝工作。

（4）亮根　4~5月间，选择晴天，将移栽3~4年生的牡丹根际泥土扒开，亮出根蔸，接受光照2~3天，有促进根部生长的作用。

(5) 摘蕾与修剪　为了促进牡丹根部的生长，除采种的植株外，生产上均将花蕾摘除，使养分供根系生长发育。采摘花蕾应选在晴天露水干后进行，以利伤口愈合，防止病菌侵入。秋末对生长细弱的单茎植株，从基部将茎剪去，次年春即可发出3~5枚粗壮新枝，这样也能使牡丹枝壮根粗、提高产量，同时，剪除枯枝黄叶与徒长枝集中烧毁，以防病虫潜伏越冬。

460. 牡丹的主要病害如何防治?

(1) 叶斑病　又名红斑病，主要危害叶片、茎部，叶柄也会受害。受害叶片上可见近圆形褐色斑块，边缘不明显，严重时叶片扭曲，甚至干枯、变黑。茎和叶柄上的病斑呈长条形，花瓣感染严重时会造成边缘枯焦。雨季为发病高峰期。防治方法如下。

① 农业防治：发现带病的茎、叶，及时剪除、并清扫落叶集中烧毁，防止叶斑病蔓延；合理安排栽植密度，控制土壤湿度，适量施用氮肥，多用复合肥和有机肥。

② 药剂防治：在早春发芽前用50%多菌灵可湿性粉剂600倍或波美3度的石硫合剂喷雾；发病前喷1∶1∶100波尔多液1次；发病期间用50%多菌灵可湿性粉剂800倍液，或80%大生可湿性粉剂600~800倍液，或25%醚菌酯悬浮剂1500倍液等喷雾，7~10天1次，连续3~4次。

(2) 灰霉病　主要危害植株下部叶片，其他部分也可受害。被感染叶片尤其是叶缘和叶尖出现褐色、紫褐色水渍斑；感染的叶柄和茎上出现长条形、略凹陷的暗褐色病斑，染病

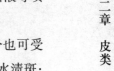

花瓣变色、干枯或腐烂。该病的主要特点是天气潮湿时病部可见灰色霉层。防治方法如下。

① 农业防治：及时除去病叶、病株；要合理安排植株密度，适量使用氮肥，雨后及时排去积水。

② 药剂防治：用62%嘧环咯菌腈水分散颗粒剂3000倍液，或43%腐霉利悬浮剂1500倍液，或70%甲基托布津可湿性粉剂800倍液等喷雾。

(3) 紫纹羽病　又名黑疙瘩头病。主要危害根部，可见棉絮状白色或紫色菌丝，严重时根全被菌丝覆盖，造成老根腐烂。防治方法如下。

① 农业防治：选择土质疏松、排水良好的高燥地块种植，3~4年轮作一次，使用有机肥；发现病株立即拔除，并对病株周围的土壤用石灰消毒。

② 药剂防治：分栽前用1%硫酸铜溶液浸根3小时，用清水洗净后移栽；用65%代森锌1000倍液浇根部，每株500~1000ml，浇后覆土。

(4) 根结线虫病　主要危害根部，被感染后根部出现大小不等的瘤状物，黄白色，质地坚硬，切开后显微镜下可见线虫虫体。受害根系短而蓬乱，维管组织受损，严重时造成叶片变黄、早落，主根畸形。防治方法如下。

① 农业防治：与禾谷类、棉花等作物轮作；分根繁殖时选无根结者做种根。

② 药剂防治：可用10%噻唑膦颗粒剂1.5~2.0千克/亩穴施。

(5) 炭疽病　危害叶片、叶柄和茎干。感病叶片上有褐色椭圆形斑点，其上散生小黑点；茎和叶柄被感染，出现菱形略显凹陷的斑点，且茎部常呈现扭曲症状。在高温多雨、栽植密度过大时容易诱发此病。防治方法如下。

① 农业防治：合理密植，注意通风透光；发现病株后及时除去。

② 药剂防治：早春应喷洒50%多菌灵600倍液；或80%大生可湿性粉剂800倍液，并用10%苯醚甲环唑水分散颗粒剂1000倍液喷洒。

(6) 牡丹锈病　主要危害叶片，6~8月病严重，初期叶背生有黄褐色颗粒状夏孢子堆，破裂后孢子粉如铁锈，后期叶面出现灰褐色病斑，严重的全株枯死。防治方法如下。

① 农业防治：收获后将病株残叶集中烧毁；选择地势高燥、排水良好的土地，作高畦种植。

② 药剂防治：发病时用25%戊唑醇可湿性粉剂1500倍液，或12.5%的烯唑醇1500倍液，或25%丙环唑乳油2500倍液，或40%氟硅唑乳油5000倍液等喷雾防治。

(7) 根腐病　土壤中的病残体或种苗是本病的传染源。主要危害根部。在多雨季节发病重，随着病情加重，全株枯死。防治方法如下。

① 农业防治：注意轮作，及时排除积水；及时拔除病株，病穴用石灰消毒。

② 药剂防治：发病初期，用50%多菌灵可湿性粉剂或70%甲基托布津可湿性粉剂500~800倍液，或80%代森锰锌(络合物)可湿性粉剂800倍液，或30%恶霉灵+25%咪鲜胺按1∶1复配1000倍液或用10亿活芽孢/克枯草芽孢杆菌500倍液灌根，7天喷灌1次，喷灌3次以上。

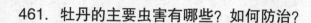

461. 牡丹的主要虫害有哪些？如何防治？

（1）蛴螬　为金龟子的幼虫。危害根部，造成地上部分长势衰弱或枯死。防治方法如下。

① 农业防治：早晨将被害苗、株，扒开捕杀。

② 物理防治：灯光诱杀成虫。

③ 药剂防治：用50%辛硫磷乳油或90%敌百虫1000~1500倍液浇注根部；3%辛硫磷颗粒剂每亩2kg，拌湿润的细土20~50kg；结合中耕除草沿垄撒施。

（2）小地老虎　又名"地蚕"，是一种多食性的地下害虫。常从地面咬断幼苗或咬食未出土的幼芽造成缺苗断株。一般在春、秋两季危害最重。防治方法如下。

① 农业防治：清晨日出之前，在被害苗附近寻找虫源，进行人工捕杀。

② 药剂防治：低龄幼虫期，用90%敌百虫晶体1000倍液或50%辛硫磷乳油1000倍液浇灌；幼虫高龄阶段可采用毒饵诱杀，每亩用90%的敌百虫晶体或50%辛硫磷乳油100~150g兑水3~5kg，喷洒在15~20kg切碎的鲜草或其他绿肥上，边喷边拌均匀，傍晚顺行散在幼苗周围，进行诱杀。

462. 如何进行牡丹皮的采收与产地加工？

分株繁殖生长3~4年，种子播种生长4~6年，采收季节多为每年枝叶黄萎时进行，河北一般在10月中下旬的秋后进行，此时采挖的牡丹皮，肉分厚，肉色粉白，质硬，可久存，产量和质量都较好。采挖时要选择晴天，先深挖四周，将泥土刨开，再将根部全部挖起，抖去泥土，结合分根繁殖，将大中根条自基部剪下加工供药用，较细的根连同其上的苑芽留作繁殖材料。

　　将剪下的牡丹鲜根堆放1~2天，待失水稍变软后，剪下须根，晒干即为"丹须"。用手紧握鲜根，用力捻转顶端，使一侧破裂，再把木心顺破裂口往下拉，边分离边剥除木心，晒干。在摊晒时，应趁根皮柔软时，将根理直，严防雨水或冰冻，以免色泽泛红甚至变质。牡丹皮一般亩产干货250~350kg，高产时可达500kg，折干率为35%~40%。

牡丹植株　贺献林摄

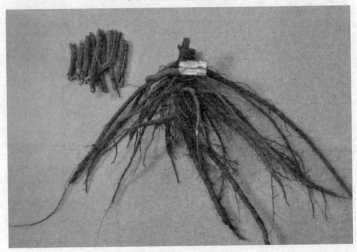

牡丹皮药材　贺献林摄

关黄柏

463. 关黄柏有何药用价值?

关黄柏来源于芸香科 (*Rutaceae*) 植物黄檗 (*Phellodendron amurense* Rupr.) 的干燥树皮。关黄柏性寒,味苦。归肾、膀胱经。具有清热燥湿,泻火除蒸,解毒疗疮之功效。用于湿热泻痢,黄疸,带下,热淋,脚气,骨蒸劳热,盗汗,遗精,疮疡肿毒,湿疹瘙痒。

464. 黄檗对环境条件的要求?

(1) 黄檗能耐严寒,喜温和、湿润的气候环境。黄檗适宜于常年平均温度15~25℃、年降水量1200mm、海拔<2000m的山地丘陵湿润生态区。黄檗能耐-36℃低温和较耐大气干旱,在极端高温达39℃、空气相对湿度40%、降水量216mm、蒸发量1600mm,在有灌溉条件的情况下能正常生长。黄檗抗高温的能力:成年树>幼苗,长龄幼苗>短龄幼苗。幼树易遭冻害,嫩梢易受晚霜为害,致使分叉,干形不良。黄檗忌干旱和怕涝,土壤干旱使黄檗种子丧失发芽力,幼苗生长非常缓慢,幼苗和成年树在湿润环境条件下生长发育良好。

(2) 黄檗宜稍荫蔽的环境,苗期稍耐阴,成年树喜阳光。刚出土幼苗怕强光,长出真叶后逐渐解除怕强光的特性。野生常于河岸、肥沃的谷地、低山坡、阔叶混交林等,多生长在避风而又稍为荫蔽的山间、河谷及溪流附近,或混生于杂木林中,如在强烈日光照射或空旷的环境下种植,则生长不

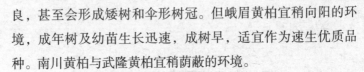

良，甚至会形成矮树和伞形树冠。但峨眉黄柏宜稍向阳的环境，成年树及幼苗生长迅速，成树早，适宜作为速生优质品种。南川黄柏与武隆黄柏宜稍荫蔽的环境。

（3）黄檗喜土层深厚、肥沃、富含腐殖质、排水良好的微酸性或中性砂壤土。黄檗能耐轻度盐碱，瘠薄的土壤种植，根系发育差，植株生长缓慢。

465. 如何根据黄檗的生长发育习性进行选地整地？

黄檗为速生树种，根系较深，抗风、抗寒力强。1~2年幼苗即可出圃，5年以上的树即可开花结果，15~25年为成材期。幼苗无分枝，根系发达，主根明显，入土深，须根少。辽宁沈阳一带返青时间为4月中下旬，10月上旬逐渐落叶，进入越冬休眠期，年生长期165~175天。

种植黄檗宜选择疏松肥沃、能排能灌的湿润土壤。秋季或早春，每亩施用经过无害化处理后的腐熟堆肥或厩肥1500~2000kg，复合肥100kg，充分混匀撒施，随后翻耕土壤20~30cm，耙细整平做畦待播。

466. 种植黄檗如何育苗？

黄檗主要采用种子繁殖和育苗移栽方式，也可以采用扦插和分根繁殖。种子育苗应注意抓好如下技术。

（1）种子处理　黄檗种子属于低温湿润休眠类型。播种前，先将黄檗种子取出，日晒1~2天，然后用清水或40℃温水浸种1~2天，捞出种子，再用0.5%的$KMnO_7$溶液对种子消毒处理2~3小时，捞出稍晾干后，即可播种。

（2）整地做畦　选地整地技术如前所述。整好地后，按畦宽1.5m，畦高20~25cm、沟宽30cm做畦。地势低洼地块，四周开好排水沟，以便排水。

（3）播种　黄檗可秋播或春播，以晚秋播种为佳。播种时，于做好的畦面上，按行距27~30cm横向开宽10cm、深3cm的浅沟，将种子均匀地播入沟内，上盖草木灰和细土厚约1cm，适时镇压，最后用草覆盖畦面保湿。每亩用种量2~3kg。

467. 黄檗苗期应如何管理？

（1）揭去盖草　播种40~50天后，幼苗陆续出苗，可揭去盖草。

（2）间苗定苗　苗高6~9cm时进行间苗，以每隔3cm左右留一株为宜。苗高15~18cm时按株距6~9cm进行定苗。

（3）中耕除草　苗期应勤除杂草，除草宜早、宜彻底。中耕除草时间及次数，视具体情况而定，以保持土壤疏松无杂草危害为度。

（4）水分管理　播种后应保持土壤湿润，以利其发芽出苗。幼苗阶段，遇旱应适时浇水，以免因缺水、高温导致幼苗枯萎死亡。

（5）追肥　苗期结合间苗、中耕除草或浇水追肥2~3次，每次每亩用1：2的人畜粪尿水1500~2000kg，兑施纯N1~1.5kg，开沟施入，施后覆土。

468. 黄檗如何定植?

(1)定植时期　以秋季落叶至来年新芽萌发前定植为宜。在较温暖的地区从12月中旬至1月中旬较为适宜，北方山区，以落叶后至上冻前定植为宜。

(2)种苗出圃　种苗挖掘时，应深挖掘起苗木，不必带土。如根皮有损伤，可从损伤处剪去，切面要平整。主根过长亦可剪去部分。苗圃离定植地较远，应将种苗扎成小捆，便于运输。

(3)定植　按照行株距4m×3m挖穴定植。根据种苗大小挖穴，穴长宽各45~60cm，深40~60cm。每穴施用经过无害化处理后的腐熟堆肥或厩肥5kg，栽苗1株，填一半土后，将种苗向上稍提一下，使根部舒展，再逐层填土压实，要求种苗要栽直、栽稳，根要伸展，最后浇水，水渗后盖土高于地面保墒。

黄檗栽植最好是大面积造林，或与其他木本中药材混合造林，也可以利用地边、沟边、路旁种植。进行造林能使黄檗长成通直的树干，以收获更大的黄檗树皮。

469. 如何进行黄檗田间管理?

(1)水分管理　定植后遇干旱，应及时浇水保墒，保持土壤湿度，确保树苗成活。

(2)中耕除草　定植后的2~3年内，每年的夏、秋季应中耕除草2~3次，中耕深度以不伤黄檗树根为度，适宜浅锄表土。第4年以后，树木已长大成林，就不再每年中耕除草，可每隔2~3年在夏季中耕1次，疏松土层，将杂草翻入土中。

（3）整枝修剪　在冬季，剪去病、虫、残枝和过密枝叶，培育主干林。

（4）施肥培土每年春、秋两季各施肥1次。春肥：每株施用纯N0.5kg，兑水或粪水施用。秋肥：每株施用腐熟饼肥1kg或人畜粪肥2.5kg，或腐熟饼肥0.5kg，或复合肥0.25kg。开沟环施，结合培土壅根。

470. 如何防治黄檗病害？

黄檗在海拔高的山区种植病害较少，在海拔较低的丘陵地区种植病害较多。常见病害有锈病、轮纹病、褐斑病、白霉病、斑枯病、炭疽病、白粉病、立枯病、煤污病等。

（1）锈病　为害黄檗叶部，发病初期叶片上出现黄绿色近圆形斑，边缘有不明显的小点，发病后期叶背成橙黄色微突起小疙斑，疙斑破裂后散出橙黄色夏孢子，叶片上病斑增多以至叶片枯死。

防治方法：在发病初期用25%戊唑醇可湿性粉剂1500倍液，或12.5%的烯唑醇1500倍液，或25%丙环唑乳油2500倍液，或40%氟硅唑乳油5000倍液等喷雾防治。

（2）轮纹病　发病初期叶片上出现近圆形病斑，直径4~12mm，暗褐色，有轮纹，后期病斑上生小黑点。病菌在病枯叶上越冬。防治方法如下。

① 农业防治：秋末清洁园地，集中处理病株残体。

② 药剂防治：发病初期喷施1∶1∶160的波尔多液，或80%络合态代森锰锌800倍液，或50%多菌灵可湿性粉剂600倍液；发病盛期喷洒25%醚菌酯1500倍液，或70%二氰蒽醌水分

散粒剂1000倍液喷雾，连续喷2~3次。

(3) 褐斑病　叶片病斑圆形，直径1~3mm，灰褐色，边缘明显，为暗褐色，病斑两面均生淡黑色霉状物。防治方法同轮纹病。

(4) 斑枯病　叶片病斑褐色，多角形，直径为1~3mm；后期病斑上长出小黑点。

防治方法：在发病初期用50%多菌灵可湿性粉剂600倍液，或甲基硫菌灵(70%甲基托布津可湿性粉剂)800倍液，或50%苯菌灵1000~1500倍液，或80%代森锰锌络合物800倍液，或25%醚菌酯1500倍液等喷雾，药剂应轮换使用，每10天喷1次，连续2~3次。

(5) 炭疽病　主要为害未成熟或已成熟的果实，也可为害花、叶。病菌可通过伤口侵入直接表现症状，也可侵染未损伤的绿色果实而潜伏为害。初生黑色或黑褐色圆形小斑点，后迅速扩大并相连成片，2~3天全果变黑并腐烂，病斑上产生大量橙红色黏状粒点，即病菌分生孢子盘和分生孢子。

防治方法：发病初期用50%多菌灵600倍液，或70%甲基硫菌灵可湿性粉剂800倍液喷雾，预防病害发生蔓延；发病期用10%苯醚甲环唑和25%吡唑醚菌酯按2：1复配2000倍液或30%恶霉灵+25%咪鲜胺按1：1复配1000倍液喷雾，或50%醚菌酯干悬浮剂3000倍液，视病情发生情况掌握防治次数，一般7~10天喷施一次。

471. 如何防治黄檗虫害？

危害黄檗的主要虫害有蛞蝓、凤蝶幼虫、牡蛎蚧等。

(1) 蛞蝓　舐食叶、茎和幼芽。防治方法：发生期人工捕杀，用2%灭旱螺毒饵500克/亩诱杀，撒于植株周围，或6%密达（四聚乙醛）颗粒剂700克/亩撒施。

(2) 桔黑凤蝶　实施人工捕杀，保护天敌；产卵盛期或卵孵化盛期Bt生物制剂（每克含孢子100亿）300倍液喷雾防治；在低龄幼虫期，用90%晶体敌百虫800倍液，或氟啶脲（5%抑太保）乳油2500倍液，或25%灭幼脲悬浮剂2500倍液，或虫酰肼（24%米满）悬浮剂1000~1500倍液，或0.36%苦参碱水剂800倍液，或多杀霉素（2.5%菜喜悬浮剂）3 000倍液等喷雾。7天喷1次，一般连喷2~3次。

(3) 牡蛎蚧　早春发芽前喷波美度2~3度石硫合剂或20~25倍的机油乳剂保护，用25%扑虱灵可湿性粉剂1000倍液防治。

472. 黄檗如何留种和采种?

(1) 选留种株　选择散生在较向阳环境生长的15年生左右无病虫害的健壮黄檗植株做采种优良母株。

(2) 适时采种　9~10月，当黄檗果实呈黑青色至紫黑色、较硬、尚未开裂、用手挤压能挤出种子时，适时人工采收。

(3) 果实处理　采摘果实运回室内，存放于屋角或桶内，盖上蔴蔴和稻草，堆沤10~15天，或将果实堆放3天后放于水缸中用清水浸泡5~7天，待果实完全变黑破裂且有臭味时取出，搓揉除去果肉和果皮，洗净种子阴干或晒干，黄檗种子忌炕干。通常每100kg果实可得到8~9kg干燥种子，种子大小5万~7万粒/千克。

(4) 种子贮藏　黄檗种子宜贮藏于阴凉、通风、干燥的环境，贮藏期的种子安全含水量不得过12%。室温不得过15℃。产区通常将种子装入布袋中，悬挂于室内通风干燥处。在生产上，黄檗最好使用当年生的种子种植。黄檗种子贮藏不得过1年。

473. 种植黄檗如何适期采收?

(1) 茎枝树皮药材的采收　采用传统种植方式生产的黄檗，定植10~20年后即可采收，采收年限过早，皮薄质次产量低。选择5月上旬至6月下旬的晴天或阴天采收，忌雨天采收。采收方法有砍树剥皮法和环状剥皮法，后者有利于资源的多次利用。

环状剥皮技术要点：选择阴天或晴天日落后，在黄檗树干基部地面以上20cm和100cm处，用利刀环状割断树皮 (以不伤木质部为度)，再沿中线纵向将树皮割断，用木或竹制小刀轻轻剥开树皮，用手将树皮轻轻剥下。忌雨水淋或用铁器、手触及树干木质部。树干剥皮后，务必在当天内进行处理，及时向树干伤面喷雾京2B保护剂，再用无菌洁净的白色塑料薄膜将树干防雨透气式地包裹起来。待7~15天后，树皮白色木质部表面开始出现由黄白→黄绿→绿色的愈伤组织，表明环剥成功，即可取下包裹的塑料薄膜。如果树皮白色木质部表面变黑，表明黄檗细胞组织死亡，以后植株逐渐枯死。秋冬季修剪下的树枝，直径小于5cm的枝条，剥下树皮作枝皮。

(2) 根皮的采收　采用速生密植技术生产的黄檗，种植3年的黄檗植株，在晚秋树叶全部枯萎后，选择晴天采挖全植株，除去残余茎叶等杂质，洗净根部泥土后，运回室内做黄檗提取物的原料。

474. 如何进行关黄柏的产地加工？

黄檗主干剥下的树皮，南方将树皮晒到半干，用重物压平后，将表层粗皮刨净至显黄色为度，再用竹刷刷去刨下的皮屑，晒干；东北地区则是将新鲜的树皮，趁鲜刮去粗皮，至显黄色为度，在阳光下晒至半干，重叠成堆，用石板压平，再晒干。黄檗枝条剥下的枝皮，切制成段后直接炕干或晒干即可。

黄檗植株　杨太新摄

关黄柏药材　杨太新摄

第十三章　全草类

薄荷

475. 薄荷有何药用价值?

薄荷为唇形科植物薄荷 (*Mentha haplocalyx* Briq.) 的干燥地上部分，性辛、凉，归肺、肝经。具有疏散风热、清利头目、利咽、透疹、疏肝行气等功效，常用于风热感冒、风温初起，头痛、目赤、喉痹、口疮、风疹、麻疹、胸胁胀闷等症。工业上也用于提取薄荷脑及挥发油，同时也可作为保健蔬菜食用。

476. 薄荷有哪些栽培品种类型?

薄荷原产我国，在长期的栽培过程中，先后培育出许多优良品种。目前江苏、安徽薄荷主产区采用的品种主要为"73-8"薄荷、上海39号、"阜油1号"薄荷品系。

(1) "73-8"薄荷　该品种是轻工业部香料工业科学研究所培育的青茎高产品种。该品种生长旺盛，抗逆性强，叶片油腺密度大，挥发油产量较高。

(2) 上海39号薄荷 (亚洲39)　该品种是轻工业部香料工业科学研究所培育的紫茎型薄荷新品种。该品种生长旺盛，"头刀"薄荷株高90~120cm，"二刀"薄荷70~80cm，分枝多，

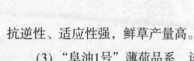
抗逆性、适应性强，鲜草产量高。

(3)"阜油1号"薄荷品系　该品系属于青茎类型。该品系生长健壮，抗倒伏、抗逆性强，"头刀"主茎100~140cm，"二刀"主茎50~70cm；具有早熟性，比一般品种早开花7~10天。

477. 如何根据薄荷的生长习性进行选地和整地?

薄荷对温度适应能力较强，能耐低温。春季地温在2~3℃时，薄荷根茎开始萌动。薄荷生长最适宜温度为25~30℃。秋季气温降到4℃以下时，地上茎叶枯萎死亡。

薄荷不同生育期对水分的要求也不同。"头刀"薄荷在苗期、分枝期要求土壤保持一定的湿度。"二刀"薄荷在苗期需水量大；封垄后对水分的需求逐渐减少，尤其在收割前要求无雨，才有利于高产。

薄荷对土壤要求不严，一般土壤均能种植。整地前每亩施有机肥800~1000kg，磷钾肥15~20kg，耙耱平整，做畦。畦宽3~4m，长6~10m。在氮、磷、钾三要素中，氮对薄荷产量、品质影响最大。适量的氮可使薄荷生长繁茂，收获量增加。

478. 薄荷的主要繁殖方式有几种?

薄荷有种子繁殖和无性繁殖两种。

(1)种子繁殖　每年4月中旬把种子与少量黑土拌匀，播到预选准备好的苗床内，覆土1~2cm，适当遮阴，播后浇水。2~3周后出苗，苗长到14cm左右移栽。

(2)无性繁殖　①扦插繁殖：5~7月剪取未现蕾开花的枝条10~15cm，修去下端1~2对叶片，插入苗床，深度为枝条长度的1/2或2/3，插入后浇水，适当遮阴，保持土壤湿润。待生根后移栽大田。

②分株繁殖：秋季收割后，立即中耕除草和追肥1次。翌年4~5月，当苗高15cm时拔秧移栽。移植地按行距20cm、株距15cm挖穴，每穴栽秧苗2株。栽后盖土压紧，再浇定根。

③根茎繁殖：以地下根茎作繁殖材料是最实用的方法。一般春季或秋末插种，插种前一天将地下根茎挖出，从中选取白色粗壮、节短的一年生根茎作种。最好随挖随插，以免根部水分散失，沟深7cm左右，间隔15cm顺沟摆放，然后覆土耙平，镇压。

479. 如何进行薄荷的田间管理？

(1)除草、摘心　出苗后或移栽成活后要及时中耕、松土、除草，一般在6月中耕一次，当7月第一次收割后，伴随着施肥进行一次中耕、松土，可略深些，除去地面的残茎、杂草。

薄荷在种植密度不足或与其他作物套种、间种的情况下，可采用摘心的方法增加分枝数及叶片数，弥补群体不足，增加产量。但是，单种薄荷田密度较高的不宜摘心。

(2)灌溉、施肥　薄荷以茎叶入药，茎叶每年一般收割2次，生长期间需肥量较多。因此，应结合中耕除草适时追肥，并以氮肥为主，配以磷钾肥。

高温干燥及伏旱天气时，应该及时浇水。薄荷浇水应结合追肥进行，同时其苗期、分枝期需水较多，但现蕾开花期对水分需求较少。

480. 薄荷田间病虫害的防治措施？

（1）锈病　主要危害叶和茎。开始在叶背呈橙黄色粉状，后期变成黑褐色粉状。发病严重时，叶片枯萎脱落，以致全株枯死。

防治方法：发病初期喷洒15%三唑酮可湿性粉剂1000~1500倍液，或50%莠锈灵乳油800倍液，或40%氟硅唑乳油5000倍液等喷雾，隔15天左右喷施1次。收获前20天内停止喷药。

（2）斑枯病　又称白星病，危害叶部。叶部病斑小而圆，呈暗绿色，以后逐渐扩大变为灰暗褐色，中心灰白色，呈白星状，上着生黑色小点，逐渐枯萎、脱落。防治方法如下。

① 农业防治：隔年轮作；发现病叶及时摘除烧毁。

② 药剂防治：发病初期喷洒12%绿乳铜乳油500倍液，或用50%多菌灵可湿性粉剂600倍液，或甲基硫菌灵（70%甲基托布津可湿性粉剂）1000倍液，或3%广枯灵（恶霉灵＋甲霜灵）600~800倍液，或80%代森锰锌络合物800倍液，或25%咪鲜胺可湿性粉剂1000倍液等喷雾防治。连续防治2~3次。收割前20天内停止施药。

（3）黑茎病　主要为害茎，先发生黑点，后逐渐扩大，发病部位收缩凹陷，髓部变为灰褐色，受害部位表皮层及髓部组织被破坏，水分及养分的输送受阻，发病后引起倒伏，叶片逐渐变黄枯死。防治方法如下。

① 农业防治：开排水沟，降低田间湿度，促进根系健壮生长；加强田间松土除草，但忌伤根；合理密植，改善通风透光条件，防止倒伏。

② 药剂防治：发病初期，用65%代森锌可湿性粉剂500~600倍液，或10%世高水分散颗粒剂1000倍液等喷雾，收割前20天停止喷药。

(4) 小地老虎 ① 农业防治：清晨查苗，发现断苗时，在其附近扒开表土捕捉幼虫。

② 物理防治：成虫活动期用糖醋液 (糖：酒：醋=1：0.5：2) 放在田间1m高处诱杀，每亩放置5~6盆；灯光诱杀方法与蛴螬灯光诱杀方法相同。

③ 化学防治：可采取毒饵或毒土诱杀幼虫及喷灌药剂防治。毒饵诱杀，每亩用50%辛硫磷乳油0.5kg，加水8~10kg，喷到炒过的40kg棉籽饼或麦麸上制成毒饵，傍晚撒于秧苗周围。毒土诱杀，每亩用90%敌百虫粉剂1.5~2kg，加细土20kg制成的，顺垄撒施于幼苗根际附近。喷灌防治，用90%敌百虫晶体或50%辛硫磷乳油1000倍液喷灌防治幼虫。

(5) 银纹夜蛾 用90%敌百虫晶体1000倍液，或20%氯虫苯甲酰胺悬浮剂3000倍液，或10% 氯氰菊酯1000倍液等喷雾防治。

481. 薄荷的采收与加工？

薄荷在全国各地采收期和采收次数不一样，华南地区可采3次，华东、西南、中南地区可采2次，东北地区可采收1次。一般情况下，薄荷适宜采收期分别为7月下旬、10月上中旬。收获时应选择晴天进行。鲜薄荷收割之后，运回摊开阴干2天，然后扎成小把，继续阴干或晒干。晒时经常翻动，防止雨淋着露，防止发霉变质。

下篇 各论

第十三章 全草类

薄荷植株　郑玉光摄

薄荷药材　郑玉光摄

荆芥

482. 荆芥有何药用价值？

荆芥为唇形科植物荆芥（*Schizonepeta tenuifolia* Briq.）的干燥地上部分。荆芥味辛、微苦，性微温，归肺、肝经；具有祛风解表、透疹消疮、止痒、止血之功效，用于感冒、头痛、麻疹、风疹、疮疡初起，炒炭治便血、崩漏、产后血晕等症。荆芥不仅是许多传统方剂的重要组成药味，也是许多中成药的原料，此外，荆芥富含芳香性植物油，用罗勒、荆芥、芫荽按一定的比例配比，经加工可制成营养丰富且具有一定芳香味的功能性保健油。荆芥的芳香提取物可以用作糖果、口香糖、软饮料、牙膏、漱口剂等的添加剂。因此，可以说荆芥的应用前景广阔。

483. 种植荆芥如何选地整地？

（1）选地　种植荆芥以湿润的气候环境为佳，种子出苗期要求土壤湿润，切忌干旱和积水。幼苗期喜稍湿润环境，又怕雨水过多和积水。成苗喜较干燥的环境，雨水多则生长不良。土壤以较肥沃湿润、排水良好、质地为轻壤至中壤的土壤为好，如砂壤土、油砂土、潮砂泥、夹砂泥等。黏重的土壤和易干燥的粗砂土、冷砂土等，均生长不良。地势以日照充足的向阳平坦、排水良好或排灌方便的地方为好。低洼积水、荫蔽的地方不宜种植。忌连作，前作以玉米、花生、棉花、甘薯等为好，麦类作物亦可。

（2）整地　整地必须细致，才利于出苗。因播种较密，后期施肥不便，所以整地前宜多施基肥，每亩施腐熟有机肥1500~2000kg，撒布地面。耕地深25cm左右，反复细耙，务使土块细碎，土面平整，然后作畦。

484. 种植荆芥该如何播种?

荆芥种子细小，播后最怕土壤干旱和大雨。播种时要选择土壤墒情好时播种，播种不宜过深，一般掌握0.6~1cm，稍镇压后立即浇水，如不能浇水，要密切关注天气预报，一般应在雨前播种。播种方法如下。

（1）撒播法　将种子与草木灰混合，均匀撒在畦上，然后加以镇压。

（2）条播法　行距20cm，沟深0.5~1cm，将种子播于沟内，覆土镇压，浇水湿润。每亩用种1~1.5kg。

485. 荆芥的田间管理要点有哪些?

（1）间苗补苗　及时间定苗，以免幼苗生长过密，发育纤细柔弱。当苗高7~10cm时定苗，条播7~10cm留苗1株，若有缺苗，用间出的苗补齐。穴播每隔15~20cm留苗1丛（3~4株），撒播的田块，保持株距10~13cm。如有缺苗，以间出的苗补齐。

（2）中耕除草　在间定苗时结合进行中耕除草。第一次只浅锄表土，避免压倒幼苗；第二次可以稍深。以后视土壤是否板结和杂草多少，再中耕除草1~2次，并稍培土于基部，保肥固苗。

(3)荆芥需要氮肥较多，为了使秆壮穗多，播种前要施足底肥，生长期适当施用磷钾肥。6~8月于行间开沟追肥1~2次，每次每亩施三元复合肥10kg，施后覆盖培土。

(4)灌溉排水 幼苗期间需要水分较多，土壤干燥时须及时浇水。成株后抗旱力增强，最忌水涝，如雨水过多，须及时排除积水，以免引起病害。

486. 如何防治荆芥病害？

荆芥的主要病害是茎腐病，主要特征是茎基部变黑，根部腐烂。防治方法如下。

① 农业防治：发病初期，及时拔除病株，用生石灰封穴。

② 药剂防治：用50%多菌灵500~800倍液，或2.5%咯菌腈FS1000倍液，或30%恶霉灵+25%咪鲜胺按1∶1复配1000倍液灌根，7天喷灌1次，喷灌3次以上。

487. 如何防治荆芥的主要杂草——菟丝子？

菟丝子是一种高等寄生性种子植物，无根和叶片，没有叶绿素，种子萌发后，产生黄白色丝状幼芽，当碰到寄主植物时，则缠绕寄主，脱离土壤，以其茎上产生的吸盘，伸入寄主植物的茎内汲取营养和水分，营寄生生活。一株菟丝子可危害几十株到几百株植物，并且繁殖率惊人，一株可产生种子近百万粒，因此危害严重。防治方法如下。

(1)播前筛选种子，清除混入荆芥种子内的菟丝子的种子。

(2)对菟丝子危害严重的地块，可与禾本科作物轮作，并

结合深耕整地，将菟丝子种子深埋。

(3) 使用的有机肥，一定要高温腐熟处理，以消灭其中的菟丝子种子。

(4) 浅锄地表，破坏幼苗。在上一年发生严重的地块，当菟丝子出苗时，浅锄地表，减轻其危害。

(5) 拔除田间发病株，荆芥生长期，经常巡查田间，发现菟丝子量少时，可人工摘除，量大且严重时，应在菟丝子开花前连同荆芥一起拔掉并带出地外深埋。要清除彻底，否则留下部分短茎，仍会继续蔓延危害。

488. 荆芥何时采收与产地加工？

夏秋两季荆芥，花开到顶部，穗绿时采割。采收过晚则茎穗变黄，影响质量。春播者，当年8~9月采收；夏播者，当年10月采收。

采收时，选择晴天，从距地面数厘米处割取地上部分，运回摊放于晒场上，当天晒燥，否则穗色变黑，当晒至半干，捆成小把，在晒至全干；或晒至7~8成干时，收集于通风处，茎基着地，相互搭架，继续阴干；或在晒至半干时，将荆芥穗剪下，荆芥穗与荆芥杆分别晒干。干燥的荆芥应打包成捆，或切成5cm左右的小段，然后装袋，每捆或每袋50kg左右。若遇雨季或阴天采收，不能晒干，可用无烟火烘烤，但温度须控制在40℃以下，不宜用大火，否则易使香气散失。

种子田应需选留种株，待种子充分成熟后再行收割。在半阴半阳处晾干，干后脱粒，除去茎叶杂质收藏。

荆芥一般亩产干货200~300kg，折干率25%。

荆芥植株　贺献林摄

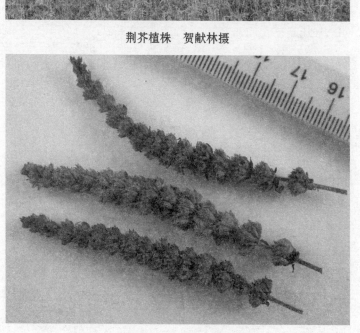

荆芥药材　郑玉光摄

蒲公英

489. 蒲公英有何药用价值？

据《本草纲目》以及《中国药典》《中药大辞典》等记载，蒲公英味苦、甘、寒。归肝、胃经。具有清热解毒，消肿散结，利尿通淋之功效，可治疗上呼吸道感染、急性扁桃体炎、咽喉炎、结膜炎、急性腮腺炎、急性乳腺炎、胃炎、肠炎、肝炎、胆囊炎、急性阑尾炎、泌尿系浆染、盆腔炎、疔痈、疖、疮等疾病，此外蒲公英对肺癌的防治也能起到一定的作用。

490. 蒲公英属种质资源及地理分布如何？

蒲公英为菊科植物蒲公英（*Taraxacum mongolicum* Hand. Mazz.）、碱地蒲公英（*Taraxacum borealisinense* Kitam.）或同属数种植物的干燥全草。我国有蒲公英70种，1变种。除东南及华南省区外，遍及全国。西北、华北及西南省区最多，华中、华东略少，其中，新疆或西北省区与中亚国家共同分布的种最多有30种，中国三北和西南有4种，中国东北、华北有6种，中国西南有10种，中国华北西北有1种，亚洲广布的有1种，特有种9种。主要的分类群有18组。如芥叶蒲公英组、蒲公英组、短喙蒲公英组、白花蒲公英组、大头蒲公英组、山地蒲公英组、西藏蒲公英组等。

491. 如何选地整地与选取种源？

(1) 选地整地　选择土质深厚、肥沃、水肥条件好的土地，最好是菜园地。整地时施足底肥，每平方米施腐熟农家肥6~8kg，磷酸二铵30g，深耕25~30cm，耙细整平，做成宽1.2~1.5m的长畦，以备播种。

(2) 选取种源　有人工栽培野生蒲公英经验的，可以自行留种或留种根来年种植。无栽培历史且无种源的，可在5月下旬~6月上旬，到山沟荒坡、地头路边采集成熟的野生种子，或于9~11月挖取野生的种根，还可以到市场购置野生种根。

492. 怎样播种蒲公英？

蒲公英耐寒力强，当地温达到1~2℃即可发芽，每年3月末既可播种。春季宜栽种根，秋季宜播种。秋播适宜期为7~8月、8~10月份采收。也可进行育苗移栽，育苗移栽可于1~2月份，在大棚温室中播种，3~4叶时定植，栽后立即浇水，成活率可达95%以上。3月下旬~4月上旬，气温回升到10℃以上时，开沟或挖穴定植种根，浇水覆土，株行距20cm×5cm，秋播，处暑以后 (8月下旬) 开沟条播，并浇水覆土。行距20cm，每亩播种量0.2kg。从播种到出苗，畦表面可以盖一层麦秸，在麦秸上适量泼水，保持麦秸和地表土壤湿润，力争一次全苗。

493. 如何进行田间管理？

(1) 中耕除草　幼苗出齐后进行第一次浅锄，以后每10天左右中耕除草1次，直到封垄为止。封垄后可人工拔草，保持

田间土壤疏松无杂草。

（2）水肥管理 播种前浇透底水，分2次喷浇。整个出苗期间应保持土壤湿润，如发现干旱可沟灌渗透，但水层不能超过畦面，利于全苗。出苗后适当控制水分，促进根部健壮生长，防止倒伏。茎叶生长期保持田间湿润，促进茎叶旺盛生长。结合浇水进行施肥，一般每亩施尿素10~15kg，或碳酸氢氨15~20kg。

494. 蒲公英的常见病害有哪些？如何防治？

（1）斑枯病 初于下部叶片上出现褐色小斑点，后扩展成黑褐色圆形或近圆形至不规则形斑，大小5~10mm，外部有一不明显黄色晕圈。后期病斑边缘呈黑褐色。防治方法如下。

① 农业防治：与禾本科作物轮作；合理密植，促苗壮发，尽力增加株间通风透光性；以有机肥为主，注意N、P、K配方施肥，避免偏施氮肥；注意排水；结合采摘收集病残体携出田外集中处理。

② 化学防治：发病初期喷洒40%福星乳油5000倍液，用80%大生（络合态代森锰锌）800倍液，或用70%百菌清可湿性粉剂600倍液，或25%嘧菌酯悬浮剂1500倍液，或40%咯菌腈可湿性粉剂3000倍液等喷雾防治。

（2）白粉病 初在叶面生稀疏的白粉状霉斑，一般不大明显，后来粉斑扩展，霉层增大，到后期在叶片正面生满小的黑色粒状物，即病原菌的闭囊壳。防治方法如下。

① 农业防治：同斑枯病。

② 化学防治：同斑枯病。

③ 药剂防治：发病初期选用50%多菌灵可湿性粉剂600倍液，或甲基硫菌灵 (70%甲基托布津可湿性粉剂) 1000倍液，或75%代森锰锌络合物800倍液等保护性杀菌剂喷雾防治。发病后用25%戊唑醇可湿性粉剂1000倍液，或15%粉锈宁可湿性粉剂1000倍液，或25%丙环唑乳油2000倍液，或40%氟硅唑乳油5000倍液等治疗性杀菌剂喷雾防治。

(3) 蚜虫　① 物理防治：黄板诱杀蚜虫，有翅蚜初发期可用市场上出售的商品黄板，挂在田间，每亩挂30~40块。

② 生物防治：前期蚜虫少时保护可利用瓢虫等天敌，进行自然控制。无翅蚜发生初期，用0.3%苦参碱乳剂800~1000倍，或天然除虫菊素2000倍液，或10%烟碱乳油500~1000倍液等植物源农药进行喷雾防治。

③ 化学防治：可用50%辟蚜雾可湿性粉剂2000~3000倍液喷雾，或10%吡虫啉可湿性粉剂1000倍液，或25%吡蚜酮可湿性粉剂1000倍液，或2.5%联苯菊酯乳油3000倍液交替喷雾防治。

495. 蒲公英的采收与加工方式有哪些?

(1) 采收　① 茎叶采收，出苗后30~40天即可采收。

可用钩刀或小刀挑挖，要求带一段主根防止采收下来后散落叶片。采大留小，最佳采收期为1~3月，一直可以采收到6月。采收前1天不浇水，保持茎叶干爽。亩产量为5.3~6.7kg。每年可收割2~4次，即春季1~2次，秋季1~2次。

② 种子采收　当种子由乳白色变为褐色时就可采收，成熟种子容易脱落，故过迟采收影响种子产量。采收时把整个

花序掐下来，放在室内存放1~2天，种子半干时用手搓掉绒毛，然后晒干。整个过程防止风吹散种子。最佳采种期为4~5月，隔3~4天收1次，可采收4~5次。

（2）加工　蒲公英除鲜食外，还可加工成干菜。即用沸水焯1~2分钟，然后浸入凉水冷却，最后晒干或阴干备用。如做药用，可连根挖出，抖净泥土，摘除黄叶，晒干即可。

蒲公英植株　谢晓亮摄

蒲公英药材　谢晓亮摄

紫苏

496. 紫苏有何药用价值?

紫苏 [*Perilla frutescens* (L.) Britt.] 是药食同源植物之一,入药部分以茎叶及子实为主,紫苏叶有解表散寒,行气和胃的功能。用于风寒感冒,咳嗽呕恶,妊娠呕吐,鱼蟹中毒。紫苏梗有理气宽中,止痛,安胎的功能。用于胸膈痞闷,胃脘疼痛,嗳气呕吐,胎动不安。紫苏子有降气化痰,止咳平喘,润肠通便的功能。用于痰壅气逆,咳嗽气喘,肠燥便秘。种子榨出的油,名苏子油,供食用,又有防腐作用,供工业用。紫苏原产中国,主要分布于中国、日本、朝鲜、韩国等国家,我国华北、华中、华南、西南及台湾省均有野生种和栽培种。紫苏在我国种植应用近2000年,近年因其特有的活性物质及营养成分,成为一种倍受世界关注的多用途植物,被医药、食品、精细化工业广泛应用。经常食用苏子油可起到降低血压、血脂、胆固醇的作用。紫苏还具有抗衰老功效,并对过敏反应及肿瘤有抑制作用,对视觉功能和学习行为具有促进作用等。

497. 紫苏如何选地整地?

紫苏适应生长范围很广,我国各地均可栽种,有耐旱涝、抗逆、对土壤要求不严格的优点。每亩施腐熟有机肥2000~3000kg作基肥,整细耙平。

498. 紫苏种植方式有几种?

根据用途不同，紫苏的栽培方式分露地栽培和保护地栽培两种。采收叶子为主的以保护地栽培，药用紫苏(紫苏叶、紫苏梗、紫苏子)一般以露地栽培。

499. 紫苏露地栽培如何播种移栽?

露地栽培紫苏可育苗移栽，也可直播。直播：用种子播种，发芽适温为18~23℃，我国北方3月至7月均可播种。条播，按行距50cm，开0.5~1cm浅沟，播后覆薄土并稍压实。亩播种量为500g。春季栽培一般亩留苗3000~3500株，夏季栽培亩留苗5000株左右。育苗移栽：亩播种量为100g，当幼苗长有4~5片叶时即可移栽。育苗移栽便于苗期管理，容易保苗，减少占地时间。

500. 如何进行保护地紫苏的种植管理?

采叶紫苏宜采用日光温室、连栋温室等保护设施栽培。

(1)播种 春栽于1月播种育苗，3月移栽，5~8月采收；秋栽于6~7月播种或育苗，10月至翌年3月采收。每亩播种量1.5kg，可种植大田30亩。

(2)移栽 当幼苗生长至第2对真叶时移栽，移栽前2天喷1次水，移栽株距8cm、行距5cm，平行种植，并及时浇水补肥，促进幼苗生长。

(3)大田定植 每畦种4行，夏季栽培的，行距25~30cm，冬季栽培的，行距20~25cm，株距20cm左右，每亩定植10000~15000株。定植后及时浇透水。

（4）整枝打老叶　定植后30~45天（冬季45天，夏季30天），摘除植株第1~2对老叶（即主茎第4~5对真叶），以减少养分消耗，促进侧枝发育。再过10~15天，待侧枝基木定型后去除全部老叶，只留一些侧枝和新芽，同时去除杂草，以后新出的芽可全部剥去，等新叶长大，就可以采叶了。植株定侧枝要根据不同季节和苗情，一般夏季留10~12个侧枝，冬季留15~18个侧枝。

501. 如何防治紫苏病虫害？

在紫苏整个生长期内，病害主要有黄斑病、白锈病等，虫害主要有红蜘蛛、蚜虫、夜蛾等。应坚持预防为主，农业防治、物理防治和化学防治结合使用。黄板黏杀，架防虫网等具有较好防虫效果。

（1）黄斑病　5~10月发生，危害叶片，病斑黄色或黄褐色，严重时整个叶片变成灰褐色枯萎死亡。

防治方法：发病初期用80%代森锰锌可湿性粉剂800倍液，或70%甲基托布津可湿性粉剂800倍液；或50%多菌灵可湿性粉剂600倍液，或50%苯菌灵可湿性粉剂1000倍液，或25%醚菌酯悬浮剂1500倍液等喷雾，药剂应轮换使用，每7~10天喷1次，连续2~3次。

（2）白锈病　主要危害叶片，在叶片背面引起白色疱状病斑，稍隆起，外表光亮，破裂后散出粉状物。

防治方法：收获后清园，集中烧毁或深埋病株；发病初期喷80%络合态代森锰锌可湿性粉剂600~800倍液，或用70%甲基硫菌灵可湿性粉剂800倍液；发病后可选用10%苯醚甲环唑水分散颗粒剂1500倍液，或40%咯菌腈可湿性粉剂3000倍液，每7天喷1次，连续防治2~3次。

(3)红蜘蛛　用73%克螨特乳油1000倍液，或1.8%阿维菌素乳油2000倍液，或20%哒螨灵可湿性粉剂1000倍液等喷雾防治。

(4)桃蚜　用10%吡虫啉可湿性粉剂1000倍液，或3%啶虫脒可湿性粉剂1000倍液，或35%噻虫嗪水分散粒剂3000倍液喷雾。

(5)夜蛾　其幼虫咬食叶片，使叶片呈现孔洞或缺刻。防治方法：用3%甲氨基阿维菌素苯甲酸盐乳油2000倍液，或联苯菊酯(10%天王星乳油)1000倍液，或20%氯虫苯甲酰胺4000倍液，或50%辛硫磷乳油1000倍液喷雾防治。7天喷1次，一般连续防治2~4次。

502. 药用紫苏何时采收最好?

作紫苏油的紫苏全草，在8~9月花序初现时收割晒干；作药用的紫苏叶、紫苏梗多在枝叶繁茂时采收晒干；紫苏子一般在9~10月份，种子成熟后选晴天全株割下抖出种子即为紫苏子。

503. 紫苏叶如何初加工?

鲜食嫩茎叶，可随时采摘。作出口商品的紫苏叶片，需按标准采收，当第5茎节以上的叶片横径宽达6~9cm时即可采摘，留下足够的功能叶，以使紫苏继续生长。采后及时将茎节发生的腋芽抹去，6月中、下旬及7月下旬至8月上旬，叶片生长迅速，是采收高峰期，每周可采摘1次，一般每株紫苏可采收200片合格的商品叶片。

405

下篇　各论

第十三章　全草类

安国紫苏 温春秀摄

紫苏梗及紫苏叶 温春秀摄

紫苏子药材 温春秀摄

管花肉苁蓉

504. 管花肉苁蓉有何药用价值？

管花肉苁蓉 [*Cistanche tubulosa* (Schenk) Wight]为列当科肉苁蓉属植物，专性寄生于柽柳属植物的根部，是中药材肉苁蓉的基源植物之一。管花肉苁蓉性温，味甘、咸，归肾、大肠经，具补肾阳，益精血，润肠通便之功效。用于肾阳不足，精血亏虚，阳痿不孕，腰膝酸软，筋骨无力，肠燥便秘等症，在历代补肾阳处方中使用频度最高。现代研究表明，肉苁蓉具有提高性功能、抗老年痴呆症和帕金森病、提高学习记忆能力、抗衰老、抗疲劳、保肝、通便等多方面的作用，广泛用于中医临床处方、中成药和保健产品，被誉为"沙漠人参"。近年来肉苁蓉也大量用于药膳，还可作为食品、化妆品的添加剂，具有广阔的应用前景。

505. 管花肉苁蓉适合河北省哪些地方种植？

管花肉苁蓉是濒危中药材，主产于新疆南疆塔克拉玛干沙漠周边地区。在河北省东部滨海盐碱地区，管花肉苁蓉的寄主中国柽柳资源丰富。2005年中国农业大学郭玉海课题组将管花肉苁蓉成功引种到河北省平原地区，之后系统研究了管花肉苁蓉的种子萌发和寄生机制、寄生环境及人工栽培技术，并在河北省多地干旱、盐碱、瘠薄沙土条件下成功栽培，药材产量潜力和松果菊苷等活性成分含量优于新疆原产地。由于管花肉苁蓉具有高呼吸强度、耐干旱、耐盐碱、耐瘠薄

的特性，因此适于在河北省广大干旱、盐碱、瘠薄沙土地种植，具有较高的生态、经济和社会价值。

506. 如何进行管花肉苁蓉种子处理？

管花肉苁蓉属于寄生植物，人工栽培时间短，其种子具有明显的寄生植物种子和野生植物种子萌发特性：一是萌发时间参差不齐；二是种子质量差异很大。因此，管花肉苁蓉种子播种前必须进行处理，以提高种子的萌发率和接种率。下面介绍几种常用的处理方法。

(1) 种子分级处理　选择饱满、粒大、有光泽、成熟度高的种子。接种前将种子过筛分级，选择大于0.5mm筛孔的种子作为生产用种。

(2) 低温沙藏处理　将种子装入透气的布袋中置于装有含水量大约10%湿沙容器中，于4℃下低温保藏约30天，对接种率的提高有明显的促进作用。

(3) 药剂处理　播种前用1~3g/L高锰酸钾溶液浸种20~30分钟，捞出后与沙土混合拌匀接种。

(4) 热水处理　肉苁蓉种子放在50℃热水中浸泡，待水温降至室温后捞出，控干水分后，于4℃条件下放置15天，然后接种。

(5) 植物生长调节剂处理　将肉苁蓉种子置于0.5μg/ml赤霉素溶液中浸泡10天后捞出，控干水分后，于4℃条件下放置15~20天，然后接种。

(6) 曝晒处理　种植前可以将肉苁蓉种子在沙地上曝晒1~2周，有利于提高接种率。

（7）种子纸处理　用淀粉加泥浆于70℃热水搅拌调稠至可黏住纸张为宜，加入适量种子拌匀。用刷子将泥浆均匀刷在一张10~25cm宽，长度不限的纸带上，每平方cm黏附1~2粒。

（8）丸粒化处理　将种子过筛分级后，选取直径大于0.5mm的种子，经成核、丸粒加大、滚圆、撞光染色得到直径为1.7~1.9mm，而且有特殊颜色的肉苁蓉丸粒化种子。丸粒化过程中通过加入杀菌剂、微肥、生长素，以缩短接种时间、提高接种率和产量。

507．如何进行管花肉苁蓉田间接种？

管花肉苁蓉接种前，首先要人工种植柽柳。通常采用茎段扦插方法种植柽柳，柽柳行距2~3m，株距0.5~1m，生长1~2年后可接种管花肉苁蓉。春季土壤解冻后至冬季土壤结冻前均可接种，最佳接种期为3~6月。秋季接种的肉苁蓉，由于气温逐渐降低，翌年才能接种上。管花肉苁蓉的田间接种方法有沟播接种、穴播接种和丸粒化种子接种三种方式，可根据生产实际选择应用。

（1）沟播接种　柽柳生长1~2年后，距离柽柳20~30cm处开挖接种沟，沟宽30cm、沟深50~60cm，将处理过的肉苁蓉种子撒播于沟中，或采用种子纸接种，将种子纸竖铺于沟中，回填土踩实，及时灌溉。撒播单行接种量100~120克/亩，双行接种量加倍；种子纸单行接种量10~50克/亩，双行接种量加倍。该接种方法接种率高、产量高，但用种量大，成本较高。

（2）穴播接种　柽柳生长1~2年后，距离柽柳主干30~40cm处的行间挖1~2穴，穴深50~60cm，将肉苁蓉种子直接撒播于穴底，每穴播种10~20粒，用沙土回填约20cm，灌水，待完全渗入后，覆平土踩实。为了提高接种率，也可用50ppm浓度的ABD生根剂、ABT生根粉溶液喷洒柽柳毛根及周围沙土，然后撒播种子，加入适量的有机肥，再回填沙土、灌水、覆土踩实。

(3) 丸粒化种子接种　有灌溉条件的地区，柽柳生长1~2年后，距离柽柳两侧30cm处，用机械直接把丸粒化的种子接种到深度为50~60cm处。接种量约50克/亩，双行接种量加倍。

508. 管花肉苁蓉田间管理技术措施有哪些？

管花肉苁蓉田间管理包括灌溉排水、增施有机肥、中耕除草、整枝修剪及建造保温棚等。

(1) 灌溉排水　管花肉苁蓉接种后及时灌溉；6月和8月上旬如遇干旱各灌溉一次，灌溉水可采用沟灌 (在距柽柳40cm处挖深10~15cm，宽20cm的灌溉沟) 或者滴灌 (距柽柳30~40cm)。为了节省用水，提高产量，建议规范化生产基地推广滴灌。8月份必须于上旬之前灌溉，否则容易引起肉苁蓉冻害。秋季接种肉苁蓉的柽柳，接种后及时灌溉；翌年3、6月各灌溉一次。已接种上肉苁蓉的柽柳，基本不用灌溉，且夏季降水量大或降水集中时，注意排水，做到田间无积水。

(2) 增施有机肥　人工接种的肉苁蓉一般不施肥。有条件的可以在整地前把腐熟的有机肥作为底肥施入，每亩施入2000~3000kg，可促进柽柳生长和提高肉苁蓉产量。

(3) 中耕除草　及时清除田间杂草，特别是多年生杂草，采用人工除草或机械除草。

(4)整枝修剪　柽柳为灌木或小乔木，具很强的分枝能力，其冠幅和高度近正比。生产中柽柳两年高达3m，冠幅达3m以上，影响田间操作，因此要及时修剪。留1~2个主干，从基部到1m之间的侧枝全部剪除，超过1m的侧枝控制在5个左右，确保通风透光。一般树高不超过3.5m，冠幅在2.5m以内。

(5)建造保温棚　管花肉苁蓉在冬季易受冻害，夏、秋降水较多的年份，土壤含水量高，冻害严重。因此，河北省人工栽培管花肉苁蓉需建造简易保温棚，确保冬季棚内温度在0℃以上。

509. 如何进行管花肉苁蓉生长期的病虫害防治？

管花肉苁蓉病害主要是根腐病，危害地下肉质茎，发病初期生水渍状黄褐色不规则形斑，后变褐，肉质茎腐烂。防治方法如下。

①农业防治：控制土壤湿度，不宜过高。

②药剂防治：用50%多菌灵可湿性粉剂1000倍液灌根。

蛴螬和种蝇是管花肉苁蓉的主要害虫。防治方法如下。

①物理防治：可用黑光灯诱杀成虫。

②药剂防治：90%敌百虫晶体800倍液或50%辛硫磷乳油1000倍液喷雾或浇灌根部。

510. 如何进行管花肉苁蓉留种？

根据管花肉苁蓉的接种深度，一般接种后2~3年出土开花。选取肉质茎粗壮、刚出土的花序轴直径5cm以上，或开花

后的花序长度在20cm以上的植株作为留种株，生产优质种子。研究表明：人工辅助授粉和初花期打顶是提高种子结实率和种子质量的有效措施。另外，肉质茎粗壮、露土的花序苞片和花序轴呈紫色者，一般产量和有效成分含量均较高，可作为优良种质材料进行选择。

511. 如何进行管花肉苁蓉采收？

管花肉苁蓉在出土前采收，春、秋两季均可。春季采收一般于4月上中旬肉苁蓉出土前或刚顶土时及时采挖，截去茎端或花序，防止花序继续生长。秋季采收于11月上中旬土壤结冻前，地面出现拱土、裂隙部位或标记的接种穴进行采挖。

采挖时应采大留小，保留寄生盘。即每穴肉苁蓉只采挖较大的植株，保留较小的植株，从距肉质茎基部约5cm处切断，不要破坏寄生吸盘，第二年寄生吸盘还会继续发芽形成新的植株，实现连续采挖。采挖后及时回填沙土，否则易导致保留的肉苁蓉死亡，还会影响寄主柽柳生长。

512. 如何进行管花肉苁蓉采后初加工？

传统加工方法是将管花肉苁蓉整枝摆放在沙上晒干，干燥时间长，活性成分含量降低。现代加工技术是将管花肉苁蓉洗净后，用不透钢刀或切片机切成4~6mm的切片，经蒸汽杀酶5分钟，或70℃热水中杀酶6分钟，然后晒干或烘干，得管花肉苁蓉片。该技术能显著提高管花肉苁蓉的松果菊苷和毛蕊花糖苷含量，且干燥时间短。

寄生在柽柳根部的管花肉苁蓉植株　杨太新摄

干燥后的管花肉苁蓉药材　杨太新摄

第十三章 全草类

第十四章　菌类

灵芝

513. 灵芝有何药用价值?

灵芝为多孔菌科 (*Polyporaceae*) 真菌赤芝 [*Ganoderma lucidum* (Leyss.ex Fr.) Karst.] 或紫芝 (*Ganoderma sinense* Zhao, Xu et Zhang) 的干燥子实体。灵芝性平，味甘。具有补气安神、止咳平喘之功效。用于除风湿、止咳、祛脓、生肌。可调节人体免疫功能、防癌抗癌、修复人体受伤细胞；另外，对肺结核、艾滋病也有一定的疗效。

514. 灵芝如何保种?

保种即菌种保藏，是将菌种置于清洁、干燥、低温、冷冻或缺氧的环境中保存，使灵芝菌株新陈代谢速率减缓而处于休眠，避免菌种衰老死亡，从而保持菌种的优良性能。方法有低温保藏法、石蜡保藏法、砂土保藏法、冷冻法和冷冻干燥法等。

(1) 试管斜面低温保藏法　该法是把菌丝放置在低温条件，在此条件下菌种几乎停止生长而处于"休眠"状态，代谢作用缓慢从而延长保存时间。方法是在母种试管外面包一层塑料薄膜或牛皮纸，以防水分蒸发，而后置于冰箱内冷藏室4℃条件下保存。该方法简单易行，设备方便，广泛应用，但是该方法保藏时间短，每隔3~4个月须转管继代一次。经常转接试管，多次继代后菌种易退化，且费工费时，适应于短期保存。保存过程中要注意温度不能太低，否则斜面培养基易脱水结白而冻死菌种。保存期间要经常检查棉塞是否受潮，否则要及时更换无菌棉塞，以免感染杂菌。保存较长的菌种，使用前必须先把菌种放在适宜温度下让其"苏醒"，恢复菌丝的生命活力。

(2) 液状石蜡保藏法　此法是用无菌液状石蜡封住菌种，使与空气隔绝，抑制细胞代谢，防止培养基水分蒸发来延长菌种保藏时间。首先要制备无菌石蜡，选用纯的化学液状石蜡(不含水、不霉变)，把石蜡分装于三角瓶中，大约占瓶体积的1/3~1/2，塞好棉塞，置灭菌器内，在$1kg/m^2$压力下灭菌30分钟，然后放入40℃温箱中使水分蒸发，至石蜡完全透明；然后在无菌操作条件下，用无菌吸管吸取石蜡，将石蜡注入长满菌丝的试管中，注入量以高出培养基斜面顶端1cm为宜；最后加盖无菌橡皮塞，室温或冰箱冷藏下直立放置保藏。

515. 灵芝需要什么样的生长发育条件？

灵芝在其生活史中，需要适宜的营养、温度、湿度、光照和酸碱度等条件才能生长发育良好。

(1) 营养　灵芝营腐生生活，也属于兼性寄生菌，野生于腐朽的木桩旁。其营养以碳水化合物和含氮化合物为基础，碳氮比为22∶1。碳源如葡萄糖、蔗糖、淀粉、纤维素、半纤维素、木质素等；氮源如蛋白质、氨基酸、尿素、氨盐。还需要少量矿物质如钾、镁、钙、磷，维生素和水等。人工栽

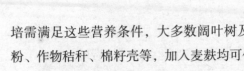

培需满足这些营养条件，大多数阔叶树及木屑、树叶、稻草粉、作物秸秆、棉籽壳等，加入麦麸均可作灵芝的培养料。

(2) 温度　灵芝生长适宜温度为12~32℃。为高温型真菌，在生长发育过程中，要求较高的温度，以25~28℃为最佳。高于35℃，菌丝体生长易衰老自溶，子实体死亡；低于12℃，菌丝生长受到抑制，子实体也不能正常生长发育。温度不适，会产生畸形菌盖。

(3) 湿度　包括基质含水量和空气相对湿度。灵芝生长需要较高的湿度，不同阶段要求不同。菌丝生长阶段，培养基含水量以55%~65%，空气相对湿度以65%~70%为宜。水分过少，菌丝生长细弱，难以形成子实体；水分过多，菌丝生长受到抑制。子实体生长阶段，培养料含水量以60%~65%，空气相对湿度以85%~95%为宜，低于80%会生长不良。

(4) 空气　灵芝为好气性真菌，培养过程中，要加强通风换气，增加新鲜空气，减少有害气体，使灵芝正常生长发育，并减少霉菌和病虫害的发生与蔓延。若通风不良、二氧化碳积累过多 (>0.1%) 的情况下，会造成菌柄长而长成鹿角状、不能形成菌盖、导致畸形或生长停顿。二氧化碳超过1%的情况下子实体发育极不正常。

(5) 光照　菌丝生长阶段不需要光照，强光对生长有明显抑制作用，因此在黑暗或微弱光照下培养菌丝为宜，黑暗下菌丝生长迅速而洁白健壮。子实体生长阶段，需要适量的散射或反射光，忌直射光，特别是幼芝对光照最敏感，光照过强或过弱均不利于子实体生长。

(6) 酸碱度　灵芝喜偏酸性环境，pH值在3~7.5之间。灵芝生长以pH 5~6最为适宜。条件控制不合适，会产生畸形灵芝。根据灵芝生长对光、气、水分等的响应，人们利用条件控制来获得造型不同的观赏灵芝。灵芝的营养条件和环境条件对灵芝子实体结构、外观形状、产量品质都会产生影响。

516. 如何进行灵芝菌种培养?

灵芝菌种培养包括灵芝纯菌种的分离与母种(一级种)培养、原种(二级种)生产、栽培种(三级种)生产。各级菌种的培养或生产有培养基(料)的制备、灭菌、消毒、分离、接种、培养、保存等环节。所用器皿、工具要消毒，无菌环境操作。

(1)母种培养基配方及制备　母种培养基多采用马铃薯-琼脂培养基。其配方是：去皮马铃薯200g(切碎)、葡萄糖20g、琼脂20g、磷酸二氢钾3g、硫酸镁1.5g、维生素B12片、水1000ml。可制120支试管培养基。

制备方法：去皮切碎马铃薯，加水煮沸0.5小时，用双层纱布过滤去渣，滤液加入琼脂，煮沸并搅拌使溶化，再加入其他成分。溶解后，补充水至1000ml，调pH值至4~6，分装于试管中。以1.1kg/cm²高压灭菌30分钟，稍冷后斜放，凝固后即成斜面培养基。

(2)组织分离法与母种培养　取新鲜、成熟的灵芝用清水洗净，然后用75%的酒精或冷开水冲洗。无菌条件下，在菌盖或菌柄内部，切取1小片如黄豆大小的组织块。将器具和组织块一起放入接种箱内，用5:1的甲醛及高锰酸钾熏蒸4小时，然后用接种刀将组织块切成小块，存放在无菌的培养皿中。接种于斜面培养基中央，置24~25℃温度下培养7~10天，菌

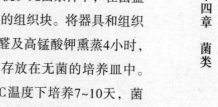

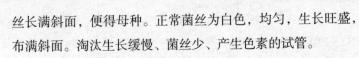

丝长满斜面，便得母种。正常菌丝为白色，均匀，生长旺盛，布满斜面。淘汰生长缓慢、菌丝少、产生色素的试管。

（3）孢子分离法与母种培养　选优良的已开始释放孢子的灵芝子实体，消毒备用。收集孢子有多种方法，一般方法是将菌管朝下置于培养皿中，然后罩一玻璃罩，一段时间后，大量孢子散落在培养皿内。取孢子接种到培养基上，经过培养，可获得1层薄薄的菌苔状的营养菌丝，即母种。所得母种应及时使用或在冰箱中冷藏备用，用于转接培养二级种和三级种，也可转接扩大培养母种。优良母种可用石蜡保藏法、液氮保藏法等长期保存。

517. 如何进行原种和栽培种生产？

即把母种接种到培养料上，扩大培养原种，再由原种扩大培养栽培种，以满足栽培所需菌种的量。生产量不大时，可直接用母种或原种接种栽培。原种或栽培种生产方法相同，只是前者用母种接种培养，后者用原种接种培养。

（1）培养料配方　生产原种或栽培种的培养料配方与子实体袋（瓶）栽法的培养料配方相同，有多种配方。主要原料为木屑或棉籽壳，再加适当辅料制成混合培养料。配方1：麦粒99%，石膏1%，水65%；配方2：木屑78%，麸皮20%，石膏1%，黄豆粉1%；配方3：甘蔗渣75%，麸皮20%，蔗糖1%，石膏1%，黄豆粉1%；配方4：棉籽壳80%，麸皮16%，蔗糖1%，生石灰3%。

（2）接种培养　按配方每100kg干料加水约140~160kg，把料拌匀配好。把料装入菌种瓶内，至2/3高，用尖木在中间打一孔至近瓶底，洗净污物，用牛皮纸封口。高压或常压高温灭菌。冷却后接上菌种，大约一试管母种接原种5瓶，一瓶原种接栽培种50~60瓶。接种后放入培养室黑暗25℃培养，注意控制条件。约25~30天后菌丝长满瓶，便可进行接种栽培。所以，栽培种生产应比计划栽培时间提前约1个月进行。

518. 如何进行灵芝栽培？

灵芝栽培有段木培养法、袋栽法和瓶栽法等。袋栽法为目前的主要生产方式，可以在室内、温室、大棚和露地栽培，该法成本低、产量高、占地少、省工省时、便于机械化操作。段木培养法主要是熟料短段木法、生料段木法和树桩栽培法。与袋栽法相比，段木法成本高、产量低、用工多、要求土壤好，一般认为段木灵芝质量优于袋栽灵芝。瓶栽法为最早采用的人工栽培法，现在多用于灵芝孢子粉的生产、原种或栽培种培养等，由于子实体产量较低，很少用于规模生产，基本方法同袋栽法。

519. 灵芝袋栽法如何操作？

工艺流程：备料与配料——→装袋与灭菌——→接种——→菌丝培养——→出芝管理——→采收加工。

若人工控制条件，可全年进行灵芝培养。生产中主要为春栽，即3~4月制种，4~5月接种栽培。秋栽则7月制种，8月接种栽培。

（1）备料与配料　见"原种和栽培种生产"部分。

（2）装袋与灭菌　常选用厚约0.04mm的聚氯乙烯或聚丙

烯塑料袋，常见规格为长36cm，宽18cm，可根据需要选择合适规格的塑料袋。将配好的培养料用手工或装袋机装入袋中，装至离袋口约8cm，装料量合干料约500g。料要装实，略见空隙，松紧一致，将袋口空气排出后用绳子扎紧。袋放入灭菌锅中，在1.5kg/cm²条件下灭菌1.5~2小时，或常压100℃下4小时，再停火焖5小时灭菌。冷却到25℃左右出锅。

(3)接种　在无菌条件下进行接种，菌种与培养料要接触紧密，把袋口及时扎好。不要接种老化的菌丝。每瓶菌种可接20~30袋。适当增加种量，有利发菌和减少杂菌。

(4)菌丝培养　把接种好的菌袋放入培养室或大棚，堆放在培养架上进行菌丝培养，也叫发菌。温度控制在22~30℃，最佳为24~28℃，避光培养，注意通风降温。1周左右检查一次，弃去污染菌袋。10天左右菌丝可长满袋。

(5)出芝管理　菌丝生长到一定程度(约30天)时，其表面会形成指头大小的白色疙瘩或突起物，即子实体原基，又叫芝蕾或菌蕾。这时要及时解开塑料袋口，让灵芝向外生长，芝蕾向外延长形成菌柄，约15天菌柄上长出菌盖，30~50天后成熟，菌盖开始散出孢子，可以采收。其间，要通过通风、向空中喷水等措施，控制温度在24~28℃，空气相对湿度90%~95%，保持空气新鲜，避免CO_2浓度过高，不要把水喷到子实体上。光线以散射光为宜，避免阳光直射。子实体培养也可以埋于土中进行，称室外栽培、露地栽培、埋土栽培或脱袋栽培。挖宽80~100cm、深40cm的菌床，长度视地块条件和培养量而定。将培养好菌丝的菌袋脱去塑料袋，竖放在菌床上，间距6cm左右，覆盖富含腐殖质细土1cm厚，浇足水分。床上搭建塑料棚并遮阴，避免直射光，保持温度在22~28℃，空气新鲜，相对湿度85%~95%。10天后床面出现子实体原基，再经25天后陆续成熟，即可采收。该法比室内袋栽产量要高，质量要好。

520. 灵芝段木培养法如何操作？

工艺流程：选料与制料──→装袋与灭菌──→接种──→菌丝培养──→培土──→出芝管理──→采收加工。

(1) 选料与制料　选用板栗、柞、楸、柳、杨、刺槐、枫等阔叶树作段木，直径8~20cm，不必剥皮。锯成长为15~20cm的段木。晾晒干燥3天左右，至用木楔打进段木内不见流液即可接种，段木含水约35%~42%。1m³可截500~800段。

(2) 装袋与灭菌　将段木装入塑料袋内，若木料过干，可在袋内加水，袋口扎紧，高压高温灭菌2小时，或常压100℃灭菌6~8小时。

(3) 接种　无菌条件下进行。可以打孔接种或段面接种。打孔接种用打孔器或电钻头在段木上打孔，直径1~1.2cm，深度1cm，行距约5cm，每行2~3孔，呈品字形错开排列。打孔后，立即接种，取出菌块，塞入孔内，稍压紧后，盖上木塞或树皮。段面接种需要一个袋中两段木料，将菌种用冷开水拌匀，然后将菌种均匀地涂在两段木间及上方段木表面，袋口塞一团无菌棉花，扎紧。应选择气温在20~26℃，空气相对湿度在70%时进行。1m³段木需要菌种60~100瓶。1m³可截段木600~900段，1亩地可埋段木25~30m³。

(4) 菌丝培养　将接好种的段木菌袋，搬入通风干燥处培养菌丝。温度控制在22~25℃，做好通风、降湿、防霉工作。

30~60天长满菌丝，见有白色菌丝、菌穴四周变成白色或淡黄色，后逐渐变为浅棕色，木楔或树皮盖已被菌丝布满时即为接活，发菌结束。

（5）选地埋土 选择土质疏松偏酸性、排灌方便的地方做培养场地，翻土25cm，清除杂草石块，曝晒后作畦。畦宽1.5~1.8m，畦长以实际而定，一般南北走向，四周开好排水沟，并撒上灭蚁药。场地需要使用2~3年。畦上搭建塑料棚，覆盖草帘子，要求能保温、保湿、通气、遮阴。待日气温稳定在20℃，将长好菌丝的段木埋入土中培养。在整好的畦上开沟，沟底铺一层松土。根据段木大小、菌丝长势等分门别类，将段木接种端朝下立于沟中，间距6cm左右，填土覆盖1~2cm，再覆盖约厚1cm的谷壳，以防喷水时把泥土溅到子实体上。埋好后喷水1次。若天气干旱可喷水湿润土壤，遇雨天要注意排水，避免积水。此外，还要在栽培场周围撒一圈灭蚁灵的毒土，诱杀白蚁，防止为害。

（6）出芝管理 埋土后10~15天可出现芝蕾。通过喷水、通气、遮阴、保温等措施，控制棚内温度在24~28℃，相对湿度85%~90%，光照300~1000lx，空气新鲜，土壤疏松湿润。至芝体不再增大即可采收，从芝体出现到采收约40天，可连续采收2~3年。

521. 如何进行灵芝病虫害的综合防治？

在管理过程中，还要注意防止杂菌感染，避免培养料变质导致灵芝生长受到抑制。主要有青霉菌、毛霉菌、根霉菌等杂菌感染为害。

防治方法：接种过程无菌操作要严格；培养料消毒要彻底；适当通风，降低湿度。轻度感染的可用烧过的刀片将局部杂菌和周围的树皮刮除，再涂抹浓石灰乳防治，或用蘸75%酒精的脱脂棉填入孔穴中，严重污染的应及时淘汰。

522. 如何采收与产地加工？

(1) 采收时间　从芝蕾出现到采收子实体约需40~50天，这时，菌盖颜色已由淡黄转成红褐色，盖面颜色和菌柄相同，菌盖不再增大增厚，由软变硬，有孢子粉射出，芝体成熟。即应适时采收。采收过早过晚灵芝多糖含量都会下降。

(2) 采收方法　采收时可用果树剪子将芝体从菌柄基部剪下，也可用手摘下。采收后残剩下的菌柄也应摘除，以免长出小芝体或畸形芝体。

灵芝采收后，再喷足水分，在适宜条件下，5~7天又可长出芝蕾，新的子实体又可以形成。依据段木体积不同，可连续采收2~3年，$1m^3$段木第一年可收灵芝15~25kg干品。袋栽可收2~3茬，生产周期5~6个月，1kg培养料可产灵芝20~70g。若收集孢子粉，多用瓶栽法或袋栽法，可用纸袋将菌盖罩住收集，子实体发散孢子可延续1个月左右。

(3) 加工　采收灵芝后，去除泥砂和杂质，不要用水洗。阴干或在40~50℃烘干，也可以晒干。晒干时要单个排列并经常翻动，夏季一般4~7天可以晒干。烘干时可以逐渐把温度升到65~80℃，约需10~16小时。也可以先日晒2~3天，然后集中烘干约2小时。以含水量11%~12%为宜。

灵芝子实体　杨太新摄

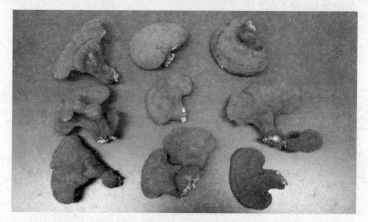

灵芝药材　杨太新摄

猪苓

523. 猪苓有何药用价值？

猪苓为多孔菌科真菌猪苓 [*Polyporus umbellatus* (Pers.) Fries]的干燥菌核。别名野猪苓、猪屎苓、鸡屎苓等。猪苓味甘、淡，性平；归肾、膀胱经。有利水渗湿等作用，用于小便不利，水肿，泄泻，淋浊，带下等病症。猪苓含有猪苓多糖和麦角甾醇等。近代药理和临床实验证明，其提取物猪苓多糖，是一种非特异性细胞免疫刺激剂，能显著增加网状内皮系统吞噬细胞的功能，从而使癌细胞的生长受到抑制，具有显著的抗癌作用。近年发现猪苓对乙型肝炎也有一定的疗效。

524. 猪苓有何生长习性？

在我国，猪苓主要产于陕西、山西、河北、云南、四川、甘肃以及黑龙江、吉林等省。野生猪苓多分布在海拔1000~2200m的次生林中。东南及西南坡向分布较多。主要生长于柞、桦、榆、杨、柳、枫、女贞子等阔叶树，或针阔混交林、灌木林及竹林等林下树根周围。林中腐殖质土层、黄土层或砂壤土层中均有生长，但以疏松、肥沃、排水良好、微酸性的山地黄壤、砂质黄棕壤和森林腐殖质壤土，坡度35°~60°，土壤较干燥，早晚都能照射太阳的地方为多。猪苓对温度的要求比较严格。地温9.5℃时菌核开始萌发，

14~20℃时新苓萌发最多，增长最快。22~25℃时，形成子实体，进入短期夏眠。温度降至8℃以下时，则进入冬眠。猪苓对水分需求较少，适宜土壤含水量为30%~50%。

525. 猪苓如何生长发育？

猪苓可以用菌核无性繁殖。猪苓菌核从直观上可分为黑褐色、灰黄色和洁白色，习惯上称为黑苓、灰苓和白苓，一般认为黑苓是三年以上的老苓，灰苓是二年生的，白苓是当年的新生苓。用黑苓与灰苓作种，与蜜环菌伴栽，在适宜的温、湿条件下，从菌核的某一点突破黑皮，发出白色菌丝，每个萌发点可生长发育成包着一层白色皮的新生白苓。在适宜的环境下，白苓正常生长，秋冬白皮色渐深，次春色变灰黄色，秋季皮色更深，逐次由灰变褐，再经过一个冬天完全变成黑色。

野生猪苓绝大多数生长在带有蜜环菌的树根周围和腐殖质土层中，依靠蜜环菌来吸取自己生活中所需要的养分；而蜜环菌则依靠鲜木、半朽木、腐殖质土层中的养分来供自己生存。猪苓离开蜜环菌不能正常生长发育。天然蜜环菌生长旺盛地方，野生猪苓生长也较多。

猪苓也可用担孢子有性繁殖。猪苓的担孢子从成熟的子实体上弹射后，在适宜的条件下萌发成单核菌丝。单核菌丝配对后变成双核菌丝，继而形成菌核，再从菌核上产生有性繁殖器官——子实体。在此子实体上又形成新一代的担孢子。在人工培养基上，猪苓菌丝能产生白色粉末状的分生孢子。

526. 猪苓菌核分为哪几种类型？

猪苓的菌核按颜色分为白苓（白头苓）、灰苓、黑苓和老苓。

（1）白苓　一般为0.5~1年龄的猪苓菌核。白苓外表皮色洁白，质地虽然实，但挤压、碰撞或手捏易碎，用手掰开或切开可见白苓的断面菌丝嫩白。白苓含水量在87%左右，内含干物质较少，所以干燥后的白苓体轻。

（2）灰苓　一般为1~2年龄的猪苓菌核。灰苓表皮灰色、黄色或黄褐色，体表不像黑苓那样有光泽，质地疏松而体轻，但韧性和弹性较大，挤压或手捏不易碎。含水量在72%左右，介于黑苓和白苓之间。切开后的断面为白色。

（3）黑苓　一般为2~3年龄以上的猪苓菌核。黑苓外皮黑色，有光泽，质地致密，含水量在63%左右。黑苓断面菌丝白色或淡黄色，体表有蜜环菌菌索的侵染点，但侵染腔并不太大，解剖观察可看到蜜环菌侵入猪苓菌核后菌核菌丝为阻止蜜环菌菌索的侵染而形成的褐色隔离腔壁。

（4）老苓　一般为4年龄以上的猪苓菌核，是由年久的黑苓变化而来。老苓皮墨黑，弹性小，断面菌丝黄色加深，菌核体内有一些被蜜环菌菌索反复侵染形成的空腔。随着年代的增加，空腔数量增多，体积增大，有时互相连在一起。老苓的含水量在58%左右。

527. 如何合理的选择猪苓的种植方式？

猪苓的种植方式分为箱栽、池栽、沟栽、坑栽等多种种

植方式，按照栽培场地又可分为室内或设施栽培、室外栽培和山区半野生栽培。室内或设施种植猪苓，又多选择池栽、箱栽或筐栽等方式。室外栽培猪苓常采用沟栽或坑栽的方法；山区半野生栽培猪苓，常采用沟栽、坑栽和活树根(桩)栽培。生产中应因地制宜的选用。

528. 如何池栽猪苓?

室内或设施种植猪苓，多采用池栽、箱栽等方式，箱栽灵活，池栽经济简便。室内池栽的方法是：在室内用砖垒池，长数米、宽1m左右、高30~40cm，也可根据房间或设施的形状和面积而定。在做好的池内，底部平铺5~10cm厚的湿中粗沙，其上放一薄层湿柞树叶，树叶上再按每10~15cm放直径4~6cm粗的木棒一根。每根木棒两侧各放3~5块猪苓菌种和蜜环菌种，放在木棒的鱼鳞口处。然后用湿沙填满空隙并超出菌棒或树棒5cm左右。再按第一层的步骤，完成第二层的播种，最上层覆沙超出菌棒或树棒5~10cm。再在沙子上面放置1~2cm厚的一层柞树叶以保湿。室内或设施箱栽法与筐栽法种植猪苓，方法与其相近。

529. 室外如何种植猪苓?

室外栽培猪苓常采用沟栽或坑栽的方法，在温度较高、有较大空地条件的地区可选用遮阳坑栽法，具体方法是：在所选好排水良好的地上用双层遮阳网遮阳，双层遮阳网之间可相隔30~50cm，遮阳网距地面2m左右。地上挖长1m、宽0.5m、深0.3m左右的坑，每一坑间应留有走道，如该地区温度较高应将

0.5m或更深的地表土铲掉后，在其上再挖坑种猪苓。栽培猪苓的具体操作步骤同室内池栽法。在温度较低、湿度较大的地区可选用遮阳半坑栽法，其方法基本同室外遮阳坑栽法，但所种猪苓菌核的第一层种在地下、第二层种在地表之上。在温度低、湿度较大的地区可选用堆栽法，其方法同前，但所种猪苓菌核的第一层、第二层均种在地表之上。栽培堆的表面自上、下至左、右均用厚约3~5cm的栽培基质覆盖。沟栽法与坑栽法相近，只是将坑改为更长的沟，具体种法相同。

530. 山区半野生猪苓如何种植？

山区半野生栽培猪苓，常采用沟栽、坑栽和活树根(桩)栽培。一般选择海拔800~1500m的山区、半阴半阳、坡度小于40°、次生阔叶林或灌木丛中的树旁，选直径较粗、根部土层深厚的阔叶树，在根部刨开表土，找到1~2根较大根，沿根生长方向挖宽30cm，长1m左右种植坑，露出根部，切断须根及根梢，在距树干20cm处，将刨开的侧根根皮环剥3~5cm，坑底铺上5~10cm厚半腐烂树叶，沿根10cm左右处摆放预培好的菌棒，或者密环菌菌种及适量小树段。将猪苓菌核撒播在树叶中，用腐殖土填平并略高于地面，上盖适量树叶或杂草。坑栽法同室外栽培的坑栽法。

531. 人工种植猪苓如何进行田间管理？

栽培猪苓从播种以后保持其野生生长状态，不需要特殊管理，自然雨水和温度条件及树棒、树根上生长的蜜环菌能不断供给营养，猪苓便可旺盛生长并获得较高产量。但每年

春季应在栽培穴上面加盖一层树叶，以减少水分蒸发，保持土壤墒情，促进猪苓生长，提高猪苓产量。并及时除去顶部周围杂草，防止鼠害及其他动物践踏，并由专人看管苓场。在猪苓菌核的生长过程中，不可以挖坑检查猪苓生长情况。三年以后长出子实体，除了一部分留作菌种外，其他子实体均应摘除。

532. 种植猪苓如何防治病虫害？

猪苓病害主要是危害菌材的各种杂菌及危害猪苓的猪苓菌核病、线虫病及生理性干枯病等。

防治方法：选半阴半阳的场地及排水通气良好的砂壤土地块；选用优质蜜环菌菌种，培育优良菌材；生长过程中严防穴内积水；菌材间隙用填充料填实；菌材一经杂菌感染一律予以剔除烧毁。

猪苓的虫害主要有地下害虫、野蛞蝓、隐翅甲、鼠妇(潮虫、西瓜虫)、蕈蚊等，以隐翅甲和野蛞蝓为害菌核及子实体严重。野生及半野生栽培猪苓以黑鼠妇危害为主；设施箱栽以褐鼠妇居多。猪苓虫害可用敌百虫毒饵或灭蚁灵毒饵诱杀。

533. 家种猪苓如何采收？

温室和大棚等设施种植的猪苓生长2年，室外和山区半野生栽培的猪苓生长3~4年就可以采挖。一般在春季4~5月或秋季9~10月猪苓休眠期采挖。挖出全部菌材和菌核，选灰褐色、核体松软的菌核，留作种苓。色黑变硬的老菌核，除去泥沙，晒干入药。

534. 猪苓如何加工？

将挖出的猪苓除去砂土和蜜环菌索，但不能用水洗，然后置日光下或通风阴凉干燥处干燥，或送入烘干室进行干燥，注意温度应控制在50℃以下，干燥温度不宜过高。

猪苓以表皮黑色、苓块大、较实，而且无沙石和杂质者，为佳。干燥的猪苓菌核为不规则长形块或近圆形块状，大小不等，长形的多弯曲或分枝如姜状，长约10~25cm，直径3~8cm；圆块的直径约3~7cm，外表皮黑色或棕黑色，全体有瘤状突起及明显的皱纹，质坚而不实，轻如软木，断面细腻呈白色或淡棕色，略呈颗粒状，气无味淡，一般不分等级。

猪苓菌核　李世摄

猪苓药材　李世摄

参考文献

[1] 郭巧生.药用植物栽培学[M].北京:高等教育出版社,2009.

[2] 罗光明,刘合刚.药用植物栽培学[M].上海:上海科学技术出版社,2008.

[3] 汪富存,张景全.芍药栽培技术[J].河北林业科技,2012,(6):99-100.

[4] 曹振岭,梁艺红,曹春瑞,等.芍药及繁殖栽培管理技术[J].中国林副特产,2003,(3):46-47.

[5] 贾祥.白芍高产优质栽培技术[J].现代农业科技,2013,(5):129-130.

[6] 许世磊.芍药植株促芽的研究[D].山东:山东农业大学,2012:32-33.

[7] 么厉,程惠珍,杨智.中药材规范化种植(养殖)技术指南[M].北京:中国农业出版社,2006.

[8] 王丽.芍药的管理与病虫防治[J].中国林副特产,2011,(3):84-85.

[9] 谢媛.芍药栽培管理技术[J].农村科技,2011,(7):52-53.

[10] 吴健,赵亮,张钦,等.芍药最佳采收期研究[J].中国中药杂志,2008,33(8):952-953.

[11] 康晓飞.芍药根内主要活性物质与营养成分的研究[D].山东:山东农业大学,2011.

[12] 丁自勉.无公害中药材安全生产手册[M].北京:中国农业出版社,2008.

[13] 谢晓亮,杨彦杰,杨太新.中药材无公害生产技术[M].石家庄:河北科学技术出版社,2014.

[14] 中华人民共和国药典委员会.中华人民共和国药典(一部)[M].2010年版.北京:中国医药科技出版社,2010.

[15] 葛淑俊,孟义江,田汝美,等.紫菀种苗质量分级[S].河北省地方标准(DB13/T1532-2012).

[16] 蒋学杰,卢世恒.紫菀标准化种植[J].特种经济动植物,2011,(1):37.

[17] 李家实.中药鉴定学[M].上海:上海科学技术出版社,1994.

[18] 陈震,丁万隆,王淑芳,等.百种药用植物栽培答疑[M].北京:中国农业出版社,2003.

[19] 于忠智,周树林,刘彦彤.天南星栽培技术[J].吉林林业科技,2011,40(3): 43-44.

[20] 李松涛,张丽华.天南星的丰产栽培[J].特种经济动植物,2008,(6):38.

[21] 钟志群,刘志敏.天南星的来源考证[J].临床医学工程,2009,16(7):78-79.

[22] 李敏,李校堃.中药材市场动态及其应用前景[M].北京:中国医药科技出版社,2006.

[23] 王国元,贺献林.北方山区中药材种植技术手册[M].北京:中国农业出版社,2013.

[24] 陈康,李敏.中药材种植技术[M].北京:中国医药科技出版社,2006.

[25] 卫莹芳.中药材采收加工及贮运技术[M].北京:中国医药科技出版社,2007.

[26] 李敏,周娟.中药材质量与控制[M].北京:中国医药科技出版社,2005.

[27] 贺献林,王旗,贺振宁,等.野生柴胡生育特性及其对驯化栽培的启示[J].河北农业科学,2014,03:82-84+93.

[28] 贺献林,李春杰,贾和田,等.柴胡玉米间作套种高效种植技术[J].现代农村科技,2014,01:11.

[29] 贺献林,王为明,王丽叶.山区射干无公害栽培技术[J].现代农村科技,2013,(4):8-9.

[30] 安庆昌,叩根来.安国市中药材生产标准操作规程(SOP)[M].石家庄:国际教科文出版社,2007.

[31] 杨见瑞.祁州中药志[M].石家庄.河北科学技术出版社,1987.

[32] 韩金声.中国药用植物病害[M].长春:吉林科学技术出版社,1990.

[33] 丁万隆.药用植物病虫害防治[M].北京:中国农业出版社,2006.

[34] 邓友平.市场紧缺中药材种植技术[M].北京:北京农业大学

出版社,1994.

[35] 李世,苏淑欣.高效益药用植物栽培关键技术[M].北京:中国三峡出版社,2006.

[36] 李世,苏淑欣.天麻高产栽培技术[M].北京:中国三峡出版社,2008.

[37] 李世,苏淑欣.特种经济植物种植技术[M].北京:中国三峡出版社,2009.

[38] 徐良.中药栽培学[M].广州:科学出版社,2010.

[39] 丁万隆,李勇.60种中药材栽培技术[M].北京:中国劳动社会保障出版社,2010.

[40] 张谦,姜立祥.防风高产栽培技术[J].黑龙江农业科学,2010,(1):141-142.

[41] 李忠文,高润泉.中药材穿山龙优质高产栽培技术[J].山西林业科技,2002,(1):12-13.

[42] 张福才,陈节江.北方穿山龙栽培技术[J].农村实用科技信,2006,(4):11.

[43] 王照兰,杜建材,于林清,等.甘草的利用价值、研究现状及存在的问题[J].中国草地,2002,24(1):73-76.

[44] 贾士龙.甘草的繁殖与栽培技术[J].四川农业科技,2010,(10):35.

[45] 文香.青海省野生甘草资源及人工栽培[J].青海草业,2007,16(2):27-29.

[46] 安文芝,占发源,谢建军,等.栽培甘草田间杂草种类及防除措施[J].农业科技与信息,2008,(12):33-34.

[47] 李淑香.甘草常见病虫害防治与采收加工技术[J].农业与技术,2007,27(5):135,140.

[48] 龚千锋,郑晗,张得凤.甘草采收、加工与炮制[J].江西中医药,2007,38(298):58-59.

[49] 徐连奎,王子兴.高寒山区黄芪栽培技术[J].现代农业科技,2014,(02):122-123.

[50] 刘慧,郭俊男.黄芪栽培技术[J].吉林农业,2010,(12):198.

[51] 卢瑜辉.苦参规范化栽培技术[J].现代农村科技,2012,(22):12.

[52] 郭吉刚,关扎根.苦参生物学特性及栽培技术研究[J].山西中医学院学报,2005,(02):45-47.

[53] 吕晔,陈宝儿.中药材种养关键技术丛书[M].南京:江苏科学技术出版社,2001.

[54] 谢晓亮,温春秀,吴志明,等.不同板蓝根种质比较研究[J].华北农学报,2007,22(增刊):126-130.

[55] 温春秀,谢晓亮,田伟,等.菘蓝氮磷钾配比试验研究[J].世界科学技术——中医药现代化,2006,8(4):74-76.

[56] 田伟,谢晓亮,温春秀,等.板蓝根对污染土壤中重金属吸收规律的研究 [J].华北农学报,2005,20(增刊):416-420.

[57] 王春兰,王康才.中药材种养关键技术丛书[M].南京:江苏科学技术出版社,2002.

[58] 田伟,刘铭,刘灵娣,等.河北太行山区远志最佳播种期的确定[J].现代中药研究与实践,2012,26(4):7-9.

[59] 田伟,武会来.远志与芝麻间作增效配套技术[J].河北农业科技,2006,(6):10.

[60] 郭宝林,冯毓秀,赵杨景.丹参种质资源研究进展[J].中国中药杂志,2002,27(7):492-495.

[61] 翟彩霞,温春秀,王凯辉,等.氮磷钾肥对丹参根系生长及养分含量的影响[J].华北农学报,2008,23(增刊):220-223.

[62] 徐昭玺.中草药种植技术指南[M].北京:中国农业出版社,2000.

[63] 郭巧生.最新常用中药材栽培技术[M].北京:中国农业出版社,2000.

[64] 王新军,吴珍,朱小强,等.丹参繁殖方法的对比试验研究[J].商洛师范专科学校学报,2002,16(4):37-39.

[65] 明鹤,杨太新,杜艳华.祁山药芦头种苗质量分级的研究[J].种子,2013,32(5):113-115.

[66] 明鹤,杨太新,杜艳华.祁山药零余子种苗质量分级的研究[J].种子,2013,32(12):117-119.

[67] 张帅,李世雄,杨太新,等.苯醚甲环唑和吡唑醚菌酯混合物对炭疽病菌的联合毒力及药效[J].植物保护,2013,39(6):160-163.

[68] 张帅,刘颖超,杨太新.不同杀菌剂对祁山药炭疽病菌室内

毒力及田间药效[J].农药,2013,52(2):142-144.

[69] 吴书宝,胡怀华,崔平.北沙参栽培技术[J].河北农业科技,2000,(10).

[70] 赵伶,赵英杰.北沙参的高产栽培与加工[J].北京农业,2005,(03):14.

[71] 舒春清,郭杰,石玉文,等.北沙参栽培技术与繁种方法[J].种子世界,2005,12.

[72] 左启华,石景苏,张 静.河北坝上地区北沙参栽培技术[J].现代农村科技,2010.18.

[73] 骆冬洁,牛力强.北方桔梗优质高产栽培技术[J].科技风,2013,(17).

[74] 邢颖.桔梗标准化种植技术[J].农村百事通,2011,06.

[75] 张金霞.药用蔬菜桔梗高产栽培技术[J].蔬菜,2008,09.

[76] 周淑荣,郭文场.苍术栽培管理[J].特种经济动植物,2014,02:42-44.

[77] 魏继新.浅谈北苍术的生产与发展[J].农民致富之友,2013,18:21.

[78] 王春霞,王宪文,李庆.北苍术林地栽培技术[J].中国林副特产,2005,03:28.

[79] 邹威,陶双勇.北苍术栽培技术[J].特种经济动植物,2005,11:29.

[80] 李英奇,孙伟.北苍术种子繁殖技术[J].特种经济动植物,2009,05:35.

[81] 孙启时.辽宁道地中药材[M],北京:中国医药科技出版社,2009.

[82] 姚国富,王忠兴.白术优质高产规范化栽培技术[J].中国农技推广,2008,09:30-31.

[83] 李东海,季叶红.白术栽培技术[J].现代农业科技,2012,20:107+109.

[84] 白术的烘干、晒干方法[J].农村实用技术,2012,12:39.

[85] 徐玉英,梅明清,舒勤毅,等.白术高产高效栽培技术[J].内蒙古农业科技,2013,02:111+128.

[86] 魏蕾蕾.白术栽培技术[J].河北林业科技,2009,02:66-67.

[87] 余启高.白术的栽培管理与病虫害防治[J].植物医

生,2009,04:28-29.

[88] 梁芬.中药材白术栽培技术[J].安徽农学通报(上半月刊),2010,13:269-270.

[89] 杨永康,陈行康,殷红清,等.咸丰白术栽培类型鉴定及育种研究[J].湖北民族学院学报(自然科学版),2010,04:405-409+428.

[90] 雷庆华,黄德平.白术无公害栽培技术[J].四川农业科技,2011,02:30-31.

[91] 张正海,李爱民,苗高健,等.白术栽培管理与加工[J].特种经济动植物,2011,04:41-43.

[92] 刘玉亭.白术栽培技术的探讨[J].中国中药杂志,1990,01:19-21+63.

[93] 武晓霞,武晓青,徐同印.白术栽培管理技术[J].中草药,2001,06:78-79.

[94] 乐巍,王永珍.白术栽培中主要病害防治研究[J].时珍国医国药,2001,06:575.

[95] 张焰明.瓜蒌栽培技术[J].安徽农学通报,2003,04:57.

[96] 巢志茂.瓜蒌栽培生产和加工贮存环节病虫害防治研究进展[J].中国中医药信息杂志,2009,09:100-102.

[97] 李德祥,叶广.瓜蒌栽培技术研究(上)[J].基层中药杂志,2000,03:42-44.

[98] 李德祥,叶广.瓜蒌栽培技术研究(下)[J].基层中药杂志,2000,04:45-46.

[99] 刘苗苗,郭庆梅,周凤琴.瓜蒌栽培技术和病虫害综合防治研究概况[J].山东中医药大学学报,2014,02:183-185.

[100] 张明,钟国跃,王德立,等.半夏种植密度及底肥施用水平的研究[J].现代中药研究与实践,2003,04:23-24.

[101] 何道文,黄雪菊.半夏栽培生态学研究[J].中草药,2003,12:81-83.

[102] 刘静,孙婷,尚迪.半夏栽培技术研究[J].安徽农学通报,2013,23:34-35+73.

[103] 陈铁柱,周先建,张美,等.赫章半夏GAP规范化种植标准操作规程(SOP)[J].现代中药研究与实践,2011,02:8-12.

[104] 刘先华.半夏栽培管理技术[J].中国园艺文摘,2012,

04:193-194.

[105] 张雪辉.半夏根腐病的发生与防治[J].现代园艺,2010,02:41-42.

[106] 阮培均,梅艳,王孝华,等.道地特色中药材半夏的规范化种植技术示范[J].贵州农业科学,2010,05:49-53+56.

[107] 胡玉涛,王沫,肖平阔.半夏的生物学特性研究概况[J].湖北林业科技,2006,06:38-41.

[108] 虞秀兰,吴长松,熊咏.中药材半夏的栽培管理及病虫害防治[J].植物医生,2002,05:15-16.

[109] 马逾英,郭丁丁,蒋桂华,等.白芷种质资源的调查报告[J].华西药学杂志,2009,05:457-460.

[110] 苑军,殷霈瑶,李红莉.白芷的生物学特性及规范化栽培技术[J].中国林副特产,2010,01:43-44.

[111] 刘先华.白芷栽培管理技术[J].南方农业,2011,05:30-31.

[112] 何士剑,李天庆.白芷的特征特性及栽培技术[J].甘肃农业科技,2004,01:44-45.

[113] 罗光明,肖宏浩,刘能俊.白芷的栽培技术[J].中国野生植物资源,1996,02:40-41.

[114] 张志梅,郭玉海,翟志席,等.白芷栽培措施研究[J].中药材,2006,11:1127-1128.

[115] 张洪亮.白芷引种栽培技术[J].四川农业科技,2002,08:23.

[116] 张庆芝,王开疆,刀莉芳.中药白芷的品种论述[J].云南中医学院学报,2000,02:22-24.

[117] 李世,苏淑欣,黄荣利.黄芩施肥试验报告[J].中国中药杂志,1993,18(3):142-144.

[118] 苏淑欣,李世,黄荣利,等.施肥对黄芩根部黄芩苷含量的影响[J].中国中药杂志,1996,21(6):343.

[119] 苏淑欣,李世,尚文艳,等.黄芩生长发育规律的研究[J].中国中药杂志,2003,28(11):1018-1021.

[120] 刘海光,李世,苏淑欣,等.黄芩黄翅菜叶蜂的发生规律及防治研究初探[J].安徽农业科学,2009,25:12183-12184

[121] 张新燕,刘海光,李世,等.黄芩白粉病发生规律及防治研究[J].安徽农业科学,2010,10:4544-4545+4549.

[122] 张新燕,刘海光,李世,等.黄芩灰霉病发生规律及药效试验

下篇 各论

参考文献

[J].北方园艺,2010,13:209-211.

[123] 刘海光,张新燕,李世,等.黄芩上苜蓿夜蛾发生规律观察及药剂防治试验[J].中国植保导刊,2010,7:30-31.

[124] 李世,苏淑欣,姜淑霞,等.黄芩干物质积累与分配规律研究[J].安徽农业科学,2010,28:15542-15544.

[125] 李世,张新燕,苏淑欣,等.黄芩主要病虫害绿色防控技术规程[S].承德市地方标准(DB1308/T177-2011).

[126] 苏淑欣,李世,崔海明,等.半野生黄芩规范化生产技术规程[S].承德市地方标准(DB1308/T180-2011).

[127] 张含藻.金银花标准化生产技术[M].北京:金盾出版社,2010.

[128] 王德群,刘守金,梁益敏.中国药用菊花的产地考察[J].中国中药杂志,1999,24(9):522-525.

[129] 王德群,刘守金,梁益敏.中国菊花药用类群研究[J].安徽中医学院学,2001,20(1):45-48.

[130] 吴均,邛永芹.菊花的栽培管理[J].天津农林科技,2012,225(1):25.

[131] 吕标.现代农业科技[J].园艺学,2011,18:168.

[132] 黄少彬.园林植物病虫害防治[M].北京:高等教育出版社,2006.

[133] 赵冬.菊花的繁殖及栽培技术[J].产业与科技论坛,2013,12(21):90-91.

[134] 张卉,罗颖.菊花主要病害的识别与防治[J].北京农业,2010,4:57-59.

[135] 薛俊华,邓志刚,关树伟,等.菊花霜霉病的形态特征及其防治技术[J].吉林农业科技,2009,38(6):45.

[136] 刘旭,刘亚佳,刘庆然,等.菊花瘿蚊生活习性的研究[J].华北农学报,2007,22(增刊):263-265.

[137] 刘红彦,吴仁海,鲁传涛,等.菊花瘿蚊田间药剂防治研究[J].中草药,2003,34(2):181-183.

[138] 李寒梅.菊花无公害生产技术规范[J].现代农业科技,2012(2):122-123.

[139] 张志红,高慧琴,杨贵平,等.款冬花栽培技术研究[J].甘肃中医学院学报,2012(03):64-66.

[140] 朱建明,梁瑞凤.芍药、牡丹、红花高效栽培技术[M].郑州:河南科学技术出版社,2004.

[141] 姚宗凡.黄英姿.常用中药种植技术[M].北京:金盾出版社,1989.

[142] 辛艳,阎富英.王不留行栽培技术[J].现代种业,2003,5:29.

[143] 彭成.中华道地药材[M].北京:中国中医药出版社,2011.

[144] 李小东.王不留行的种植技术[J].四川农业科技,2003,7:28.

[145] 张众.王不留行田间密度与产量[J].中药材,1995,18(3):113-114.

[146] 贾屹峰,苗培.王不留行的概述与研究[J].畜牧与饲料科学,2012,33(3):32-33.

[147] 张炳炎.枸杞病虫害及防治原色图册[M].北京:金盾出版社,2011.

[148] 黄璐琦,杨滨,乐崇熙.栝楼属药用植物资源调查[J].中国中药杂志,1995,20(4):195-196.

[149] 刘金娜,谢晓亮,杨太新,等.栝楼种质资源及人工栽培现状研究进展[J].食品研究与开发,2014,35(4):125-127.

[150] 赵金渊.连翘高产新技术[J].北京农业,2006,(1):14.

[151] 吴顺琴,徐世有,阮丽萍,等.连翘高产栽培技术[J].陕西气象,2006,(3).

[152] 朱小强,魏歌龙,黄霞.连翘GAP栽培技术研究[J].陕西农业科学,2004,(4):80—82.

[153] 郑麟模,刘美善,申龙民.连翘扦插繁殖技术的研究[J].吉林林业科技,2000,29(3):15.

[154] 李英霞,孟庆梅.连翘的本草考证[J].中草药,2002,25(6):435-437.

[155] 张红非,张兴国.中药材栽培技术(黄柏)[M].成都:四川人民出版社,2001.

[156] 四川省中医药研究员南川药物种植研究所,四川省中药材公司.四川中药材栽培技术(黄柏)[M].重庆:重庆出版社,1988.

[157] 曾俊超,卢先明.中药商品学(黄柏)[M].成都:四川人民出

版社.2002.

[158] 张兴国,程方叙,王书林,等.黄柏速生丰产技术的试验研究[J].川药校刊,1996,12(4):8-13.

[159] 秦彦杰,王洋,阎秀峰.中国黄檗资源现状及可持续利用对策[J].中草药,2006,37(7):1105-1107.

[160] 刘利敏.中药材黄柏及其开发利用[J].陕西师范大学学报(自然科学版),2004,32:174-179.

[161] 向丽,叶萌,胡莹莹,等.秃叶黄皮树和黄巢种子萌发习性的比较[J].林业科技开发,2006,20(3):30-32.

[162] 刘军.黄檗药用林栽培技术研究[J].吉林林业科技,2007,36(1):45-47.

[163] 秦彦杰,王洋,阎秀峰.黄檗主要药用成分的分布规律[J].林产化学与工业,2007,27(2):62-66.

[164] 索风梅,陈士林,张昭.基于TCMGIS-Ⅰ的黄檗生态适应性分析[J].中国中药杂志,2008,33(13):1536-1539.

[165] 王洋,张玉红,阎秀峰,等.黄檗幼树茎干中小檗碱含量的分布[J].植物生理学通讯,2005,41(1):87-89.

[166] 张煊,崔征,周海燕,等.高效液相色谱法测定关黄柏不同采收期及黄檗不同部位的小檗碱、巴马汀含量[J].沈阳药科大学学报.2003,20(3):194-197.

[167] 陈明波,于成军,项银娥.薄荷栽培技术[J].现代化农业,2009,04:12.

[168] 高彻.薄荷栽培技术[J].北方园艺,2009,12:240-241.

[169] 李旭平.薄荷种植技术要点[J].现代园艺,2012,03:54.

[170] 柴鑫健.薄荷栽培技术[J].黑龙江农业科学,2012,05:163-164.

[171] 陈祥,郑玉彬.薄荷栽培田间管理技术[J].新疆农业科技,2006,03:39+38.

[172] 邢作山,孙明海,冯遵佃,等.薄荷栽培及其加工技术[J].农村实用工程技术,1999,09:20-21.

[173] 侯海涛.薄荷栽培技术[J].河北农业科技,2004,03:13.

[174] 毕胜,李桂兰,于崇田,等.菟丝子的危害及防治[J].中国林副特产,2005,2:53.

[175] 冬阳.蒲公英[J].致富之友,2005,(5):36-37.

[176] 龚祝南,张卫明,刘常宏,等.中国蒲公英属植物资源[J].中国野生植物资源,2001,03:9-14.

[177] 沈琦,顾龚平,吴国荣,等.蒲公英研究进展[J].中国医学生物技术应用,2004,(2):1671-2846.

[178] 王秀珍,蔡永华,郑晓微.蒲公英利用及其栽培技术初探[J].浙江农业科学,2006,(2):123-124.

[179] 栗元君,李山,李珍.野生蒲公英的人工栽培[J].广西农业科学,2005,03:261-262.

[180] 陈继忠,王成珍.蒲公英的特性及其栽培[J].现代园艺,2007,03:12+23.

[181] 李春龙.蒲公英常见病虫害防治及其采收加工[J].四川农业科技,2012,(10):48.

[182] 卢隆杰.药用蒲公英的采收与加工[J].吉林农业,2003,(11):32-33.

[183] 韩丽,李福臣,刘洪富,等.紫苏的综合利用[J].食品研究与开发,2004,25(3):24-26.

[184] 陈娟,郭凤根.紫苏研究的现状与展望[J].中国农学通报,2003,19(3):105-107.

[185] 吕宏珍,迮福惠,邓书岩,等.大棚紫苏优质高产栽培技术[J].蔬菜,2010,8:12-13.

[186] 韦保耀,黄丽,滕建文.紫苏属植物的研究进展[J].食品科学,2005,26(4):274-276.

[187] 王素君,张毅功.紫苏的栽培与开发利用[J].河北农业大学学报,2003,5:122-124.

[188] 温春秀,刘灵娣,胡彦,等.紫苏属植物药用成分含量比较[J].河北农业科学,2012,16(9):64-67.

[189] 刘永博,杨黎明.肉苁蓉栽培与管理[J].特种经济动植物,2001,(8):22.

[190] 巴岩磊,王学先.肉苁蓉人工栽培技术[J].新疆农业科技,2002,4(1):13-14.

[191] 田海舟.管花肉苁蓉生物学特性研究[J].新疆农业科技,2004,5:34-35.

[192] 郭生虎,宋玉霞,马洪爱.肉苁蓉人工栽培技术[J].甘肃农业科技,2004,(9):52.

[193] 杨太新,王华磊,王长林,等.华北平原管花肉苁蓉引种试验研究[J].中国农业大学学报,2005,10(3):27-29.

[194] 杨太新,王华磊,王长林,等.管花肉苁蓉田间接种技术的研究[J].中国中药杂志,2005,30(7):488-490.

[195] 杨太新,王华磊,翟志席,等.华北平原管花肉苁蓉寄生环境研究[J].中国中药杂志,2005,30(17):1381-1385.

[196] 赵洁,晋小军,张琴玲.肉苁蓉人工栽培技术[J].甘肃农业科技,2012,(10):47-49.

[197] 陈庆亮,王华磊,王志芬,等.低温层积与外源GA3对肉苁蓉种子萌发及其内源GA和ABA含量的影响[J].植物生理学通讯,2009,45(3):270-272.

[198] 陈庆亮,张秀省,郭玉海,等.肉苁蓉种子的活力研究[J].中草药,2008,39(9):1403-1407.

[199] 蔡鸿,鲍忠,姜勇,等.鲜管花肉苁蓉加工工艺[J].中国中药杂志,2007,32(13):1289-1291.

[200] 陈颖,林占喜,林树钱,等.不同原料栽培的灵芝子实体形态结构及活性多糖肽成分的研究[J].海峡药学,2007,19(12):65-67.

[201] 丁自勉.灵芝[M].北京:中国中医药出版社,2001.

[202] 刘文彬,王春晖.灵芝育种栽培与加工技术[M].上海:上海科学普及出版社,2000.

[203] 吕明亮,应国华,斯金平,等.不同灵芝品种外观性状比较试验[J].浙江食用菌,2008,16(1):29-31.

[204] 隋艳晖.观赏灵芝栽培技术[J].特色农业,2008(7):13-14.

[205] 吴水英,许宝泉.灵芝有效成分及其影响因素的研究进展[J].食用菌,2006,(5):4-6.

[206] 张晓云,李朝谦,杨春清,等.不同生长期赤灵芝子实体多糖含量变化研究[J].食用菌,2008,(1):10-11.

[207] 郑林用,黄小琴,曾瑾,等.不同灵芝菌株多糖:三萜化合物比较分析[J].四川大学学报(自然科学版),2007,44(5):1121-1124.

附 彩 图

白芍植株　　　　　　谢晓亮 摄

白芍药材　　　　　　郑玉光 摄

446

紫菀植株　谢晓亮　摄

紫菀药材　　　谢晓亮　摄

天南星植株(上)　　　谢晓亮 摄

天南星药材(下)　　　谢晓亮 摄

448

北柴胡植株　　　　　谢晓亮 摄

北柴胡药材　　　　　谢晓亮 摄

449

知母植株　　　　　　　　谢晓亮 摄

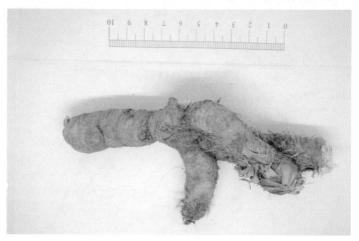

知母药材　　　　　　　　谢晓亮 摄

射干植株　　谢晓亮 摄

射干药材　　　　谢晓亮 摄

党参植株　　　　叩根来 摄

党参药材　　　　叩根来 摄

牛膝植株　　　　　叩根来 摄

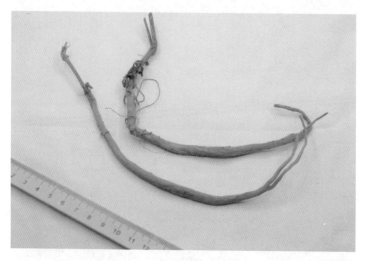

牛膝药材　　　　　郑玉光 摄

地黄植株　　　　谢晓亮 摄

地黄药材　　　　叩根来 摄

蝙蝠葛植株　　　　　　李世 摄

北豆根药材　　　　　　李世 摄

黄精植株　谢晓亮　摄

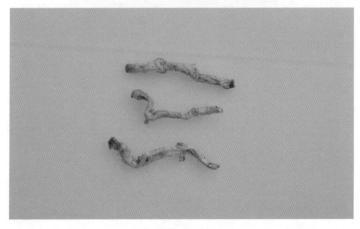

黄精药材　　　　　谢晓亮　摄

天麻块茎　　　　　谢晓亮 摄

天麻药材　　　　　李世 摄

457

防风植株　　李世 摄

防风药材　　　　　郑玉光 摄

穿龙薯蓣植株　　　　李世 摄

穿山龙药材　　　　　李世 摄

甘草植株　　　　　马春英 摄

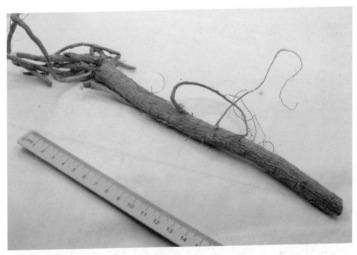

甘草药材　　　　　谢晓亮 摄

黄芪植株 牛杰 摄

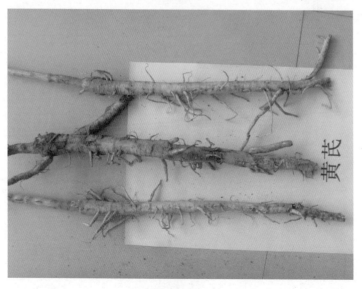

黄芪

黄芪药材 牛杰 摄

苦参植物　　　　　牛杰 摄

苦参药材　　　　　牛杰 摄

462

菘蓝植株　　　　　田伟 摄

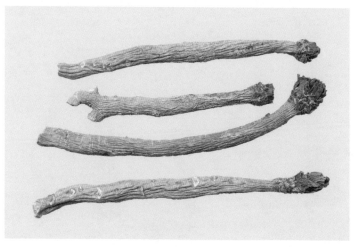

板蓝根药材　　　　　谢晓亮 摄

463

远志植株　　　　　　谢晓亮　摄

远志药材　　　　　　谢晓亮　摄

丹参植株　　　　　温春秀 摄

丹参药材　　　　　温春秀 摄

薯蓣植株　　　　　杨太新 摄

鲜山药　　　　　杨太新 摄

珊瑚菜植株　　　　谢晓亮 摄

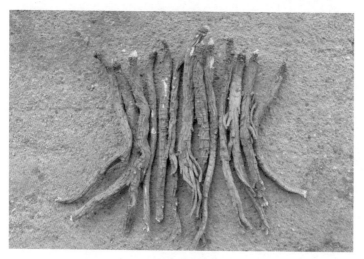

北沙参药材　　　　张广明 摄

桔梗植株　　　　　　　张广明 摄

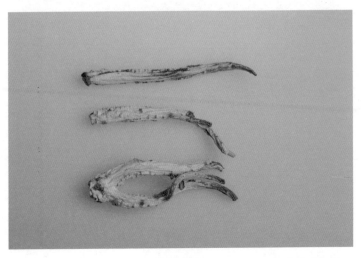

桔梗药材　　　　　　　张广明 摄

北苍术植株　　杨太新 摄

北苍术药材　　　杨太新 摄

白术植株　　　　　　　谢晓亮 摄

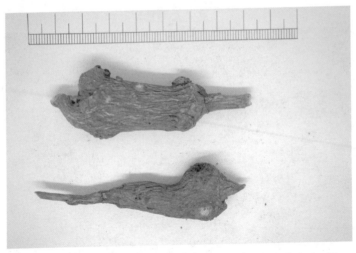

白术药材　　　　　　　谢晓亮 摄

栝楼植株　　　　　　谢晓亮 摄

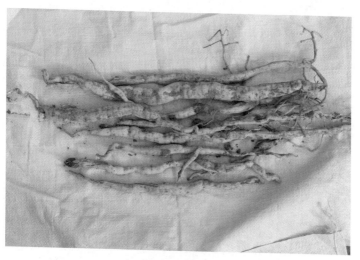

天花粉药材　　　　　　刘铭 摄

半夏植株　　　　　　　　谢晓亮　摄

半夏药材　　　　　　　　谢晓亮　摄

白芷植株　　　　　　谢晓亮　摄

白芷药材　　　　　　谢晓亮　摄

黄芩植株　　　　　谢晓亮　摄

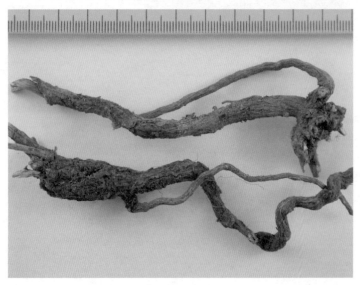

黄芩药材　　　　　谢晓亮　摄

金莲花植株　　　　　谢晓亮 摄

金莲花药材　　　　　李世 摄

金银花植株　　　　　　信兆爽　摄

金银花药材　　　　　　谢晓亮　摄

菊花植株　　　　　谢晓亮 摄

菊花药材　　　　　谢晓亮 摄

款冬植株　　　　　　　牛杰 摄

款冬花药材　　　　　　谢晓亮 摄

478

红花植株　　　　　刘晓清 摄

红花药材　　　　　刘晓清 摄

薏苡植株　　　　叩根来 摄

薏苡仁药材　　　　叩根来 摄

王不留行植株　　　　　杨太新 摄

王不留行药材　　　　　杨太新 摄

山楂植株　　　　　　李世 摄

山楂药材　　　　　　李世 摄

枸杞植株　　　　　信兆爽 摄

枸杞药材　　　　　信兆爽 摄

483

栝楼植株　　　　　　谢晓亮　摄

瓜蒌药材　　　　　　谢晓亮　摄

484

酸枣植株 谢晓亮 摄

酸枣仁药材 田伟 摄

连翘　　谢晓亮　摄

老翘　　谢晓亮　摄

青翘　　谢晓亮　摄

牡丹植株　　　　　　贺献林 摄

牡丹皮药材　　　　　贺献林 摄

黄檗植株　　杨太新 摄

关黄柏药材　　　杨太新 摄

薄荷植株　　　　郑玉光 摄

薄荷药材　　　　郑玉光 摄

荆芥植株　　　　　　　贺献林 摄

荆芥药材　　　　　　　郑玉光 摄

蒲公英植株　　　　谢晓亮　摄

蒲公英药材　　　　谢晓亮　摄

安国紫苏　温春秀 摄

紫苏梗及紫苏叶 温春秀 摄

紫苏子药材　温春秀 摄

寄生在柽柳根部的管花肉苁蓉植株　杨太新　摄

干燥后的管花肉苁蓉药材　杨太新　摄

灵芝子实体　　　　杨太新 摄

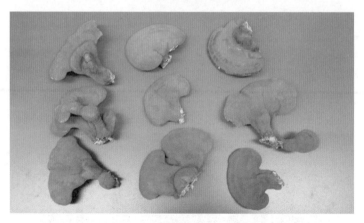

灵芝药材　　　　杨太新 摄

猪苓菌核　　　　　李世 摄

猪苓药材　　　　　李世 摄